"十二五"普通高等教育本科国

高等院校**计算机基础课程**新

大学计算机基础

（第6版｜微课版）

甘勇 尚展垒 王伟 王爱菊◎编著

FUNDAMENTALS OF
COLLEGE
COMPUTER

人民邮电出版社
北京

图书在版编目（CIP）数据

大学计算机基础 ：微课版 / 甘勇等编著. -- 6版
. -- 北京 ：人民邮电出版社，2024.8
高等院校计算机基础课程新形态系列
ISBN 978-7-115-64214-1

Ⅰ．①大… Ⅱ．①甘… Ⅲ．①电子计算机－高等学校
－教材 Ⅳ．①TP3

中国国家版本馆CIP数据核字(2024)第096391号

内 容 提 要

本书是根据教育部高等学校大学计算机课程教学指导委员会推进新时代高校计算机基础教学改革的有关精神，结合多所普通高校的实际教学情况编写的。全书共分 9 章，主要内容包括：计算机与计算思维、操作系统基础、WPS 办公软件、多媒体技术及应用、数据库基础、计算机网络和信息安全、数据结构与算法、Python 语言、计算机新技术简介。

本书立足于"大学计算机"课程的基本教学要求，兼顾计算机软件和硬件的最新发展；结构严谨，层次分明，内容丰富。本书配有实践教程，其内容是对本书实践部分的指导和强化，对提高读者的计算机操作和应用能力有很大的帮助作用。

本书可作为高校各专业"大学计算机"课程的教材，也可作为计算机技术的培训教材和计算机爱好者的自学用书。

◆ 编　著　甘　勇　尚展垒　王　伟　王爱菊
　　责任编辑　张　斌
　　责任印制　陈　犇

◆ 人民邮电出版社出版发行　　北京市丰台区成寿寺路 11 号
　　邮编　100164　电子邮件　315@ptpress.com.cn
　　网址　https://www.ptpress.com.cn
　　固安县铭成印刷有限公司印刷

◆ 开本：787×1092　1/16
　　印张：14.75　　　　　　　　　2024 年 8 月第 6 版
　　字数：408 千字　　　　　　　2024 年 10 月河北第 2 次印刷

定价：49.80 元

读者服务热线：(010)81055256　印装质量热线：(010)81055316
反盗版热线：(010)81055315
广告经营许可证：京东市监广登字 20170147 号

前 言

　　计算机及相关技术的飞速发展，使社会发生了翻天覆地的变化。如今，计算机是人们不可或缺的工作和生活工具，信息素养成为大学生的基本素养，因此，计算机基础教育应面向社会、面向应用，与新技术接轨，与时代同行。

　　"大学计算机"是高校非计算机专业的重要基础课程。目前，国内虽然有很多与之相关的教材，但是各地区计算机教育的普及程度有很大的差异，导致大学生的计算机应用水平参差不齐。为此，编者根据教育部高等学校大学计算机课程教学指导委员会推进新时代高校计算机基础教学改革的有关精神，联合有关高校，结合高校学生的实际情况编写了本书。本书兼顾理论知识的讲解和实践能力的培养，内容涉及计算机与计算思维、操作系统基础、WPS 办公软件、多媒体技术及应用、数据库基础、计算机网络和信息安全、数据结构与算法、Python 语言、计算机新技术简介，知识覆盖面广。

　　编者编写本书的主要目的是满足当前各高校对计算机教学改革的要求，在强调学生动手能力的同时，还要加强学生对理论知识的掌握，最终使学生对计算机的理论和应用建立全面、系统的认识。本书内容的讲授需要 32～48 学时（包括上机实践学时）。由于本书的内容覆盖面广，各高校可根据教学需要和学生的实际情况对教学内容进行适当的选取。

　　为了方便学生学习，编者针对本书各章节的难点和重点内容制作了微课视频。学生可利用碎片时间，通过扫描知识点对应的二维码进行随时随地的学习。这是在目前各高校压缩学时的情况下对课堂教学的必要补充。而且，学生可以根据自己在课堂上的知识掌握情况对视频内容进行有选择性的学习，这也在很大程度上提高了本书的适用性。各章节对应的视频是以电子版的形式在网上存放的，编者根据需要可以及时更新，从而使读者能学习到最新的内容。本书每章的习题都配有参考答案，部分章还附有扩展阅读资料。本书的相关资源可从人邮教育社区（www.ryjiaoyu.com）下载。

本书由郑州工程技术学院的甘勇、郑州轻工业大学的尚展垒、郑州工程技术学院的王伟和王爱菊编著，参加编写的人员还有郑州轻工业大学的韩怿冰和姚妮。甘勇负责本书的统稿和组织工作。本书的编写得到了郑州工程技术学院、郑州轻工业大学、河南省高等学校计算机教育研究会、人民邮电出版社的大力支持和帮助，同时，阜阳师范大学的侯大有、淮南师范学院的杨星、九江学院的邓安远、湖北经济学院的宋莺、湖南中医药大学的刘东波等老师也对本书的编写提出了宝贵意见和建议，在此由衷地向各单位和各位老师表示感谢！

由于编者水平有限，书中难免存在不足之处，敬请读者批评指正。

编者
2024 年 7 月

目 录

第 5 章

数据库基础

第 6 章

计算机网络和信息安全

第7章

数据结构与
算法

第 8 章

Python 语言

第9章

计算机新技术简介

第1章 计算机与计算思维

本章从计算机的发展和应用领域开始，由浅入深地介绍计算机系统的组成、功能以及常用的外部设备；然后详细讲述不同进制之间的数值转换以及二进制数的运算、不同类型的信息在计算机中的表示方法；最后介绍计算思维的概念。通过学习本章内容，读者可以从整体上了解计算机的基本功能和基本工作原理。

【知识要点】

- 计算机的发展历程。
- 计算机的应用领域。
- 计算机的组成及各部分的功能。
- 二进制与其他进制之间的数值转换。
- 信息的表示及处理方法。
- 计算思维。

章首导读

1.1 计算机的发展和应用领域概述

1.1.1 计算机的发展

电子计算机（Electronic Computer）是一种能自动、高速、精确地进行信息处理的电子设备，是20世纪重大的发明之一。计算机家族包括机械计算机、电动计算机、电子计算机等。电子计算机又可分为电子模拟计算机和电子数字计算机，我们通常所说的计算机就是电子数字计算机，它是现代科学技术发展的结晶。微电子、光电、通信等技术以及计算数学、控制理论的迅速发展，带动了计算机的不断更新。1946年第一台通用电子计算机诞生以来，计算机的发展十分迅速，其应用从开始的军事领域渗透到人类社会的方方面面，对人类文明的发展产生了极其深刻的影响。

1. 电子计算机的产生

1943年，美国为了解决新武器研制中的弹道计算问题而组织科技人员开始了电子数字计算机的研究。1946年2月，电子数字积分计算机（Electronic Numerical Integrator and Calculator，ENIAC）在美国宾夕法尼亚大学研制成功。它是世界上第一台通用电子计算机，如图1.1所示。这台计算机共使用了18000多只电子管、1500个继电器，耗电150kW，占地面积约 $167m^2$，重30t，每秒能完成5000次加法运算或400次乘法运算。与此同时，美籍匈牙利科学家冯·诺依曼（John von Neumann）也在为美国军方研制电子离散变量自

图 1.1 ENIAC

动计算机（Electronic Discrete Variable Automatic Computer，EDVAC）。在 EDVAC 中，冯·诺依曼采用了二进制数，并创立了"存储程序"的设计思想。EDVAC 也被认为是现代计算机的原型。

2．电子计算机的发展

1946 年以来，计算机经历了几次重大的技术革命。按所采用的电子器件可将计算机划分为如下几代。

（1）第一代计算机（1946—1959 年），其主要特点：逻辑元件采用电子管，功耗大，易损坏；主存储器（主存）采用汞延迟线或静电存储管，容量很小；外存储器（外存或辅存）使用磁鼓；输入输出装置主要采用穿孔卡；采用机器语言编程，即用"0"和"1"来表示指令和数据；运算速度每秒仅为数千至数万次。

（2）第二代计算机（1960—1964 年），其主要特点：逻辑元件采用晶体管，与电子管相比，其体积小、耗电少、速度快、价格低、寿命长；主存储器采用磁芯；外存储器采用磁盘、磁带，存储容量有较大提高；软件方面产生了监控程序（Monitor），提出了操作系统的概念，程序设计语言有了很大的发展，先由汇编语言（Assemble Language）代替了机器语言，接着又出现了高级语言，如 FORTRAN、COBOL、ALGOL 等；计算机应用进入实时过程控制和数据处理领域，运算速度达到每秒数百万次。

（3）第三代计算机（1965—1969 年），其主要特点：逻辑元件采用集成电路（Integrated Circuit，IC），体积更小，耗电更少，寿命更长；主存储器开始使用半导体存储器，存储容量大幅度提升；外存储器仍以磁盘、磁带为主；系统软件与应用软件迅速发展，出现了分时操作系统和会话式语言，程序设计采用了结构化、模块化的设计方法；运算速度达到每秒千万次以上。

（4）第四代计算机（1970 年至今），其主要特点：逻辑元件采用超大规模集成电路（Very Large Scale Integrated Circuit，VLSI）；主存储器采用半导体存储器，容量已达第三代计算机外存储器的水平；作为外存储器的软盘、硬盘、光盘的容量大幅增加；输入设备出现了光字符阅读器、触摸输入设备和语音输入设备等，操作更加简捷、灵活；输出设备使用激光打印机后，字符和图形输出更加逼真、高效。

（5）第五代计算机，即未来计算机系统（Future Generation Computer System，FGCS），其目标是具有智能特性，具有知识表达和推理能力，能模拟人的分析、决策、计划和其他智能活动，具有人机自然通信能力。

3．微型计算机的发展

微型计算机通常指的是个人计算机（Personal Computer，PC），简称微机。其主要特点是采用微处理器（Microprocessor）作为计算机的核心部件，微处理器由大规模、超大规模集成电路构成。

微型计算机的升级换代主要有两个标志：微处理器的更新和系统组成的变革。微处理器从诞生的那一天起，其发展方向就是更高的频率、更好的制造工艺、更大的高速缓存。随着微处理器的不断发展，微型计算机大致可分为如下几代。

（1）第一代微型计算机（1971—1973 年），采用 4 位和低档 8 位微处理器。典型的微处理器产品有 Intel 4004、Intel 8008，集成度为 2000 个晶体管/片，时钟频率为 1MHz。

（2）第二代微型计算机（1974—1977 年），采用 8 位微处理器。典型的微处理器产品有英特尔（Intel）公司的 Intel 8080、摩托罗拉（Motorola）公司的 MC 6800、齐洛格（Zilog）公司的 Z80 等，集成度为 5000 个晶体管/片，时钟频率为 2MHz。第二代微型计算机的指令系统得到完善，形成典型的体系结构，具备中断、DMA（Direct Memory Access，直接存储器访问）等控制功能。

（3）第三代微型计算机（1978—1984 年），采用 16 位微处理器。典型的微处理器产品有 Intel 公司的 Intel 8086、Intel 8088、Intel 80286，Motorola 公司的 MC 68000，Zilog 公司的 Z8000 等，集成度

为 25 000 个晶体管/片，时钟频率为 5MHz。第三代微型计算机的各种性能指标达到或超过中、低档小型机的水平。

（4）第四代微型计算机（1985—1992 年），采用 32 位微处理器。典型的微处理器产品有 Intel 公司的 Intel 80386、Intel 80486，Motorola 公司的 MC 68020、MC 68040，IBM 公司和苹果（Apple）公司的 Power PC 等；集成度已达到 100 万个晶体管/片，时钟频率达到 60MHz 以上。

（5）第五代微型计算机（1993 年至今），采用 64 位微处理器。典型的微处理器产品有 Intel 公司的奔腾系列芯片以及与之兼容的 AMD 公司的 K6 系列芯片，它们内部采用了超标量指令流水线结构，并具有相互独立的指令和数据高速缓存。经过多年的发展，Intel 公司与 AMD 公司相继推出了酷睿和锐龙微处理器芯片，大幅改善了浮点运算，拥有更高的核心频率，并沿用至今。随着多媒体扩展（Multi Media eXtension，MMX）微处理器的出现，第五代微型计算机在网络化、多媒体化和智能化等方面跨上了更高的台阶。

4．计算机的发展趋势

计算机的发展趋势主要体现在以下几个方面。

（1）多极化

目前，包括电子词典、掌上电脑、笔记本电脑、智能终端等在内的微型计算机在我们的生活中已经处处可见。与此同时，大型计算机、巨型计算机、超算中心也得到了快速发展，特别是计算机系统结构的快速发展使计算机的整体运算速度及处理能力都得到了极大的提高。

除了向微型化和巨型化发展，中小型计算机也各有自己的应用领域和发展空间。特别是在运算速度提高的同时，功耗小、对环境污染少的绿色计算机和着眼于综合应用的多媒体计算机已得到广泛应用，多元化的计算机家族还在迅速发展中。

（2）网络化

网络化就是使用通信技术将一定地域内不同地点的计算机连接起来形成一个计算机网络系统。互联网、移动互联网已深刻影响人们的日常生活，互连互通是计算机发展的一个主要趋势。

（3）多媒体化

媒体可以理解为存储和传输信息的载体，文本、声音、图像、视频等都是常见的信息载体。过去的计算机只能处理数值信息和字符信息，即单一的文本媒体。后来发展起来的多媒体计算机则集多种媒体信息的处理功能于一身，实现了图、文、声、像等各种信息的收集、存储、传输和编辑等。多媒体化被认为是信息处理领域的又一次革命。

（4）智能化

随着人工智能的快速发展，智能化已成为新一代计算机的重要特征之一。人工智能技术已得到广泛应用，如自动接收和识别指纹的门控装置、人脸识别支付、能听从主人语音指示的自动车辆驾驶系统等。使计算机具有人的某些智能是计算机发展过程中的下一个重要方向。

1.1.2　计算机的应用领域

计算机的诞生和发展，对人类社会产生了深远的影响。它的应用范围包括科学技术、国民经济、社会生活的各个领域，概括起来可分为以下几个方面。

计算机的应用领域

（1）科学计算

科学计算即数值计算，是计算机应用的一个重要领域。计算机的发明和发展首先是为了高速完成科学研究和工程设计中大量复杂的数值计算。

（2）信息处理

信息是各类数据的总称，信息处理一般泛指非数值数据的处理，如各类资料的管理、查询、统计等。

（3）实时控制

实时控制在国防建设和工业生产中都有广泛的应用。例如，由雷达和导弹发射器组成的防空控制系统、地铁指挥控制系统、自动化生产线等，都需要在计算机的控制下运行。

（4）计算机辅助工程

计算机辅助工程是近年来迅速发展的应用领域，它包括计算机辅助设计（Computer Aided Design，CAD）、计算机辅助制造（Computer Aided Manufacture，CAM）、计算机辅助教学（Computer Aided Instruction，CAI）等多个方面。

（5）办公自动化

办公自动化（Office Automation，OA）指用计算机帮助办公室人员处理日常工作。例如，用计算机进行文字处理、文档管理，以及资料、图像、声音的处理和网络通信等。

（6）数据通信

从 20 世纪 50 年代初开始，随着计算机远程信息处理应用的发展，通信技术和计算机技术相结合产生了一种新的通信方式，即数据通信。数据通信就是为实现计算机与计算机或数据终端与计算机之间的信息交互而产生的一种通信技术。信息要在两地间传输，就必须有传输信道。根据传输介质的不同，通信方式分为有线数据通信与无线数据通信，它们都通过传输信道将数据终端与计算机连接起来，从而使不同地点的数据终端实现软硬件资源和信息资源的共享。

（7）智能应用

智能应用即人工智能，它既不同于单纯的科学计算，又不同于一般的信息处理。它不但要有极高的运算速度，还要具备对已有的数据（经验、原则等）进行逻辑推理和总结的功能（即对知识的学习和积累功能），即能利用已有的经验和逻辑规则对当前事件进行逻辑推理和判断。

1.2 计算机系统的基本构成

1.2.1 冯·诺依曼计算机简介

1. 冯·诺依曼计算机的基本特征

计算机虽经历了多次更新换代，但到目前为止，还保持冯·诺依曼计算机的基本特征。

（1）采用二进制数表示程序和数据。

（2）能存储程序和数据，并能由程序控制计算机的运行。

（3）具备运算器、控制器、存储器、输入设备和输出设备 5 个基本部件。

冯·诺依曼计算机的基本结构（见图 1.2）以运算器为核心，运算器连接着其他各个部件，各部件之间通过连接导线传送各种信息。这些信息可分为两大类：数据信息和控制信息（在图 1.2 中分别用实线和虚线表示）。数据信息包括数据、地址和指令等，它可以存放在存储器中；控制信息由控制器根据指令译码结果即时产生，并按一定的时间次序发送给各个部件，用以控制各部件的操作或接收各部件的反馈信号。

图 1.2 冯·诺依曼计算机的基本结构

为了节约设备成本和提高运算可靠性，计算机中的各种信息均采用二进制数的表示形式。在二进制数中，每位只有"0"和"1"两种状态，计数规则是"逢二进一"。例如，用此计数规则计算式子"1+1+1+1+1"可得到 3 位二进制数"101"，即十进制数

计算机存储单位

的 5。在计算机科学研究中，8 位（bit）为 1 字节（Byte，简记为"B"），1024B 为 1KB，1024KB 为 1MB，1024MB 为 1GB，1024GB 为 1TB。（若不加说明，本书所讲的"位"就是指二进制位）

2．冯·诺依曼计算机的基本部件和工作过程

在计算机的 5 个基本部件中，运算器（Arithmetic and Logic Unit，ALU）的主要功能是进行算术及逻辑运算，它是计算机的核心部件，其每次能处理的最大的二进制数长度称为该计算机的字长（一般为 8 的整倍数）；控制器（Controller）是计算机的"神经中枢"，用于分析指令，根据指令要求产生各种协调各部件工作的控制信息；存储器（Memory）用来存放控制计算机工作过程的指令序列（程序）和数据（包括计算过程中的中间结果和最终结果）；输入设备（Input Equipment）用来输入程序和数据；输出设备（Output Equipment）用来输出计算结果，即将其显示或打印出来。

根据计算机工作过程中的部件关联程度和相对的物理安装位置，我们通常将运算器和控制器合称为中央处理器（Central Processing Unit，CPU）。衡量 CPU 能力的主要技术指标有字长和主频等。字长代表了每次操作能完成的任务量，主频则代表了在单位时间内能完成操作的次数。一般情况下，CPU 的工作速度要远高于其他部件的工作速度，为了缓解 CPU 和存储器的工作速度之间的矛盾，现代的存储器系统由缓存（高速缓冲存储器）、主存（主存储器）和辅存（辅助存储器）构成。缓存是一个小容量的、快速的存储器，它集成在 CPU 内部，成本高，容量小，能快速地为运算器提供数据，为控制器提供指令，以缓解主存与 CPU 的工作速度不匹配的问题；主存容量比缓存大，速度没有缓存快，能直接和 CPU 交换信息，它安装于主机箱内部，也称为内存；辅存成本低，速度慢，容量大，要通过接口电路经由主存和 CPU 交换信息，是特殊的外部设备，也称为外存。

计算机工作时，操作人员首先通过输入设备将程序和数据送入存储器。计算机则从存储器顺序取出指令，送往控制器进行分析，并根据指令的功能向各有关部件发出各种操作控制信息，最终的计算结果被送到输出设备输出。

1.2.2　现代计算机系统的构成

一个完整的现代计算机系统包括硬件系统和软件系统两大部分，微机系统也是如此。硬件包括计算机的基本部件和各种具有实体的计算机相关设备；软件则包括用各种计算机语言编写的计算机程序、数据和应用说明文档等。本小节仅以微机系统为例说明现代计算机系统的构成。

计算机系统的构成

1．硬件系统

在计算机中连接各部件的信息通道称为系统总线（BUS，简称总线），总线连接各部件的形式称为计算机系统的总线结构。总线结构分为单总线结构和多总线结构两大类。为使成本低廉，设备扩充方便，微机系统通常采用图 1.3 所示的单总线结构。根据所传送信号的性质，总线由地址总线（Address BUS，AB）、数据总线（Data BUS，DB）和控制总线（Control BUS，CB）3 部分组成。根据部件的作用，总线一般包括总线控制器、总线信号发送/接收器和导线等。

图 1.3　微机系统的单总线结构

在微机系统中，主板（见图1.4）由微处理器、存储器、输入输出（Input/Output，I/O）接口、总线电路和基板组成。主板上安装基本的硬件系统，形成主机部分。微处理器是采用超大规模集成电路工艺将运算器和控制器制作于同一芯片之中的 CPU，其他的外部设备均通过相应的接口电路与总线相连，即不同的设备只要配接合适的接口电路（一般称为适配器或接口卡）就能以相同的方式挂接到总线上。微机的主板上设有多个标准插槽，将一块接口卡插入任一插槽，再用信号线将其和外部设备连接起来，就完成了一台微机的硬件扩充，非常方便。

图1.4　主板

把主机和接口电路装配在一块电路板上，就构成单板计算机（Single Board Computer），简称单板机；把主机和接口电路制造在一个芯片上，就构成单片计算机（Single Chip Computer），简称单片机。单板机和单片机在工农业生产、通信等领域都得到了广泛的应用。

2．软件系统

在计算机系统中，硬件是软件运行的物质基础，软件是硬件功能的扩充与完善，没有软件的支持，硬件的功能不可能得到充分的发挥，因此，软件是使用者与计算机之间的桥梁。软件可分为系统软件和应用软件两大部分。

系统软件是为使用者能方便地使用、维护、管理计算机而编制的程序的集合，它与计算机硬件相配套，也称为软设备。系统软件主要包括对计算机系统资源进行管理的操作系统（Operating System，OS）、对各种汇编语言和高级语言程序进行编译的语言处理程序（Language Processor，LP）、对计算机进行日常维护的系统服务程序（System Support Program）以及工具软件等。

应用软件主要是面向各种专业应用和解决某一特定问题的软件，一般是指操作者在各自的专业领域为解决各类实际问题而使用的程序，如文字处理软件、仓库管理软件、工资核算软件等。

1.3　计算机的部件

1.3.1　CPU 简介

当前可选用的 CPU 较多。国外主要有 Intel 公司的 Core 系列、AMD 公司的 Ryzen 系列、NVIDIA 公司的 Grace CPU 系列、Apple 公司的 Apple Silicon 系列等。Intel 公司的 x86 产品占有较大的优势，主要的产品已经从 Intel 80486、Intel Pentium、Intel Pentium Pro、Intel Pentium 4、Intel Pentium D、Intel Core 2 Duo，发展到了 Intel Core i9 等。国产 CPU 如飞腾、龙芯、鲲鹏等也实现了群体性突破，为多元化的计算提供了新的选择。CPU 也从单核、双核，发展到了 4 核、8 核、16 核、32 核、64 核。

CPU 中除了运算器和控制器，还集成有寄存器组和超高速缓冲存储器。其基本组成简介如下。

（1）一个 CPU 中可有几个乃至几十个寄存器，包括用来暂存操作数或运算结果以提高运算速度的数据寄存器，支持控制器工作的地址寄存器、状态标志寄存器等。

（2）CPU 中的运算器以加法器为核心，能按照二进制法则进行补码的加法运算，还可进行数据的直接传送、移位和比较操作。

（3）CPU 中的控制器由程序计数器、指令寄存器、指令译码器和定时控制逻辑电路组成，用于分析和执行指令、统一指挥微机各部件按时序协调工作。

（4）新型的 CPU 中普遍集成了超高速缓冲存储器，其工作速度和运算器的工作速度一致，容量已达到 30MB 以上，是提高 CPU 处理能力的重要技术措施之一。

1.3.2　存储器的组织结构和分类

1．存储器的组织结构

存储器是存放程序和数据的装置。存储器的容量越大越好，工作速度越快越好，但二者和价格是互相矛盾的。为了协调这种矛盾，目前的微机系统均采用了分层次的存储器结构。一般可将存储器分为 3 层：主存储器（Memory）、辅助存储器（Storage）和高速缓冲存储器（Cache）。现在一些微机系统又将高速缓冲存储器设计为 CPU 芯片内部的和 CPU 芯片外部的两级，以满足速度和容量的需要。

2．主存储器

主存储器又称内存（见图 1.5），CPU 可以直接访问它。其容量一般为 16GB～32GB，寻址时间可达 6ns（1ns=10^{-9}s），主要存放将要运行的程序和数据。

主存储器

图 1.5　内存

微机的内存采用半导体存储器，其体积小，功耗低，工作可靠，扩充灵活。半导体存储器按功能可分为随机存储器（Random Access Memory，RAM）和只读存储器（Read Only Memory，ROM）。RAM 是一种既能读出也能写入的存储器，适合于存放经常变化的用户程序和数据。RAM 只能在电源电压正常时工作，一旦电源断电，里面的信息将全部丢失。ROM 是一种只能读出而不能写入的存储器，适合于存放固定不变的程序和常数，如监控程序、操作系统中的基本输入输出系统（Basic Input Output System，BIOS）等。ROM 必须在电源电压正常时工作，但断电后其中的信息不会丢失。

3．辅助存储器

辅助存储器属于外部设备，也称为外存，常用的有磁盘、光盘、磁带等。磁盘分为软磁盘和硬磁盘两种（简称软盘和硬盘）。软盘容量较小，一般为 1.2MB～1.44MB，目前已被淘汰。常见的硬盘分为机械硬盘（Hard Disk Drive，HDD）和固态硬盘（Solid State Drive，SSD）。常用的机械硬盘的容量为 500GB～4TB 甚至更大。为了在磁盘上快速地存取信息，在使用磁盘前要先进行初级格式化操作（目前基本由生产厂商完成），即在磁盘上用磁信号划分出若干个有编号的磁道和扇区，以便计算机通过磁道号和扇区号直接寻找到要写数据的位置或要读取的数据。为了提高磁盘存取操作的效率，计算机每次要读完或写完一个扇区的内容。磁盘格式化如图 1.6 所示。

机械硬盘只有磁盘片是无法进行读写操作的，还需要将其放入磁盘驱动器，如图 1.7 所示。磁盘驱动器由驱动电机、可移动寻道的读写磁头、壳体和读写信息处理电路等构成。在进行磁盘读写操作时，磁头通过移动寻找磁道。磁头移动到指定磁道位置后，就等待指定的扇区转动到磁头之下（通过读取扇区标识信息判别），这称为寻区，然后读写一个扇区的内容。

图 1.6　磁盘格式化示意图

图 1.7　机械硬盘

固态硬盘是用固态电子存储芯片阵列制成的高性能存储设备。SSD 由控制单元和固态存储单元（动态随机存储器芯片或闪存芯片）组成。固态硬盘采用固态存储单元作为存储介质，不用磁头，寻道时间几乎为 0，读写速度非常快。早期固态硬盘的接口规范是和机械硬盘相同的 SATA（Serial Advanced Technology Attachment Interface，串行先进技术总线附属接口）总线 AHCI（Advanced Host Controller Interface，高级主机控制器接口）协议，固态硬盘的外形及使用方法也与机械硬盘的基本相同，读写速度可达到 500MB/s 以上。而新兴的 U.2、M.2 接口的固态硬盘尺寸和外形与机械硬盘不同，它们采用 PCIe 总线，支持 NVMe（Non Volatile Memory Express，非易失性存储器快速通道）协议，读写速度达到了惊人的 7000MB/s。固态硬盘具有防震、低功耗、无噪声、工作温度范围大和轻便等优点。其缺点是容量受限（目前消费级最大容量为 8TB）、寿命受限（有擦写次数限制）、价格高等。固态硬盘如图 1.8 所示。

图 1.8　固态硬盘

光盘的读写过程和磁盘的读写过程相似，不同之处在于它利用激光束在盘面上烧出斑点进行数据的写入，通过辨识反射激光束的角度来读取数据。光盘和光盘驱动器都有只读和可读写之分。

1.3.3　常用总线标准

考察一台主机的性能，除了要看 CPU 的性能和存储器的容量及读写速度，还要看它采用的总线标准和缓存的配置情况。

存储器是由一个个的存储单元组成的，为了快速地从指定的存储单元中读取数据或向指定的存储单元写入数据，就必须为每个存储单元分配一个编号，作为该存储单元的地址。利用地址查找指定存储单元的过程称为寻址，所以地址总线的位数就决定了计算机管理内存的范围。例如，20 根地址总线（20 位的二进制数）共有 1M 个编号，可以直接寻址 1MB 的内存空间；若有 32 根地址总线，则寻址范围扩大了 4096 倍，可以直接寻址 4GB 的内存空间。

数据总线的位数决定了计算机一次能传送的数据量。在相同的时钟频率下，64 位数据总线的数据传送能力是 8 位数据总线的 8 倍。

控制总线的位数和所采用的 CPU 与总线标准有关。其传送的信息一般为 CPU 向内存和外部设备发出的控制信息、外部设备向 CPU 发送的应答和请求服务信息。

常用总线标准如下。

（1）ISA 总线。工业标准结构（Industrial Standard Architecture，ISA）总线最早安排了 8 位数据总线，共 62 个引脚，主要满足 Intel 8088 CPU 的要求；后来又增加了 36 个引脚，数据总线扩充到 16 位，总线传输速率达到 8MB/s，适应了 Intel 80286 CPU 的需求，成为 AT 系列微机的标准总线。

（2）EISA 总线。扩展 ISA（Extend ISA，EISA）总线的数据总线和地址总线均为 32 位，总线传输速率达到 33MB/s，满足了 Intel 80386 和 Intel 80486 CPU 的要求，且采用双层插座和相应的电路技术，保持了和 ISA 总线的兼容。

（3）VESA 总线。视频电子标准协会（Video Electronics Standards Association，VESA）总线（也称 VL-BUS）的数据总线为 32 位，且留有扩充到 64 位的物理空间。VESA 总线采用局部总线技术使总线传输速率达到 132MB/s，支持高速视频控制器和其他高速设备接口，满足了 Intel 80386 和 Intel 80486 CPU 的要求，且采用双层插座和相应的电路技术，保持了和 ISA 总线的兼容。VESA 总线支持 Intel、AMD、Cyrix（赛瑞克斯）等公司的 CPU 产品。

（4）PCI 总线。外部设备互连（Peripheral Controller Interface，PCI）总线采用局部总线技术，在 33MHz 下工作时传输速率为 132MB/s，不受制于处理器，且保持了和 ISA 总线、EISA 总线的兼容。同时，PCI 总线还留有向 64 位扩充的余地，最高传输速率为 264MB/s，支持 Intel 80486、Pentium 以及更新的 CPU 产品。

1.3.4　常用输入输出设备及其接口

1．常用输入输出设备

输入输出设备又称外部设备或外围设备，简称外设。外设种类繁多，常用的外设有键盘、显示器、打印机、鼠标、绘图仪、扫描仪、光学字符识别装置、传真机、智能书写终端设备等。其中，键盘、显示器、鼠标、打印机是人们用得较多的常规设备。

键盘和鼠标的使用

（1）键盘

依据键盘的结构形式，键盘分为有触点和无触点两类。有触点键盘采用机械触点按键，价廉但易损坏。无触点键盘采用霍尔磁敏电子开关或电容感应开关，操作无噪声，手感好，寿命长，但价格较贵。

（2）显示器

显示器由监视器（Monitor）和装在主机内的显示控制适配器（Adapter）两部分组成。监视器所能显示的光点的最小直径（也称为点距）决定了它的物理显示分辨率，常见的有 0.27mm、0.23mm 和 0.18mm 等。显示控制适配器是监视器和主机的接口电路，也称显卡。监视器在显卡和显卡驱动程序的支持下可实现多种显示模式，如分辨率为 1920 像素×1080 像素、2560 像素×1440 像素、3840 像素×2160 像素等，乘积越大分辨率越高，但不会超过监视器的物理显示分辨率。

液晶显示器（Liquid Crystal Display，LCD）以前只在笔记本电脑中使用，目前已全面替代了阴极射线管（Cathode Ray Tube，CRT）显示器。

（3）鼠标

鼠标通过串行接口或通用串行总线接口和计算机相连。其上有 2 个或 3 个按键，分别称为两键鼠标和三键鼠标。鼠标上的按键分别称为左键、右键和中键。鼠标的基本操作包括移动、单击、双击和拖动等。

（4）打印机

打印机经历了数次更新，虽然目前已进入激光打印机（Laser Printer）时代，但点阵打印机（Dot Matrix Printer）的应用仍然很广泛。点阵打印机工作噪声较大，速度较慢；激光打印机工作噪声小，普及型激光打印机的输出速度也在 18 页/min，打印分辨率高达 1200dpi。此外，还有一种常见的打印机是喷墨打印机，它的打印速度不如激光打印机，但打印分辨率可高达 4000dpi～9600dpi。

2．接口

（1）标准并行和串行接口

为了方便外接设备，微机系统提供了用于连接打印机的标准的 8 位并行接口和 RS-232 串行接口。并行接口也可用来直接连接外置硬盘、软件加密狗和数据采集模数转换器等并行设备。串行接口可用来连接鼠标、绘图仪、调制解调器（Modem）等低速（小于 115kB/s）串行设备。

（2）通用串行总线接口

目前微机系统还有通用串行总线（Universal Serial BUS，USB）接口，通过它可连接多达 256 个外部设备，传输速率可达 2GB/s。USB 接口自推出以来，已成功替代串行接口和并行接口，成为计算机和智能设备的标准扩展接口及必备接口之一。目前，带 USB 接口的设备有扫描仪、键盘、鼠标、声卡、调制解调器、摄像头及各种智能手机、平板电脑等。

1.4 数制及不同进制之间的数值转换

1.4.1 进位计数制

按进位的方法进行计数，称为进位计数制。为了电路设计的方便，计算机内部使用的是"逢二进一"的进位计数制，简称二进制（Binary）。但人们最熟悉的是十进制（Decimal），所以计算机的输入输出要使用十进制数据。此外，为了编写程序的方便，编程人员还常常会用到八进制（Octal）和十六进制（Hexadecimal）。下面介绍这几种进位计数制和它们之间的数值转换。

1．十进制

十进制有两个特点：一是采用 0～9 共 10 个数字符号；二是相邻两位之间为"逢十进一"或"借一当十"的关系，即同一数码在不同的数位上代表不同的数值。我们把某种进位计数制所使用数码的个数称为该进位计数制的"基数"，把计算每个数码在所在数位上代表的数值时所乘的常数称为"位权"。位权是一个幂，以基数为底数，以数位的序号为指数。数位的序号以小数点为界，小数点左边的数位序号为 0，向左每移一位序号加 1，向右每移一位序号减 1。由此任意一个十进制数都可以表示为一个按位权展开的多项式，例如，十进制数 5678.4 可表示为

$$5678.4 = 5 \times 10^3 + 6 \times 10^2 + 7 \times 10^1 + 8 \times 10^0 + 4 \times 10^{-1}$$

其中，10^3、10^2、10^1、10^0、10^{-1} 分别是千位、百位、十位、个位和十分位的位权。

2．二进制

二进制也有两个特点：数码仅采用"0"和"1"，因此，基数是 2；相邻两位之间为"逢二进一"或"借一当二"的关系。它的"位权"可表示成"2^i"，2 为其基数，i 为数位序号。因此任何一个二进制数都可以表示为按位权展开的多项式，例如，二进制数 1100.1 可表示为

$$1100.1 = 1 \times 2^3 + 1 \times 2^2 + 0 \times 2^1 + 0 \times 2^0 + 1 \times 2^{-1}$$

3．八进制

八进制用的数码共有 8 个：0～7。其基数是 8，相邻两位之间为"逢八进一"或"借一当八"的关系。它的"位权"可表示成"8^i"。任何一个八进制数都可以表示为按位权展开的多项式，例如，八进制数 1537.6 可表示为

$$1537.6 = 1 \times 8^3 + 5 \times 8^2 + 3 \times 8^1 + 7 \times 8^0 + 6 \times 8^{-1}$$

4．十六进制

十六进制用的数码共有 16 个；0～9，以及 A、B、C、D、E、F（分别对应十进制数 10、11、12、13、14、15）。其基数是 16，相邻两位之间为"逢十六进一"或"借一当十六"的关系。它的"位权"可表示成"16^i"。任何一个十六进制数都可以表示为按位权展开的多项式，例如，十六进制数 3AC7.D 可表示为

$$3AC7.D = 3 \times 16^3 + 10 \times 16^2 + 12 \times 16^1 + 7 \times 16^0 + 13 \times 16^{-1}$$

5．K 进制

K 进制用的数码共有 K 个，其基数是 K，相邻两位之间为"逢 K 进一"或"借一当 K"的关系。它的"位权"可表示成"K^i"，i 为数位序号。任何一个 K 进制数都可以表示为按位权展开的多项式，该多项式就是数的一般展开表达式：

$$D = \sum_{i=1}^{n} A_i K^i$$

其中，K 为基数，A_i 为第 i 位上的数码，K^i 为第 i 位上的位权。

1.4.2　不同进制数相互转换

1．二进制数、八进制数、十六进制数转换成十进制数

转换的方法就是按照位权展开表达式，具体示例如下。

（1）$(111.101)_2 = 1 \times 2^2 + 1 \times 2^1 + 1 \times 2^0 + 1 \times 2^{-1} + 0 \times 2^{-2} + 1 \times 2^{-3}$

$$= 4 + 2 + 1 + 0.5 + 0 + 0.125 = (7.625)_{10}$$

可利用括号加脚码来表示转换前后的不同进制，以下例子中不再加以说明。

（2）$(774)_8 = 7 \times 8^2 + 7 \times 8^1 + 4 \times 8^0 = (508)_{10}$

（3）$(AF2.8C)_{16} = 10 \times 16^2 + 15 \times 16^1 + 2 \times 16^0 + 8 \times 16^{-1} + 12 \times 16^{-2}$

$$= 2560 + 240 + 2 + 0.5 + 0.046875 = (2802.546875)_{10}$$

二进制数、八进制数、十六进制数转换成十进制数

2．十进制数转换成二进制数

将十进制数转换成等值的二进制数，需要对整数和小数部分分别进行转换。整数部分的转换法：连续除 2，直到商为 0，逆向取各个余数组成的一串数字即为转换结果。例如：

$$11 \div 2 = 5 \quad \cdots\cdots \quad 余数 \quad 1$$
$$5 \div 2 = 2 \quad \cdots\cdots \quad 余数 \quad 1$$
$$2 \div 2 = 1 \quad \cdots\cdots \quad 余数 \quad 0$$
$$1 \div 2 = 0 \quad \cdots\cdots \quad 余数 \quad 1$$

逆向取余数（后得的余数为结果的高位）得

十进制数转换成二进制数、八进制数、十六进制数

$$(11)_{10} = (1011)_2$$

小数部分的转换法：连续乘 2，直到小数部分为 0 或已得到足够多个数位，正向取积的整数位（后得的整数位为结果的低位）组成的一串数字即为转换结果。例如：

$$0.7 \times 2 = 1.4 \quad \cdots\cdots \quad 整数部分为 1$$
$$0.4 \times 2 = 0.8 \quad \cdots\cdots \quad 整数部分为 0$$
$$0.8 \times 2 = 1.6 \quad \cdots\cdots \quad 整数部分为 1$$
$$0.6 \times 2 = 1.2 \quad \cdots\cdots \quad 整数部分为 1$$
$$0.2 \times 2 = 0.4 \quad \cdots\cdots \quad 整数部分为 0（进入循环过程）$$

若要求 4 位小数，则应算到第 5 位，以便舍入，结果为

$$(0.7)_{10}=(0.1011)_2$$

可见有限位的十进制小数所对应的二进制小数可能是无限位的循环或不循环小数，这就必然导致转换误差。仅将上述转换方法简单证明如下。

一个十进制整数 A，必然对应一个 n 位的二进制整数 B，将 B 展开：

$$(A)_{10} = b_{n-1} \times 2^{n-1} + b_{n-2} \times 2^{n-2} + \cdots + b_2 \times 2^2 + b_1 \times 2^1 + b_0 \times 2^0$$

当等式两边同时除以 2，则两边的结果和余数都当相等，分析等式右边，除末项外各项都含有因子 2，所以其余数就是 b_0。同时 b_1 项的因子 2 没有了。当再次除以 2，b_1 就是余数。以此类推，就逐次得到了 b_2、b_3、b_4……直到等式左边的商为 0。

小数部分转换法的证明同样是利用转换结果的展开表达式：

$$(A)_{10} = b_{-1} \times 2^{-1} + b_{-2} \times 2^{-2} + \cdots + b_{-(m-1)} \times 2^{-(m-1)} + b_{-m} \times 2^{-m}$$

显然当等式两边乘以 2，其右边的整数位就等于 b_{-1}。当再次乘以 2，其右边的整数位就等于 b_{-2}。以此类推，直到等式右边的小数部分为 0，或得到了满足要求的二进制小数位数。

最后将小数部分和整数部分的转换结果合并，并用小数点隔开，就得到了最终转换结果。

3．十进制数转换成八进制数、十六进制数

对整数部分"连除基数取余"、对小数部分"连乘基数取整"的转换方法，可以推广到十进制数到任意进制数的转换，这时的基数要用十进制数表示。例如，用"除 8 逆向取余"和"乘 8 正向取整"的方法可以实现由十进制数向八进制数的转换；用"除 16 逆向取余"和"乘 16 正向取整"可实现由十进制数向十六进制数的转换。将十进制数 269 转换为八进制数和十六进制数的计算为

$269 \div 8 = 33 \quad \cdots\cdots 余数\ 5$	$269 \div 16 = 16 \quad \cdots\cdots 余数\ 13$
$33 \div 8 = 4 \quad \cdots\cdots 余数\ 1$	$16 \div 16 = 1 \quad \cdots\cdots 余数\ 0$
$4 \div 8 = 0 \quad \cdots\cdots 余数\ 4$	$1 \div 16 = 0 \quad \cdots\cdots 余数\ 1$
得：$(269)_{10}=(415)_8$	得：$(269)_{10}=(10D)_{16}$

4．八进制数、十六进制数与二进制数之间的转换

由于 3 位二进制数所能表示的也是 8 个状态，因此 1 位八进制数与 3 位二进制数之间就有一一对应的关系。八进制数和二进制数之间的转换十分简单。将八进制数转换成二进制数时，只需要将每位八进制数码用 3 位二进制数码代替。例如：

$$(367.12)_8 = (011\ 110\ 111.001\ 010)_2$$

为了便于阅读，这里在数字之间特意添加了空格。若要将二进制数转换成八进制数，只需从小数点开始，分别向左和向右每 3 位一组，用 1 位八进制数码代替。例如：

$$(10100101.00111101)_2 = (10\ 100\ 101.001\ 111\ 010)_2 = (245.172)_8$$

这里要注意的是，小数部分最后一组如果不够 3 位，应在尾部用 0 补足 3 位后再进行转换。

与八进制数类似，1 位十六进制数与 4 位二进制数之间也有一一对应的关系。将十六进制数转换成二进制数时，只需将每位十六进制数码用 4 位二进制数码代替。例如：

$$(CF.5)_{16} = (1100\ 1111.0101)_2$$

将二进制数转换成十六进制数时，只需从小数点开始，分别向左和向右每 4 位一组，用 1 位

十六进制数码代替。小数部分的最后一组不足 4 位时要在尾部用 0 补足 4 位。例如：

$$(10110111.10011)_2 = (1011\ 0111.1001\ 1000)_2 = (B7.98)_{16}$$

1.4.3　二进制数的算术运算

二进制数只有 0 和 1 两个数码，它的算术运算规则比十进制数的算术运算规则简单得多。

1．二进制数的加法运算

二进制加法规则共 4 条：0+0=0；0+1=1；1+0=1；1+1=0（向高位进 1）。

例如，将两个二进制数 1001 与 1011 相加，竖式计算为

$$
\begin{array}{r}
1\ 0\ 0\ 1 \quad \text{被加数}\\
+\ 1\ 0\ 1\ 1 \quad \text{加数}\\
\hline
1\ 0\ 1\ 0\ 0 \quad \text{和}
\end{array}
$$

2．二进制数的减法运算

二进制减法规则也是 4 条：0−0=0；1−0=1；1−1=0；0−1=1（向相邻的高位借 1 当 2）。

例如，1010 − 0111 = 0011。

3．二进制数的乘法运算

二进制乘法规则也是 4 条：0×0=0；0×1=0；1×0=0；1×1=1。

例如，求二进制数 1101 和 1010 相乘的乘积，竖式计算为

$$
\begin{array}{r}
1\ 1\ 0\ 1 \quad \text{被乘数}\\
\times\ 1\ 0\ 1\ 0 \quad \text{乘数}\\
\hline
0\ 0\ 0\ 0\\
1\ 1\ 0\ 1\\
0\ 0\ 0\ 0 \quad \text{部分乘积}\\
+\ 1\ 1\ 0\ 1\\
\hline
1\ 0\ 0\ 0\ 0\ 0\ 1\ 0 \quad \text{乘积}
\end{array}
$$

可见其乘法运算过程和十进制的乘法运算过程一致，仅仅是换用了二进制的加法和乘法规则，但计算更为简洁。

二进制的除法同样是乘法的逆运算，也与十进制除法类似，仅仅是换用了二进制的乘法和减法规则，这里不再举例说明。

1.5　计算机信息处理

在学习计算机信息处理相关知识之前，我们首先要明确什么是"信息"。从广义上讲，信息就是消息。信息一般表现为 5 种形态：数值、文本、声音、图形、图像。本节主要讲述数值及文本的计算机表示和处理，声音、图形及图像的计算机表示和处理将在第 4 章进行介绍。

1.5.1　数值信息的表示

1．数的定点表示

小数点位置固定的数称为定点数。计算机中常用的定点数有两种，即定点纯整数和定点纯小数。将小数点固定在数的最低位之后，就得到定点纯整数。将小数点固定在符号位之后、最高数值位之前，就得到定点纯小数。

2．数的编码表示

一般数都有正负之分，计算机只能记忆 0 和 1，为了方便数在计算机中存放和处理，就要先对数的符号进行编码。基本方法是在数中增加一个符号位（一般将其安排在数的最高位之前），并用

"0"表示数的正号，用"1"表示数的负号，例如：

数+1110011在计算机中可存为01110011；

数-1110011在计算机中可存为11110011。

（1）原码

上述这种数值位部分不变，仅用0和1表示其符号得到的数的编码，称为原码，其原来的数称为真值，这种编码形式称为机器数。

按原码的定义和编码方法，数0就存在两种编码形式：0000…0和1000…0。

对带符号的整数来说，n位二进制原码表示的数值范围是$-(2^{n-1}-1)\sim +(2^{n-1}-1)$。

例如，8位原码的表示范围为-127～+127，16位原码的表示范围为-32767～+32767。

为了简化运算操作，也为了把加法和减法统一起来以简化运算器的设计，计算机中也用到了其他的编码形式：反码和补码。

（2）反码

正数的反码和原码相同；负数的反码是其原码的符号位保持不变，而将其他位按位取反（即将0换为1，1换为0）。

原码、反码和补码

（3）补码

正数的补码和原码相同；求负数的补码要先求其反码，再在最低位加"1"（即末位加1），即得到其补码。

真值、原码、反码和补码的对照举例如表1.1所示。

表1.1 真值、原码、反码和补码对照举例

十进制数	二进制数	十六进制数	原码	反码	补码	说明
69	1000101	45	01000101	01000101	01000101	定点正整数
-92	-1011100	-5C	11011100	10100011	10100100	定点负整数
0.82	0.11010010	0.D2	01101001	01101001	01101001	定点正小数
-0.6	-0.10011010	-0.9A	11001101	10110010	10110011	定点负小数

注：在二进制数的小数取舍中，0舍1入。例如，$(0.82)_{10}=(0.110100011\cdots)_2$，取8位小数，就把第9位上的1入到第8位，而第8位进位，从而得到十进制数0.82对应的二进制数是0.11010010。在原码中，为了凑8位数字，把最后一个0舍去。

3．补码运算举例

补码运算的基本规则是$[X]_\text{补}+[Y]_\text{补}=[X+Y]_\text{补}$，下面根据此规则进行计算。

（1）18-13=5

由式18-13=18+(-13)，可得8位补码的竖式计算为

$$
\begin{array}{r}
00010010 \\
+\quad 11110011 \\
\hline
100000101
\end{array}
$$

最高位进位自动丢失后，结果的符号位为0，即为正数，补码与原码相同。转换为十进制数即为+5，运算结果正确。

（2）25-36=-11

由式25-36=25+(-36)，可得8位补码的竖式计算为

$$
\begin{array}{r}
00011001 \\
+\quad 11011100 \\
\hline
11110101
\end{array}
$$

结果的符号位为 1，即为负数。由于负数的补码与原码不相同，所以要对其求补得到原码：10001011。转换为十进制数即为–11，运算结果正确。

为了进一步说明补码的原理，我们先来介绍数学中的"同余"概念。对于 a、b 两个数，若用一个正整数 K 去除，所得的余数相同，则称 a、b 对于模 K 是同余的（或称互补）。也就是说，a 和 b 在模 K 的意义下相等，记作 $a = b(\text{MOD } K)$。

例如，a=13，b=25，K=12，用 K 去除 a 和 b 余数都是 1，记作 $13 = 25(\text{MOD } 12)$。

在我们的日常生活中，钟表校对时间就是补码应用的例子。顺时针方向拨 K（$0 \leq K \leq 12$）个小时与逆时针方向拨 $12-K$ 个小时，其效果是相同的。因为以小时为单位，表盘上只有 12 个计数状态，故其模为 12。计算机运算器的位数（字长）总是有限的，即它也有"模"，可以利用"补码"实现加减法的相互转换。

4．计算机中数的浮点表示

一个十进制数可以表示成一个纯小数与一个以 10 为底的整数次幂的乘积，如 135.45 可表示为 0.13545×10^3。同理，任意二进制数 N 也可以表示为

$$N = 2^J \times S$$

其中，S 称为尾数，是二进制纯小数，表示 N 的有效数位；J 称为 N 的阶码，是二进制整数，指明了小数点的实际位置，改变 J 的值也就改变了 N 的小数点的位置。该公式就是数的浮点表示形式，其中的尾数和阶码分别是定点纯小数和定点纯整数。例如，二进制数 11101.11 的浮点表示形式可为 0.1110111×2^{101}。从原则上讲，阶码和尾数都可以任意选用原码、反码或补码，这里仅简单举例说明采用补码表示的定点纯整数阶码、采用补码表示的定点纯小数尾数的浮点数表示方法。例如，在 IBM PC 系列微机中，采用 4 字节存放一个浮点数，其中阶码占 1 字节，尾数占 3 字节。阶码的符号（简称阶符）和数值的符号（简称数符）各占 1 位，且阶码和尾数均为补码形式。当存放十进制数 256.8125 时，其浮点格式为

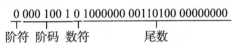

即 $(256.8125)_{10} = (100000000.1101)_2 = (0.1000000001101 \times 2^{1001})_2$。

当存放十进制数–0.21875 时，其浮点格式为

1 111 1110 1 0010000 00000000 00000000
阶符　阶码　数符　　　　尾数

即 $(-0.21875)_{10} = (-0.00111)_2 = (-0.111 \times 2^{-010})_2$。

由上例可以看到，写一个编码时必须按规定写足位数。由于小数点位置可以变化，而一个浮点数有多种编码，为了唯一表示浮点数并充分利用编码表示较高的数据精度，计算机中采用了"规格化"的浮点数，即尾数小数点的后一位必须非"0"。也就是说，正数小数点的后一位必须是"1"；对负数补码，小数点的后一位必须是"0"。

1.5.2　非数值数据的编码

由于计算机只能识别二进制数，因此数字、字母、符号等必须以特定的二进制数来表示，这种方式称为二进制编码。

1．十进制数字的编码

十进制小数转换为二进制数时可能会产生误差，为了精确地存储和计算十进制数，我们可用若干位二进制数来表示 1 位十进制数，这可称为二进制编码的十进制数，简称二–十进制（Binary-Coded Decimal，BCD）码。由于十进制数有 10 个数码，起码要用 4 位二进制数才能表示 1 位十进制数，而

4 位二进制数能表示 16 个符号，因此就存在多种编码方法。其中，8421BCD 码是比较常用的一种，它利用了二进制数的展开表达式形式，即各位的位权由高位到低位分别是 8、4、2、1，方便了编码和解码的运算操作。用 8421BCD 码表示十进制数 2365 可以直接写出结果：0010 0011 0110 0101。

2. 字母和常用符号的编码

我们在英语书中用到的字母为 52 个（大、小写字母各 26 个），我们平时使用的数码有 10 个，常用的数学运算符号和标点符号等有 32 个，再加上用于控制打印机等外围设备的控制字符，共计 128 个符号。对 128 个符号编码需要 7 位二进制数，且可以有不同的排列方式，即不同的编码方案。其中，美国信息交换标准码（American Standard Code for Information Interchange，ASCII）是使用最广泛的字符编码方案。在 7 位 ASCII 之前再增加一位用作校验位，可形成 8 位编码。ASCII 表如表 1.2 所示。

表 1.2 ASCII 表（$b_7b_6b_5b_4b_3b_2b_1$）

$b_4b_3b_2b_1$	$b_7b_6b_5$							
	000	001	010	011	100	101	110	111
0000	NUL	DLE	SP	0	@	P	`	p
0001	SOH	DC1	!	1	A	Q	a	q
0010	STX	DC2	"	2	B	R	b	r
0011	ETX	DC3	#	3	C	S	c	s
0100	EOT	DC4	$	4	D	T	d	t
0101	ENQ	NAK	%	5	E	U	e	u
0110	ACK	SYN	&	6	F	V	f	v
0111	BEL	ETB	'	7	G	W	g	w
1000	BS	CAN	(	8	H	X	h	x
1001	HT	EM	)	9	I	Y	i	y
1010	LF	SUB	*	:	J	Z	j	z
1011	VT	ESC	+	;	K	[	k	{
1100	FF	FS	,	<	L	\	l		
1101	CR	GS	–	=	M	]	m	}
1110	SO	RS	.	>	N	^	n	~
1111	SI	US	/	?	O	_	o	DEL

3. 汉字编码

依据汉字处理阶段的不同，汉字编码可分为输入码、字形码、机内码和交换码。

（1）键盘输入汉字用到的输入码包括数字码、拼音码、字形码和音形混合码。数字码以区位码、电报码为代表，一般用 4 位十进制数表示一个汉字，每个汉字的编码唯一，记忆困难。拼音码又分为全拼码和双拼码，基本无须记忆，但重音字太多。此后又出现了双拼双音、智能拼音和联想等方案，推进了拼音码的普及。字形码以五笔字型为代表，优点是重码率低，适合专业打字人员使用，缺点是记忆量大。自然码将汉字的音、形、义都反映在其编码中，它是音形混合码的代表。

（2）要通过屏幕或打印机输出汉字，就需要用到汉字的字形信息。目前表示汉字字形的常用方法主要有点阵字形法和矢量法。

点阵字形法是将汉字写在一张方格纸上，用 1 位二进制数表示一个方格的状态，有笔画经过的方格记为 "1"，否则记为 "0"，并称其为点阵。把点阵上的状态代码记录下来，就得到了一个汉字的字形码。将字形码有组织地存放起来，就形成了汉字字形库。在一般的汉字系统中，汉字字形点阵有 16×16、24×24、48×48 等几种，点阵越大对每个汉字的修饰作用就越强，输出质量也就越好。通常我们用 16×16 点阵来显示汉字。

矢量法则是抽取并存储汉字中每个笔画的特征坐标值，即汉字的字形矢量信息，在输出汉字时依据这些信息经过运算恢复原来的字形。

（3）当输入一个汉字并要将其显示出来时，就需要将其输入码转换成能表示其字形码存储地址的机内码。由于字形库的选择和字形库存放位置不同，同一汉字在同一计算机中的机内码也不是唯一的。

（4）汉字的输入码、字形码和机内码都不是唯一的，不便于不同计算机系统之间的汉字信息交换。为此，我国制定了《信息交换用汉字编码字符集·基本集》（GB 2312—1980），提供了统一的国家信息交换用汉字编码，即交换码。该标准包含 682 个西文字符和图形符号、6763 个常用汉字。

除 GB 2312—1980 外，GB 7589—1987 和 GB 7590—1987 两个辅助集对非常用汉字做出了规定。三者共定义汉字 21039 个。

1.6 计算思维概述

思维是人类具有的高级认识活动。按照信息论的观点，思维是对新输入信息与脑内储存的知识、经验进行一系列复杂的心智操作的过程。计算思维并非现在才有，它早有萌芽，并随着计算工具的发展而发展。例如，算盘就是一种没有存储设备的计算机（人脑作为存储设备），提供了一种用计算方法来解决问题的思维能力；图灵机是现代数字计算机的数学模型，是有存储设备和控制器的；现代计算机的出现强化了计算思维的意义和作用。计算工具的发展、计算环境的演变、计算科学的形成、计算文明的迭代中处处蕴含思维的火花。图灵奖得主艾兹格·迪杰斯特拉（Edsger Dijkstra）说过："我们所使用的工具影响我们的思维方式和思维习惯，从而也将深刻地影响我们的思维能力。"

2006 年，美国卡内基梅隆大学的周以真（Jeannette M.Wing）教授提出：计算思维是运用计算机科学的基础概念进行问题求解、系统设计以及人类行为理解等涵盖计算机科学之广度的一系列思维活动（智力工具、技能、手段）。当我们必须解决一个特定的问题时，我们首先会问：解决这个问题有多么困难？怎样才是最佳的解决方案？计算机科学根据坚实的理论基础来准确地回答这些问题。此外，我们在解决问题的过程中必须考虑机器的指令系统、资源约束和操作环境等因素。

计算思维就是通过嵌入、转化和仿真等方法，把一个看起来困难的问题重新阐释成一个我们知道怎样解决的问题。计算思维是一种科学的思维方法，所有人都应该学习和培养计算思维。但是学习的内容是相对的，对不同人群应该有不同的要求。计算思维不是悬空的、不可捉摸的抽象概念，而是体现在各个学科中的一种思维活动。正如学习数学的过程就是培养理论思维的过程，学习物理的过程就是培养实证思维的过程，学习程序设计，其中的算法思维就是计算思维。在今后的学习中，大家应更关注计算思维能力的训练与提升。

计算机的由来
与发展

计算机领域
杰出人物简介

习题 1

简答题

1. 微型计算机系统由哪几部分组成？其中硬件包括哪几部分，软件包括哪几部分？各部分的功能如何？

2. 微型计算机的存储体系如何？内存和外存各有什么特点？

3. 计算机更新换代的主要技术指标是什么？

4. 表示计算机存储器容量的单位是什么？如何由地址总线的根数来计算存储器的容量？KB、MB、GB 分别代表什么意思？

5. 已知 X 的补码为 11110110，求其真值。将二进制数 $+1100101_B$ 转换为十进制数，并用 8421BCD 码表示。

6. 将十进制数 2746.12851 转换为二进制数、八进制数和十六进制数。

7. 分别用原码、补码、反码表示有符号的十进制数 +102 和 −103。

8. 用规格化的浮点数表示十进制数 123.625。

9. 设浮点数形式为"阶符阶码尾符尾数"，其中阶码（包括 1 位符号位）取 8 位补码，尾数（包括 1 位符号位）取 24 位原码，基数为 2。写出二进制数 -110.0101_B 的浮点数形式。

10. 汉字在计算机内部存储、传输和检索的代码称作什么？汉字从输入到显示这个过程中，其编码是如何转换的？

11. 什么是计算思维？有什么用途？

习题参考答案

第2章 操作系统基础

本章首先从操作系统的定义、基本功能、分类和微机操作系统的演化过程等方面进行讲解，然后以 Windows 10 为例，详细讲述 Windows 操作系统的基本功能和常用操作，最后对国产操作系统进行简单的介绍。

【知识要点】

- 操作系统的定义、功能、分类。
- 微机操作系统的演化过程。
- Windows 10 的常用操作。
- 国产操作系统简介。

章首导读

2.1 操作系统概述

2.1.1 操作系统的定义

为了使计算机系统中的所有软硬件资源协调一致、有条不紊地工作，需要有一套软件来进行统一的管理和调度，这种软件就是操作系统。操作系统是管理软硬件资源、控制程序执行、改善人机界面、合理组织计算机工作流程和为计算机提供良好运行环境的一种系统软件。计算机系统不能缺少操作系统，正如人不能没有大脑，而且操作系统的性能在很大程度上直接决定了整个计算机系统的性能。操作系统直接运行在裸机上，是对计算机硬件系统的第一次扩充。在操作系统的支持下，计算机才能运行其他的软件。从用户的角度看，操作系统加上计算机硬件系统构成一台虚拟机（广义上的计算机），这就是一个方便、高效、友好的使用环境。因此可以说，操作系统不但是计算机硬件与其他软件之间的接口，也是用户和计算机之间的接口。操作系统在计算机系统中的地位如图 2.1 所示。

图 2.1 操作系统在计算机系统中的地位

2.1.2 操作系统的基本功能

操作系统作为计算机系统的管理者，其主要功能是对所有的软硬件资源进行合理而有效的管理和调度，提高计算机系统的整体性能。一般而言，引入操作系统有两个目的：第一，从用户角度来看，操作系统将裸机改造成一台功能更强、服务质量更高、使用起来更加灵活方便、更加安全可靠的虚拟机，使用

操作系统的基本功能

户无须了解更多有关硬件和软件的细节就能使用计算机，从而提高用户的工作效率；第二，从管理者角度来看，操作系统有助于合理地使用计算机系统包含的各种软硬件资源，提高整个系统的使用效率。具体地说，操作系统具有处理器管理、存储管理、设备管理、文件管理和作业管理五大基本功能。

1. 处理器管理

我们在使用计算机时，可以同时运行多个程序，例如，在编辑办公文档的同时，可听音乐，还可以进行 QQ 聊天。那么，操作系统是如何为这 3 个（甚至更多）程序进行服务，如何为其分配 CPU 资源的呢？这些就是利用操作系统的处理器管理功能来实现的。

处理器管理也称进程管理。进程是计算机中的程序在某数据集合上的一次运行，是一个动态的过程，是执行起来的程序，也是接受资源调度和分配的独立单位。它具有以下 4 个主要特征。

（1）进程具有动态性

进程的实质是程序的执行过程，因此，动态性是进程的基本特征。进程实体有一定的生命期，而程序则只是一组有序指令的集合，程序存放于某种介质上，其本身并不具有活动的含义，因而是静态的。

（2）进程包括程序和数据

进程和程序是两个截然不同的概念，进程是程序在一个数据集合上的一次运行，所以一个进程不但包括程序，还包括运行程序所需要的相关数据，相关数据包括原始数据、运行环境和运行结果。

（3）同一个程序在不同数据集合上运行会产生不同的进程

从进程的定义可以看出，若一个程序同时在多个数据集合上运行，则会产生多个进程。

（4）进程具有并发性

进程的并发性是指多个进程实体同存于内存中，且能在一段时间内同时运行。引入进程也正是为了使进程实体能和其他进程实体并发执行。因此，并发性是进程的另一重要特征，同时也成为操作系统的重要特征。

在进程的生存周期内，由于资源的制约，其运行过程是间断的，因此进程的状态也是不断变化的。一般来说，进程有 3 种基本状态。

① 就绪状态：进程已经获取了除 CPU 之外所需的一切资源，一旦分配到 CPU，就可以立即执行。

② 运行状态：进程获得了 CPU 及其他一切所需的资源，正在运行。

③ 等待状态：由于缺少某种资源，进程运行受阻，处于暂停状态，待分配到所需资源再投入运行。

操作系统对进程的管理主要体现在调度和管理进程从"创生"到"消亡"的整个生存周期中的所有活动，包括创建进程、转变进程的状态、执行进程和撤销进程等操作。

当有多个进程在等待使用 CPU 时，就需要采用一种策略从等待的队列中选择一个进程来执行，这个选择的方法就是进程调度算法。常见的进程调度算法有先来先服务、短作业优先、时间片轮转、优先级调度、多队列调度等算法。

进程管理的另一个主要问题是同步，要保证不同的进程使用不同的资源。如果某个进程占有另一个进程需要的资源而同时请求对方的资源，并且在得到所需资源前不释放其已占有的资源，那么就会发生死锁。现代操作系统尽管在设计上已经考虑防止死锁的发生，但并不能完全避免。发生死锁会导致操作系统处于无效的等待状态，因此必须终止其中的一个进程。例如，在 Windows 操作系统中，用户可以使用"任务管理器"（见图 2.2）来终止没有响应（也就是无效）的进程。

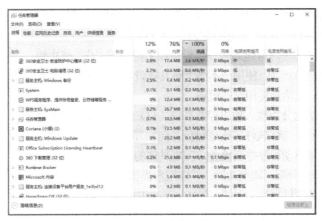

图 2.2　任务管理器

2. 存储管理

存储器是计算机系统中存放各种信息的主要场所，因而是系统的关键资源之一，能否合理、有效地使用这种资源，将在很大程度上影响整个计算机系统的性能。为了协调存储器的速度、容量和价格，现在的计算机系统中，存储设备一般采用层次结构来组织。对通用计算机而言，存储层次至少应有三级：缓存、内存和外存，如图 2.3 所示。在较高档次的计算机中，还可以根据具体的功能分工再细分。存储层次越高，访问速度越快，价格越高，存储容量也越小。

图 2.3　计算机系统存储层次

操作系统的存储管理主要是对内存的管理。除了为各个作业及进程分配互不冲突的内存空间、保护放在内存中的程序和数据不被破坏，还要尽可能地共享内存空间，甚至将内存和外存结合起来，为用户提供一个容量比实际内存大得多的虚拟存储空间。存储管理的基本功能有以下 5 项。

（1）内存的分配与回收

存储管理根据用户程序的需要分配存储资源，并适时进行回收，释放程序所占用的存储空间，以便其他程序使用。

（2）存储资源共享

存储管理可以让内存中的多个用户的多个程序实现存储资源共享，多道进程能够动态地共享内存以提高内存的利用率。

（3）内存保护

存储管理要保证进入内存的程序都在各自的存储空间内运行，互不干扰，从而保护用户程序存放在存储器中的数据不被破坏。

（4）地址转换

程序中的逻辑地址与内存中的物理地址是不一致的，存储管理提供地址转换的功能，将程序中的逻辑地址转换为内存的物理地址。

（5）内存扩充

由于物理内存的容量有限，有时难以满足用户程序的需要，因此存储管理应该能够在逻辑上扩充内存容量，为用户提供一个容量比实际内存大得多的虚拟存储空间，即虚拟内存（Virtual Memory）。

3. 设备管理

外部设备是计算机系统中用于完成人机交流及系统间交流的重要资源，也是计算机系统中最具多样性和变化性的部分。设备管理主要是对接入本计算机系统的所有外部设备进行管理，包括设备分配、设备驱动、缓冲管理、数据传输控制、中断控制、故障处理等。操作系统一般采用缓冲、中断、通道、直接存储器访问（Direct Memory Access, DMA）和虚拟设备等技术，尽可能地使外部设备和主机并行工作，解决快速 CPU 与慢速外部设备的矛盾，使用户不必了解具体设备的物理特性和具体控制命令就能方便、灵活地使用这些设备。

图 2.4　设备管理体系结构

设备管理的体系结构分为输入输出控制系统（I/O 软件）和设备驱动程序两层，如图 2.4 所示。I/O 软件实现逻辑设备向物理设备的转换，提供统一的用户接口；设备驱动程序控制设备，完成具体的 I/O 操作。

I/O 软件实现设备的分配、调度功能，并向用户提供统一的调用界面，使用户无须了解设备的硬件属性。例如，在 Windows 中，用户可使用统一的文件管理界面将文件存储到硬盘、U 盘上。设备驱动程序属于系统软件，在系统启动时被自动加载，直接控制硬件设备的打开、关闭以及读写操作。

在计算机系统中，设备、控制器和通道等资源是有限的，并不是每个进程随时都可以得到这些资源。在需要使用设备时，进程首先要向设备管理程序提出申请，然后设备管理程序按照一定的分配算法给进程分配必要的资源。如果申请没有成功，就要在资源的等待队列中等待，直到获得所需要的资源。

设备分配的总原则：一方面要充分发挥设备的作用，同时避免不合理的分配方式造成死锁、系统工作紊乱等现象，使用户在逻辑层面上能够合理方便地使用设备；另一方面要考虑设备的固有属性和分配时的安全性。通常只采用先来先服务、优先级调度两种分配算法。

4. 文件管理

计算机中存放着成千上万个文件，这些文件保存在外存中，但其处理却是在内存中进行的。对文件的组织管理和操作都是由被称为文件系统的软件来完成的。文件系统由文件、管理文件的软件和相应的数据结构组成。文件管理支持文件的建立、存储、检索、调用和修改等操作，解决文件的共享、保密和保护等问题，并提供方便的用户界面，使用户能实现对文件的按名存取，而不必关心文件在磁盘上的存放细节。文件系统是基于操作系统来实现的。下面以 Windows 操作系统为例来介绍文件和文件系统。

（1）文件的概念

文件是存储在外存上的一组有序数据的集合，通过一个名称来标记，这个名称就是文件名。文件是一种抽象机制，它提供了在外存上保存数据以方便用户读取的方法，通过本机制，用户不必关心数据的物理存储方法、存储位置和所使用的存储介质。

文件名是用来标记一个文件的，由主名和扩展名两部分组成。文件的命名规则也随着操作系统的不同而不同。在 Windows 10 中，主名加扩展名最多可达 255 个字符。

不允许使用的文件名有 AUX、COM1、COM2、COM3、COM4、LPT1、LPT2、LPT3、LPT4、PRN、NUL、CON 等，因为这些名字在 Windows 操作系统中已有特定的含义。例如，AUX 表示音频输入接口，COM 表示串行通信端口，LPT 表示打印机或其他设备的接口，CON 表示键盘或屏幕。

（2）文件的操作权限

文件的操作权限用于防止文件的主人和其他用户有意或无意的非法操作危害文件安全。常见的文件操作权限有只读、只写、执行、添加、删除。

Windows 操作系统除了对文件进行上述操作，还可以对文件进行其他操作。例如，为了减少文件存储占用的空间、方便对多个文件进行传输等，可以对文件进行压缩，然后在需要时进行解压。常见的压缩文件的扩展名有 zip、rar 等。

（3）文件的存取

对用户而言，文件操作就是打开文件、编辑文件、保存文件。但对操作系统中的文件系统而言，文件存取首先要解决的问题是如何在众多文件中找到所需要的文件，即文件检索。文件系统的检索策略分为顺序检索和随机检索，因此，文件存取也分为顺序存取和随机存取。

① 顺序存取

文件顺序存取是指按照信息单位一个接一个地进行存取。顺序存取必须从文件的第一个数据开始，然后存取第二个数据、第三个数据、……直到遇到 EOF（End of File，文件结束标识）。

② 随机存取

在随机存取文件时，需要先确定数据的地址信息，然后直接到文件的相应地址存取数据。前面提到的按文件名存取文件就是随机存取。随机存取有许多方法查找文件，也就是有多种方法将关键字和数据记录关联，主要有索引法、二分法、哈希法等。

（4）文件系统的安全

文件系统安全是所有用户关心而又容易被忽视的问题。与计算机硬件相比，文件和数据损坏造成的后果更严重。无论什么原因导致文件系统损坏，要恢复全部数据都困难而且费时，最要命的是在大多数情况下是不可能全部恢复的。

读者可能接触过许多有关文件系统安全的建议和方法，如"一键恢复"或还原，实际上，这些都没有多大意义。首先，作为保存文件的介质，无论是硬盘还是光盘，它们的可靠性都是需要考虑的。硬盘通常一开始就有坏道，几乎无法制造得完美无缺，在使用的过程中也会不断产生坏道，而且是物理性的，也就是说，根本是无法修复的。其次，文件系统本身也存在不安全因素，号称最好的操作系统 UNIX 也发生过安全问题。

为了更好地保护文件系统，人们采用的技术通常是使用密码、设置存取权限以及建立更复杂的保护模型等。但出于更高级别的安全考虑，备份（特别是异机备份）仍然是最佳方法。最简单的备份方法是复制，也就是把重要的文件复制到另外的存储介质中。使用多硬盘结构的备份系统可以大大提高安全性和可靠性，例如，采用独立磁盘冗余阵列（Redundant Arrays of Independent，RAID）技术。

在 Windows 操作系统中，文件管理的大部分操作都可以通过双击桌面上的"此电脑"图标打开文件资源管理器来完成。

5. 作业管理

我们将一次算题过程中或一个事务处理过程中要求计算机系统完成的工作的集合，包括要执行的全部程序模块和需要处理的全部数据，称为一个作业（Job）。作业管理是为处理器管理做准备的，包括对作业的组织、调度和运行控制。

作业有 3 种状态：当作业被输入外存并建立了作业控制模块（Job Control Block，JCB）时，我们可称其处于后备状态；当作业被作业调度程序选中并分配了必要的资源，建立了一组相应的进程时，我们可称其处于运行状态；当作业正常完成或因程序出错等被终止时，我们可称其进入完成状态。作业状态转换如图 2.5 所示。

图 2.5　作业状态转换

CPU 是整个计算机系统中最昂贵的资源，它的速度比其他硬件快得多，所以操作系统要采用各种方式充分利用它的处理能力，组织多个作业同时运行，解决对 CPU 的调度、冲突处理和资源回收等问题。作业调度算法的选择原则有以下 3 个。

（1）作业吞吐量：让计算机系统运行尽可能多的作业。

（2）充分利用资源：让 CPU、I/O 设备都忙起来，不出现闲置。

（3）公平、合理，使用户满意：均衡考虑作业的运行时间和等待时间等因素。

2.1.3　操作系统的分类

操作系统可以按不同的标准分类，如图 2.6 所示。

图 2.6　操作系统的分类

1．按使用界面分类

（1）命令行界面操作系统。在命令行界面操作系统中，用户只能在命令提示符后（如 C:\>）输入命令来操控计算机。其界面不友好，用户需要记忆各种命令，否则无法使用计算机，如 DOS、Novell 等操作系统。

（2）图形界面操作系统。图形界面操作系统交互性好，用户无须记忆命令，可根据界面的提示进行操作，简单易学，如 Windows 7/8/10 等操作系统。

2．按用户数目分类

（1）单用户操作系统。单用户操作系统只允许一个用户使用，该用户独占计算机系统的全部软硬件资源。在微型计算机上使用的 DOS、Windows 3.x 和 OS/2 等都属于单用户操作系统。

（2）多用户操作系统。多用户操作系统支持在一台主机上连接若干台终端，多个用户可以同时通过这些终端使用该主机进行工作。常见的多用户操作系统有 Windows Server 等。

3．按任务数目分类

（1）单任务操作系统。单任务操作系统的主要特征是系统每次只能运行一个程序，例如，打印机在打印时，计算机就不能再进行其他工作了。DOS 就属于单任务操作系统。

（2）多任务操作系统。多任务操作系统允许同时运行两个以上的程序，例如，在打印时可以同时进行其他工作。常见的多任务操作系统有 Windows 2000/NT、Windows XP/Vista/7/8/10、UNIX 等。

4．按使用环境分类

（1）批处理操作系统。将若干作业按一定的顺序统一交给计算机系统，由计算机自动地、顺序地完成这些作业，这样的操作系统称为批处理操作系统。批处理操作系统的主要特点是脱机工作和成批处理，这大大提高了系统资源的利用率和系统的吞吐量。DOS、VSE 等都属于批处理操作系统。

（2）分时操作系统。分时操作系统支持一台主机带有若干台终端，CPU 按照预先分配给各个终端的时间片轮流为各个终端服务，即各个用户分时共享计算机系统的资源。它也是一种多用户操作系统，其特点是具有交互性、即时性、同时性和独占性，如 Windows、UNIX、XENIX 等操作系统。

（3）实时操作系统。实时操作系统是对来自外界的信息在规定的时间内即时响应并进行处理的操作系统。它的两大特点是响应的即时性和系统的高可靠性，如 iRMX、VRTX 等操作系统。

5．按硬件结构分类

（1）网络操作系统。网络操作系统用来管理连接在计算机网络上的多个独立的计算机系统（包括微机、无盘工作站、大型机和中小型机系统等），使它们在各自原来操作系统的基础上实现数据交换、资源共享、相互操作等网络管理和网络应用。这些连接在网络上的计算机被称为网络工作站，简称工作站。工作站和终端的区别是前者具有自己的操作系统和数据处理能力，后者要通过主机实现运算操作。

网络操作系统按控制模式又可以分为集中模式、客户机/服务器模式、对等模式 3 种。目前常见的网络操作系统有 UNIX、Linux、Windows 等。

（2）分布式操作系统。分布式操作系统通过通信网络将物理上分布在各处的、具有独立运算功能的数据处理系统或计算机系统连接起来，实现信息交换、资源共享和协作完成任务。分布式操作系统管理系统中的全部资源，为用户提供一个统一的界面，强调分布式计算和处理，更强调系统的稳健性、重构性、容错性、可靠性和快速性。从物理连接上看，它与网络系统十分相似。它与一般网络系统的主要区别表现在，操作人员向分布式操作系统发出命令后能迅速得到处理结果，但并不知道运算是在系统中的哪台计算机上完成的。Amoeba 就属于分布式操作系统。

（3）多媒体操作系统。多媒体计算机是集文字、图形、声音、活动图像处理能力于一身的计算机。多媒体操作系统对上述各种信息和资源进行管理，包括数据压缩、声像同步、文件格式管理、设备管理和提供用户接口等。

6．按设备可移动性分类

（1）非移动设备操作系统。这类操作系统主要用在服务器、台式计算机等设备上，如 Windows 7 等。

（2）移动设备操作系统。

① Android。它是谷歌（Google）公司收购原开发者安卓（Android）公司后，联合多家制造商推出的面向平板电脑、移动设备、智能手机的操作系统。该操作系统是基于 Linux 开放的源代码开发的，且仍然是免费使用的操作系统。

② iOS。它是苹果（Apple）公司为其生产的手机 iPhone 开发的操作系统，主要用于 Apple 公司的 i 系列数码产品，包括 iPhone、iPad 以及 Apple TV。

③ 鸿蒙。2019 年 8 月，华为公司正式发布操作系统"鸿蒙"。鸿蒙是一款"面向未来"的操作系统，是基于微内核的面向全场景的分布式操作系统，可适配多种终端。

除了以上分类，还可以按其他方式对操作系统进行分类。例如，根据指令的长度，可以将操作系统分为 8 位操作系统、16 位操作系统、32 位操作系统、64 位操作系统，如 Windows 10 可分为 Windows 10 32 位和 Windows 10 64 位。

2.2 微机操作系统的演化过程

目前，绝大多数计算机用户都使用过微软公司的操作系统，下面就以微软公司的操作系统为例，介绍微机操作系统的演化过程。

2.2.1 DOS

1. DOS的功能

DOS（Disk Operating System，磁盘操作系统）是配置在个人计算机上的单用户命令行界面操作系统。它曾经广泛地应用在个人计算机上，对于计算机的应用普及可以说是功不可没。其功能主要是进行文件管理和设备管理。

DOS 简介

2. DOS的文件

DOS的文件是存放在外存中、有名称的一组信息的集合。每个文件都有一个文件名，DOS按文件名对文件进行识别和管理，即所谓的"按名存取"。文件名由主名和扩展名两部分组成，其间用圆点"."隔开。主名用来标识文件，扩展名用来标识文件的类型。主名不能省略，扩展名可以省略。DOS中主名由1~8个字符组成，扩展名最多由3个字符组成。DOS对文件名中的大小写字母不加区分，文件名中不允许使用"!""，"和空格等。

在DOS中对文件进行操作时，用户可以在输入的文件名中使用具有特殊作用的两个符号"*"和"?"，我们称它们为"通配符"。其中，"*"代表在其位置上有连续且合法的0个到多个字符，"?"代表在其位置上有任意一个合法字符。利用通配符，用户可以很方便地对一批文件进行操作。

3. DOS的目录和路径

磁盘上可存放许多文件，通常用户都希望自己的文件与其他用户的文件分开存放，以便查找和使用。即使是同一个用户，也往往会把不同用途的文件区分开来，并分别存放，以便于管理和使用。

（1）树形目录结构。DOS采用树形目录结构来实施对所有文件的组织和管理。该结构很像一棵倒立的树，树根在上，树叶在下，中间是树枝，它们都称为节点。树的节点分为3类：根节点表示根目录；枝节点表示子目录；叶子节点表示文件。在目录下可以存放文件，也可以创建不同名字的子目录，子目录下又可以建立子目录并存放一些文件。上级子目录和下级子目录之间的关系是父子关系，即父目录下可以有子目录，子目录又可以有自己的子目录，呈现出明显的层次关系，如图2.7所示。

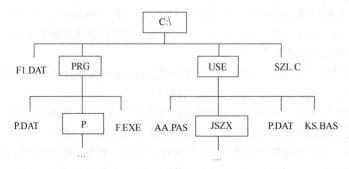

图2.7 DOS的树形目录结构

（2）路径。路径即文件所在的位置，包括盘符和目录，如 C:\PRG\P。要指定 1 个文件，DOS 必须知道 3 条信息：文件所在的驱动器（即盘符）、文件所在的目录和文件名。

2.2.2 Windows 操作系统

从 1983 年到 1998 年，微软公司陆续推出 Windows 1.0、Windows 2.0、Windows 3.0、Windows 3.1、Windows NT、Windows 95、Windows 98 等操作系统。Windows 98 之前的版本都由于存在某些缺点而很快被淘汰，而 Windows 98 提供了更强大的多媒体和网络通信功能，以及更加安全可靠的系统保护措施和控制机制，功能趋于完善。1998 年 8 月，微软公司推出 Windows 98 中文版，这个版本在当时应用十分广泛。

2000 年，微软公司推出 Windows 2000、Windows ME。

2001 年，微软公司推出 Windows XP。

2005 年，微软公司在 Windows XP 的基础上推出 Windows Vista。

2009 年，Windows 7 发布。

2011 年 9 月，Windows 8 开发者预览版发布，该版本兼容移动设备。

Windows 10 是微软公司新一代的操作系统，于 2015 年 7 月发布。Windows 10 拥有的触控界面为用户带来了新体验，且 Windows 10 实现了全平台覆盖，可以运行在手机、平板电脑、个人计算机以及服务器等设备中。Windows 10 在易用性和安全性方面表现突出，除了针对云服务、智能移动设备、自然人机交互等新技术进行融合，还对固态硬盘、生物识别、高分辨率屏幕等硬件进行了优化、完善与支持。

2021 年 6 月 24 日，微软公司发布 Windows 11，该操作系统应用于计算机和平板电脑等设备，提供了许多创新功能，增加了新版"开始"菜单和输入逻辑等，支持与时代相符的混合工作环境，侧重于在灵活多变的体验中提高用户的工作效率。

2.3 Windows 10 使用基础

Windows 10 从发布至今经过多次的更新，已逐渐成为主流的操作系统，被大多数用户接受和使用。下面就以 Windows 10 为例（专业版，64 位），简要阐述 Windows 操作系统的基础知识。

2.3.1 Windows 10 的安装

安装 Windows 10 之前，要先了解一下计算机的配置，如果配置太低，安装 Windows 10 则会影响系统的性能或者根本不能成功安装。Windows 10 最低配置要求：处理器 1GHz，内存 1GB（32 位）或 2GB（64 位），硬盘空间 16GB（32 位）或 20GB（64 位），显卡是 DirectX 9 或更高版本（包含 WDDM 1.0 驱动程序），显示器分辨率为 800 像素×600 像素。

目前，Windows 10 的安装程序有很多版本，不同安装程序的安装方法也不一样，一般是用可启动计算机的 U 盘启动计算机，然后使用下载的 ISO 文件安装。

2.3.2 Windows 10 的桌面

用户在第一次启动 Windows 10 时，首先会看到桌面，桌面显示在整个屏幕区域（用来显示信息的有效范围）。为了简洁，Windows 10 桌面默认只显示"回收站"图标，如图 2.8 所示，用户可以根据需要添加"此电脑""控制面板""用户的文件"和"网络"等常用的图标。

图 2.8　Windows 10 的桌面

1. 桌面的组成

桌面由桌面背景、图标、任务栏、"开始"菜单、语言栏和通知区域等组成。下面主要介绍图标、任务栏和"开始"菜单。

（1）图标

每个图标均由两部分组成：一是图标的图案；二是图标的标题。图案是图标的图形标识，为了便于区别，不同的图标一般使用不同的图案。标题是说明图标的文字信息。图标的图案和标题都可以修改。

桌面上的图标有一部分是快捷方式，其特征是图案的左下角有一个向右上方的箭头。通过快捷方式可以方便地启动与其相对应的应用程序（快捷方式只是相应的应用程序的一个映像，删除它并不影响应用程序的存在）。

（2）任务栏

桌面的底部有一个长条，称为任务栏。任务栏的左端是"开始"按钮、"搜索"框，往右是任务按钮区域、语言栏、工具栏、时钟和通知区域等，右端为显示桌面按钮。

① "开始"按钮。"开始"按钮是 Windows 10 工作的起点，通过"开始"按钮不仅可以使用 Windows 10 提供的附件和各种应用程序，而且可以安装各种应用程序以及对计算机进行各项设置等。

② "搜索"框。这是 Windows 10 与先前版本的 Windows 操作系统相比出现的一大变化，用户使用它可以快速地搜索并启动应用程序或打开文件等。

③ 时钟。时钟显示当前计算机的时间和日期。若要查看当前的日期，只需要将鼠标指针移动到时钟上，信息便会自动显示。

④ 任务按钮区域。每当用户启动一个应用程序时，应用程序就会作为一个任务按钮出现在任务栏上（若设置了任务栏的"合并任务栏按键"属性为"始终隐藏标签"，则不显示）。当该应用程序处于活动状态时，任务栏上的相应任务按钮会处于被按下的状态；否则处于弹起状态。

（3）"开始"菜单

单击"开始"按钮会弹出"开始"菜单，如图 2.9 所示。Windows 10 的"开始"菜单融合了 Windows 7/8/8.1 "开始"菜单的特点，其左侧为"电源""设置"和"用户"按钮，中间显示常用的应用程序和最近添加的应用程序，以及所有应用程序列表；其右侧显示磁贴，单击磁贴可以方便快捷地打开应用程序。

"开始"菜单

图 2.9 "开始"菜单

2．"开始"菜单的设置

（1）在任务栏的空白处单击鼠标右键，在弹出的快捷菜单中选择"任务栏设置"命令，在打开的"设置"窗口的左侧选择"开始"，将打开图 2.10 所示的"开始"设置窗口。

（2）用户在这里可以对"开始"菜单上显示哪些项目进行相应的"开""关"设置。

（3）单击"选择哪些文件夹显示在'开始'菜单上"，打开图 2.11 所示的窗口。在此窗口中，用户可以对"开始"菜单上显示哪些文件夹进行相应的"开""关"设置。

图 2.10 "开始"设置窗口

图 2.11 "选择哪些文件夹显示在'开始'菜单上"窗口

2.3.3 Windows 10 的窗口

Windows 10 的窗口在屏幕上呈矩形，用来显示用户打开的应用程序、文件、文件夹等，是用户和计算机进行信息交换的界面。Windows 10 绝大多数的操作都是通过窗口来实现的。

Windows 10 的窗口

1．窗口的打开

窗口的打开方式有以下两种。

（1）直接双击某个对象的图标。若此对象没有对应的应用程序，则系统会弹出对话框，询问下一步操作。单击"更多应用"，会显示系统已安装的应用程序，如图 2.12 所示，用户可从中选择一个来打开这个对象，也可选择"在这台电脑上查找其他应用"。若没有适用的应用程序，用户可以选择"在应用商店中查找应用"。

图 2.12　选择应用程序

若选择了错误的应用程序，则此对象要么不能打开，要么打开后不能正确显示（显示乱码）或运行。

（2）在某对象上单击鼠标右键，在弹出的快捷菜单中选择"打开"命令。

2. 窗口的分类

窗口一般分为应用程序窗口、文档窗口和对话窗口。

（1）应用程序窗口：表示某应用程序正在运行的窗口。

（2）文档窗口：在应用程序中用来显示文档信息的窗口。常用的一些软件，文档窗口顶部有标题栏显示文档的名称，但没有自己的菜单栏，它共享应用程序的菜单栏；当文档窗口最大化时，它的标题栏将与应用程序的标题栏合并。文档窗口总是位于某一应用程序窗口内。

（3）对话窗口：在应用程序运行期间，用来向用户显示信息或者让用户输入信息的窗口，又称为对话框。

3. 窗口的组成

每一个窗口都有一些共同的组成元素，但并不是所有的窗口都具备每种元素，例如，对话框就没有菜单栏。窗口一般有 3 种状态：正常、最大化和最小化。正常窗口显示为 Windows 默认大小；最大化窗口可充满整个屏幕；最小化窗口可缩小为一个任务按钮。当工作窗口处于正常或最大化状态时，会显示边框、工作区、标题栏、状态控制按钮等组成元素，如图 2.13 所示。

Windows 10 在应用程序的工作区中设置了一个功能区，即位于窗口左侧的导航窗格。一般来说，窗口的组成元素包括：系统菜单（控制菜单）、标题栏、菜单栏、地址栏、搜索栏、导航窗格、滚动条、最小化按钮、最大化按钮、关闭按钮、边框、状态栏等。

4. 对话框

对话框是用于人机交互的特殊窗口。有的对话框一旦打开，用户就不能在该应用程序中进行其他操作，对话框关闭后才能进行其他操作。图 2.14 所示为需要用户进行设置的对话框。对话框由选项卡、下拉列表框、编辑框、单选按钮、复选框以及按钮等元素组成。

图 2.13　Windows 10 的窗口

图 2.14　"页面设置"对话框

▶注意：

　一些窗口的右上角有一个"？"按钮，其功能是帮助用户了解更多的信息。

5．窗口的关闭

对于那些不再使用的窗口，用户可以将其关闭。一般来说，可通过单击窗口标题栏右端的关闭按钮 × 关闭窗口，也可选择"文件"→"关闭"命令关闭窗口。若关闭前未保存文档，系统会提示是否保存对文档所做的更改。

6．窗口位置的调整

用鼠标拖动窗口的标题栏到适当位置即可调整窗口的位置。双击窗口的标题栏可使窗口最大化显示。

7．多窗口的操作

（1）多窗口的切换

在使用计算机的过程中，我们经常会打开多个窗口，并分别在各个窗口中进行操作。多窗口切换的方法如下。

① 单击窗口的任何可见部分。

② 单击某个窗口对应的任务图标。

③ 使用<Alt+Tab>组合键。

④ 使用<Windows+Tab>组合键。

多窗口的切换

（2）多窗口的排列

若想对多个窗口进行排列，可在任务栏的空白处单击鼠标右键，在弹出的快捷菜单中选择"层叠窗口""堆叠显示窗口"或"并排显示窗口"命令来完成相应的操作。

2.4　Windows 10 的基本资源与操作

Windows 10 的基本资源主要是存放在磁盘上的文件和文件夹，下面首先介绍如何对资源进行浏览，然后介绍如何对文件和文件夹进行操作，最后介绍一些常用的功能和设置。

在 Windows 10 中，系统的整个资源呈现树形层次结构，最上层是"桌面"，第二层是"此电脑""网络"等。

2.4.1　浏览计算机中的资源

为了更好地使用计算机，用户要先对计算机中的资源（主要是指存放在计算机中的文件或文件夹）进行查看（即浏览），再进行其他操作。浏览和其他操作都需要在文件资源管理器中进行。打开文件资源管理器的常用方法有以下 4 种。

① 双击桌面上的"此电脑"图标。

② 用鼠标右键单击"开始"按钮，选择"文件资源管理器"命令。

③ 选择"开始"菜单→"Windows 系统"→"文件资源管理器"命令。

④ 使用<Windows+E>组合键。

无论使用哪一种方式，打开文件资源管理器时，默认都是打开"此电脑"窗口，如图 2.15 所示。

"此电脑"窗口主要由地址栏、搜索栏、导航窗格、细节窗格和资源管理窗格等部分组成（预览窗格默认不显示）。用户可以通过"查看"选项卡"布局"组中的命令来设置资源显示的方式，也可通过"查看"选项卡→"窗格"组和"查看"选项卡→"当前视图"组中的命令对当前窗口进行设置。

图 2.15 "此电脑"窗口

2.4.2 执行应用程序

用户使用计算机是通过执行各种应用程序来实现的。例如,想播放视频,需要执行"暴风影音"等应用程序;想上网,需要执行"Microsoft Edge"等应用程序。

执行应用程序的方法有以下几种。

执行应用程序的方法

(1)对于 Windows 自带的应用程序,可单击"开始"菜单,再选择相应的菜单项来执行应用程序。

(2)在"此电脑"中找到要执行的应用程序文件,双击即可执行;也可以选中应用程序文件之后按<Enter>键;还可用鼠标右键单击应用程序文件,在弹出的快捷菜单中选择"打开"命令。

(3)双击应用程序对应的快捷方式。

(4)在任务栏的"搜索"框中输入关键词,系统会显示在本机中已搜索到的应用程序,之后用户根据需要选择一个运行即可。

2.4.3 文件和文件夹的操作

1. 文件的含义

文件是通过名称(文件名)来标识的存放在外存中的一组信息。在 Windows 10 中,文件是存储信息的基本单位。

文件(夹)的操作

2. 文件的类型

计算机中储存的文件有多种类型,如图片文件、音频文件、视频文件、可执行文件等。不同类型的文件在存储时的扩展名是不同的,如音乐文件的扩展名有 mp3、wma 等,视频文件的扩展名有 avi、rmvb、mkv 等,图片文件的扩展名有 jpg、bmp 等。不同类型的文件的图标也不同,如图 2.16 所示。Windows 10 默认将已知的文件扩展名隐藏。

Win10教 计算思维成 write.exe PFRO.log CameraCa
程.docx 绩.xls ptureUI.dll

图 2.16 不同类型文件的图标

3．文件夹

文件夹主要是用来存放文件的，当然文件夹中也可以有文件夹。相对于当前文件夹来说，它里面的文件夹称为子文件夹。文件夹也以图标显示，但内容不同的文件夹图标是不一样的。

4．文件的选择操作

在 Windows 中，对文件（或文件夹）进行操作之前，必须先选中它。选中分为选中单个文件、选中连续的多个文件、选中不连续的多个文件 3 种情况。

（1）选中单个文件：单击即可。

（2）选中连续的多个文件：先单击选中第一个文件，然后在按住<Shift>键的同时单击最后一个文件，它们之间的文件就都被选中了。

（3）选中不连续的多个文件：先单击选中第一个文件，然后在按住<Ctrl>键的同时逐一单击需要选中的每个文件。

如果想把当前窗口中的对象全部选中，可以单击"主页"选项卡→"选择"组→"全部选择"按钮，也可按<Ctrl+A>组合键。如果选多了，可以取消选中。单击空白区域，则可把选中的文件全部取消选中；如果想取消选中单个文件或部分文件，则可在按住<Ctrl>键的同时，逐一单击需要取消选中的文件。

5．复制文件

复制文件有以下 3 种方法。

（1）先选中需要复制的文件，再选择"主页"→"剪贴板"→"复制"命令（也可按<Ctrl+C>组合键），然后转换到目标位置，选择"主页"→"剪贴板"→"粘贴"命令（也可按<Ctrl+V>组合键）。

（2）在要复制的文件上按住鼠标左键，直接把文件拖动到目标位置后松开左键即可（如果是在同一个磁盘分区内进行复制，则应在拖动的同时按住<Ctrl>键，否则为移动文件）。

（3）如果把文件从硬盘复制到 U 盘或移动硬盘，则可用鼠标右键单击文件，在弹出的快捷菜单中选择"发送到"命令，然后选择一个盘符即可。

6．移动文件

移动文件的方法如下。

（1）先选中需要移动的文件，再单击"主页"选项卡→"剪贴板"组→"剪切"按钮（也可按<Ctrl+X>组合键），然后转换到目标位置，单击"主页"选项卡→"剪贴板"组→"粘贴"按钮（也可按<Ctrl+V>组合键）。

（2）在要移动的文件上按住鼠标左键，直接把文件拖动到目标位置后松开鼠标左键即可（如果是在不同磁盘分区之间移动，则应在拖动鼠标的同时按住<Shift>键，否则为复制文件）。

7．文件的删除

对于不需要的文件，要及时从磁盘中清除，以释放它所占用的空间。方法有以下 3 种。

（1）选中文件，直接按<Delete>键。

（2）用鼠标右键单击文件图标，从弹出的快捷菜单中选择"删除"命令。

（3）选中文件，再单击"主页"选项卡→"组织"组→"删除"按钮。

执行以上方法中的任何一种时，都会出现一个对话框，让用户进一步确认，确认后系统把删除的文件放入回收站（在空间允许的情况下），用户在需要时可以从回收站还原文件。

操作系统基础 | 第2章

若在删除文件的同时按住<Shift>键，则文件被直接彻底删除，不放入回收站。

8．文件的重命名

文件的复制、移动、删除操作一次可以操作多个对象，而文件的重命名操作通常一次只能操作一个文件。文件的重命名方法有以下4种。

（1）用鼠标右键单击文件图标，从弹出的快捷菜单中选择"重命名"命令，然后输入新的文件名即可。

（2）选中文件，再单击"主页"选项卡→"组织"组→"重命名"按钮，然后输入新的文件名即可。

（3）选中文件，再单击文件名，然后输入新的文件名即可。

（4）选中文件，再按<F2>键，输入新的文件名即可。

9．修改文件的属性

在 Windows 10 中，为了简化用户的操作和提高系统的安全性，对于文件的属性，默认只有"只读"和"隐藏"两种属性可供用户选择。

修改文件属性的方法如下。

（1）用鼠标右键单击文件图标，从弹出的快捷菜单中选择"属性"命令。

（2）选中文件，再单击"主页"选项卡→"打开"组→"属性"按钮。

以上两种方法都可以打开文件的"属性"对话框，在"属性"区域中选中需要的复选框，然后单击"确定"按钮即可。

在文件的"属性"对话框中，还可以更改文件的打开方式、查看文件的安全性及详细信息等。单击"高级"按钮可以对文件的更多属性进行设置。

10．文件夹的操作

在 Windows 中，文件夹是一个存储区域，用来存储文件和文件夹的信息。文件夹的选中、移动、删除、复制和重命名操作与文件的操作完全一样，在此不再赘述。这里主要介绍与文件不同的操作。要特别注意：文件夹的移动、复制和删除操作不仅是对文件夹本身的操作，也是对文件夹内容的操作。

（1）创建文件夹

先确定文件夹所在的位置，再单击"主页"选项卡→"新建"组→"新建文件夹"按钮，或者在资源管理窗格的空白处单击鼠标右键，在弹出的快捷菜单中选择"新建"→"文件夹"命令，系统将生成相应的文件夹，用户只要输入文件夹的名称即可。系统默认的文件夹名是"新建文件夹"。

（2）修改文件夹选项

文件夹选项多用于定义文件资源管理器中文件与文件夹的显示风格，单击"查看"选项卡中的"选项"按钮，打开"文件夹选项"对话框，其中有"常规""查看""搜索"3个选项卡。

2.4.4　库

Windows 10 引入了"库"的概念，彻底改变了文件的管理方式，比原来死板的文件夹方式更为灵活和方便。Windows 10 默认隐藏库，用户可通过"查看"→"窗格"→"导航窗格"→"显示库"命令把库显示出来。

库包括视频库、图片库、文档库、音乐库等。我们在库中可以集中管理视频、图片、文档、音乐和其他文件。在某些方面，库类似于文件夹，例如，在库中查看文件的方式与在文件夹中查看完全一致。但库与文件夹不同的是，库可以收集存储在任意位置的文件，这是一个细微但重要的差异。库实际上并没有存储数据，它只是采用索引文件的管理方式，"监视"其包含的项目，并允许用户以不同的方式访问和排列这些项目。库中的文件都会随着原文件的变化而自动更新。

库仅是文件（夹）的一种映射，库中的文件并不位于库中。用户需要向库中添加文件夹位置（或者是向库包含的文件夹中添加文件），才能在库中组织文件和文件夹。

若不想在库中显示某些文件，不能直接在库中将其删除，因为这样会删除计算机中的原文件。正确的做法是，调整库所包含的文件夹的内容，调整后库显示的信息会自动更新。

2.4.5　回收站的使用和设置

回收站是一个比较特殊的文件夹，它的主要功能是临时存放用户删除的文件和文件夹（这些文件和文件夹从原来的位置移动到"回收站"这个文件夹中），此时它们仍然存在于硬盘中。用户既可以在回收站中把它们恢复到原来的位置，也可以在回收站中彻底删除它们以释放硬盘空间。

回收站的操作

1．基本操作

（1）还原回收站中的文件和文件夹

要还原一个或多个文件夹，可以在选定对象后单击"管理-回收站工具"选项卡→"还原"组→"还原选定的项目"按钮。

要还原所有文件和文件夹，可单击"管理-回收站工具"选项卡→"还原"组→"还原所有项目"按钮。

（2）彻底删除文件和文件夹

要彻底删除一个或多个文件和文件夹，可以在选定对象后单击"主页"选项卡→"组织"组→"删除"按钮。

要彻底删除所有的文件和文件夹，即清空回收站，可以执行下列操作之一。

① 用鼠标右键单击桌面上的"回收站"图标，在弹出的快捷菜单中选择"清空回收站"命令。

② 在"回收站"窗口中，在资源管理窗格的空白处单击鼠标右键，在弹出的快捷菜单中选择"清空回收站"命令。

③ 单击"管理-回收站工具"选项卡→"管理"组→"清空回收站"按钮。

▶注意：

当回收站中的文件所占用的空间达到了回收站的最大容量时，回收站就会按照文件被删除的时间先后，从回收站中彻底删除文件。

2．回收站的设置

在桌面上用鼠标右键单击"回收站"图标，选择"属性"命令，即可打开"回收站 属性"对话框，如图2.17所示。

如果选中"自定义大小"单选按钮，则可以针对每个驱动器分别设置"回收站"存储容量最大值。

如果选中"不将文件移到回收站中。移除文件后立即将其删除"单选按钮，则在删除文件和文件夹时不使用回收站功能，而是执行彻底删除。

如果选中"显示删除确认对话框"复选框，则在删除文件和文件夹前会弹出确认对话框；否则将直接删除文件和文件夹。

2.4.6　输入法的设置

Windows 10 预设了两种输入法，一种是英文输入法，另一

图 2.17　"回收站 属性"对话框

种是微软拼音输入法。其他的输入法需要用户进行添加及安装。在 Windows 10 中，输入法采用了非常方便、友好且个性化的用户界面，新增了许多中文输入功能，使用户输入中文更加灵活。

1．添加和删除中文输入法

在安装 Windows 10 时，系统已默认安装了一些输入法，但在语言栏中只显示一部分，此时，用户可以对其进行添加和删除操作。

（1）单击桌面右下角的输入法图标，选择"语言首选项"→"中文（简体，中国）"→"选项"命令。

（2）若需要添加某种输入法，则单击"添加键盘"，在弹出的已安装但没有显示出来的输入法中选择一种（这些输入法是以黑色显示的，其他输入法是以灰色显示的），用户只能选择其中以黑色显示的输入法。

（3）若想删除某一种输入法，可先选择一种输入法，然后单击其对应的"删除"按钮。

没有安装的输入法可以使用相应的输入法安装软件直接安装。

2．输入法之间的切换

对于键盘操作，使用<Windows+Space>组合键可实现各种输入法的轮流切换，同时屏幕上会显示输入法切换窗口；使用<Ctrl+Shift>组合键可在英文输入法及各种中文输入法之间轮流切换，但不显示输入法切换窗口。在切换的同时，任务栏中的输入法图标会不断地变化，以指示当前正在使用的输入法。输入法之间的切换还可以用鼠标操作，具体方法是，单击任务栏上的输入法图标，然后选择一种输入法即可。

在使用中文输入法时，按一下<Shift>键可切换到英文输入法，再按一下<Shift>键可返回刚才使用的中文输入法。

3．全/半角及其他切换

在半角状态下，一个字符（字母、标点符号等）占半个汉字的位置；而在全角方式下，一个字符占一个汉字的位置。所以用户可通过切换全/半角状态来控制字符占用的位置。<Shift+Space>组合键可用于全/半角状态的切换。

同样，用户也要注意区分中英文的标点符号，例如，英文中的句号是"."，而中文中的句号是"。"，其切换方法是按<Ctrl+.>组合键。

在输入法指示器 万英●˙,▲圆●॰ 中，会显示中/英文、全/半角、中/英文标点以及软键盘状态等，用户可通过单击相应的图标来切换。

4．输入法热键的定制

为了方便使用，用户可为某种输入法定制热键（组合键），按热键即可直接切换到所需的输入法。定制的方法是，依次选择"开始"菜单→"设置"→"时间和语言"→左侧导航窗格中的"语言"→"拼写、键入和键盘设置"→"高级键盘设置"→"输入语言热键"，打开"文本服务和输入语言"对话框，在"操作"列表中选择一项操作后单击"更改按键顺序"按钮，会弹出图 2.18 所示的对话框，在对话框中进行相应的按键设置即可。

图 2.18 "更改按键顺序"对话框

2.5 Windows 10 的附件

Windows 10 的改变不仅体现在一些重要的功能上，如安全性、系统运行速度等，而且系统自带的附件也发生了非常大的变化，相比以前版本的附件，其功能更强大、界面更友好、操作也更简单。有些附带的功能没有被归属到附件中，而是放到了其他地方，本节也将其作为附件进行介绍。

2.5.1 画图

画图是 Windows 中基本的作图工具。在 Windows 10 中，画图发生了非常大的变化，界面更加美观，同时内置的功能也更加丰富、细致。在"开始"菜单中选择"Windows 附件"→"画图"命令，可打开"画图"窗口。

"画图"软件

"画图"窗口的顶端是标题栏，它包含快速访问工具栏和标题。在标题栏的左边可以看到一些按钮，这些按钮组成了快速访问工具栏，通过此工具栏，用户可以进行一些常用的操作，如存储、撤销、重做等。

标题栏下方是"文件"按钮和功能区，功能区包含 2 个选项卡："主页"选项卡和"查看"选项卡。

单击"文件"按钮，选择相应的命令可以进行文件的新建、保存、打开、打印等操作。

"主页"选项卡包含"剪贴板""图像""工具""形状""颜色"等组，提供对图片进行编辑和绘制的功能。最右边有一个"使用画图 3D 进行编辑"按钮，这是 Windows 10 加入的新功能，单击它可打开"画图 3D"功能界面。在这个界面中，用户可以绘制 2D、3D 形状，还可以加入背景贴纸、文本，轻松更改颜色和纹理，添加不干胶标签或将 2D 图片转换为 3D 场景。另外，通过"画图 3D"还可以将创作的 3D 作品与现实场景混合，即通过混合现实查看器查看创作的 3D 作品。

2.5.2 写字板

写字板是 Windows 自带的一个文本编辑、排版工具，提供 Microsoft Office Word 的简单功能。选择"开始"→"Windows 附件"→"写字板"命令，即可打开"写字板"窗口。

"写字板"窗口与"画图"窗口非常相似，通过其"文件"菜单可以实现"新建""打开""保存""打印""页面设置"等操作。

在写字板中，用户可以为不同的文本设置不同的字体和段落样式，也可以插入图形和其他对象，也就是说，写字板具备了编辑复杂文档的基本功能。单击"主页"选项卡中的"绘图"按钮可以打开"画图"窗口进行操作，关闭"画图"窗口会自动返回写字板，同时把绘制的图片插入写字板。写字板保存文件的默认扩展名为 rtf。

2.5.3 截图工具

在 Windows 7 之前的版本中，截图工具只有非常简单的功能，例如，按<PrtSc>键可截取整个屏幕，按<Alt+PrtSc>组合键可截取当前窗口。但在 Windows 7/8/10 中，截图工具的功能逐渐变得强大，甚至可与专业的屏幕截取软件相媲美。

选择"开始"→"Windows 附件"→"截图工具"命令，打开图 2.19 所示的"截图工具"窗口。单击"新建"按钮，截图工具会以默认的方式进行截图，此时屏幕的显示会有所变化，等待用户单击鼠标进行相应的截图。单击"模式"下拉按钮，选择"矩形截图"（默认设置是"窗口截图"），如图 2.20 所示，即可拖动鼠标进行相应的截图。截图之后，"截图工具"窗口中会自动显示所截取的图片，用户可以通过工具栏对所截取的图片进行处理，如进行复制、粘贴等操作，也可以把它保存为一个文件（如.png 文件）。

图 2.19　"截图工具"窗口

图 2.20　选择一种截图模式

2.5.4　远程桌面连接

远程桌面是 Windows 提供的一种远程控制功能，用户通过它能够连接远程计算机，访问它的所有应用程序、文件和网络资源，实现实时操作，就像直接在该计算机上操作一样，不论实际距离有多远。

在连接之前，用户需要对被连接的计算机进行设置，具体方法如下。

（1）先对被连接的计算机进行设置。用鼠标右键单击"此电脑"图标，在弹出的快捷菜单中选择"属性"，再选择左侧的"远程桌面"，在右侧打开"启用远程桌面"开关，在弹出的对话框中单击"确定"按钮。

（2）选择 Windows 附件中的"远程桌面连接"命令（或者运行 mstsc），打开"远程桌面连接"对话框，可对远程连接进行设置，如图 2.21 所示。

图 2.21　"远程桌面连接"对话框

在"常规"选项卡的"计算机"下拉列表框中输入要连接的计算机，一般用 IP 地址表示，用户名一般为"Administrator"。在"显示"选项卡中可设置远程桌面显示的大小，调到最大时为全屏显示。在其他选项卡中可对其他属性进行设置。

设置好之后单击"连接"按钮，进而输入密码，即可连接远程计算机。连接成功后，就可以像使用本地计算机一样使用远程计算机了。

2.5.5 命令行交互

为了方便熟悉 DOS 命令的用户通过 DOS 命令使用计算机，Windows 通过"命令提示符"功能模块保留了 DOS 界面。在任务栏的"搜索"框中输入"cmd"命令并按<Enter>键即可进入"命令提示符"窗口。在这个窗口中，用户可以直接运行 DOS 命令，如 dir、time、date、copy 等命令。

Windows PowerShell 是专为系统管理员设计的 Windows 命令行 Shell。Windows PowerShell 包括交互式提示和脚本环境，二者既可以独立使用，也可以组合使用。Windows PowerShell 引入了 cmdlet 的概念，这是内置到 Shell 中的简单的单一功能命令行工具，用户可以分别使用每个 cmdlet，但是组合使用这些简单的工具有助于执行复杂任务。Windows PowerShell 中有 100 多个核心 cmdlet，用户可以编写自己的 cmdlet 并与其他用户共享。与许多 Shell 一样，Windows PowerShell 为用户提供了访问计算机上文件系统的功能。此外，用户使用 Windows PowerShell 提供的程序还可以访问其他数据存储，如注册表和数字签名证书，就像访问文件系统一样容易。

2.6 磁盘管理

磁盘是计算机用于存储数据的硬件设备。随着硬件技术的发展，磁盘容量越来越大，存储的数据也越来越多，有时磁盘上存储的数据的价值远比磁盘本身大，因此，磁盘管理就显得越发重要了。Windows 10 没有提供一个单独的应用程序来管理磁盘，而是将磁盘管理集成到了"计算机管理"程序中。选择"控制面板"→"系统和安全"→"管理工具"，双击"计算机管理"（也可用鼠标右键单击"此电脑"图标，然后在弹出的快捷菜单中选择"管理"命令），在左侧导航窗格中选择"存储"→"磁盘管理"，打开图 2.22 所示的窗口。

图 2.22　磁盘管理

在 Windows 10 中，几乎所有的磁盘管理操作都能够通过"计算机管理"中的"磁盘管理"功能来完成，而且这些磁盘管理大多是基于图形界面的。

2.6.1 分区管理

Windows 10 提供了方便快捷的分区管理工具，用户可在程序向导的帮助下轻松地完成删除已有分区、新建分区、扩展分区的操作。

1. 删除已有分区

在磁盘管理的分区列表或者分区图形中，在要删除的分区上，单击鼠标右键，从弹出的快捷菜单中选择"删除卷"命令，会弹出系统警告，单击"是"按钮，即可完成对已有分区的删除操作。删除选中的分区后，磁盘的分区图形中会显示被删除分区大小的未分配分区。

2．新建分区

（1）在图 2.22 所示的窗口中选中未分配分区，在其上单击鼠标右键，从弹出的快捷菜单中选择"新建简单卷"命令，会弹出"新建简单卷向导"对话框，单击"下一步"按钮。

（2）此时会弹出"指定卷大小"对话框，为简单卷设置大小，完成后单击"下一步"按钮。

（3）此时会弹出"分配驱动器号和路径"对话框，用户需要为分区分配驱动器号和路径。这里有 3 个单选按钮："分配以下驱动器号""装入以下空白 NTFS 文件夹中""不分配驱动器号或驱动器路径"。根据需要设置后，单击"下一步"按钮。

（4）此时会弹出"格式化分区"对话框，单击"下一步"按钮，在弹出的对话框中单击"完成"按钮，即可完成新建分区的操作。

3．扩展分区

用户可以在不格式化已有分区的情况下，对已有分区进行容量的扩展。扩展后的分区仍会保留原有的分区数据。在扩展分区时，磁盘中需要有未分配空间。扩展分区操作步骤如下。

（1）在图 2.22 所示的窗口中用鼠标右键单击要扩展的分区，在弹出的快捷菜单中选择"扩展卷"命令，会弹出"扩展卷向导"对话框，单击"下一步"按钮。

（2）选择可用磁盘，并设置要扩展容量的大小，单击"下一步"按钮。

（3）单击"完成"按钮即可扩展该分区。

2.6.2 格式化驱动器

格式化是把文件系统放置在分区上，并在磁盘上划出区域。通常可以用 NTFS（New Technology File System，新技术文件系统）或 ReFS（Resilient File System，弹性文件系统）来格式化分区，Windows 10 中的格式化工具可以重新格式化现有分区。

格式化驱动器

（1）在图 2.22 所示的窗口中选中需要进行格式化的驱动器的盘符，在其上单击鼠标右键，在弹出的快捷菜单中选择"格式化"命令，打开"格式化"对话框。

用户也可在文件资源管理器中选择磁盘，在其上单击鼠标右键，在弹出的快捷菜单中选择"格式化"命令。

（2）在"格式化"对话框中，先对格式化参数进行设置，然后单击"开始"按钮，便可进行格式化操作。

▶**注意：**

格式化操作会把当前磁盘上的所有信息全部抹掉，请谨慎操作。

2.6.3 磁盘操作

操作系统能否正常运转，能否有效利用内部和外部资源，并达到高效稳定，在很大程度上取决于维护管理。Windows 10 提供的磁盘管理工具使操作系统运行更可靠、管理更方便。

文件的备份和还原

1．磁盘（文件）备份和还原

为了防止磁盘驱动器损坏、病毒感染、供电中断等各种意外故障造成数据丢失和损坏，用户需要进行磁盘数据备份，以便在需要时还原磁盘，避免损失。文件备份可以对计算机中的任意文件或分区进行操作，可以备份视频、音频、图片及磁盘分区数据等。用户可以针对重要数据有目的地选择目录，启用文件备份功能，设置定期执行或者采用增量的方式执行文件备份操作。在 Windows 10 中，利用磁盘备份向导可以快速地完成备份工作。

选择"控制面板"→"系统和安全"→"备份和还原（Windows 7）"→"设置备份"，可以启动"设置备份"向导，在这个向导中依次选择保存备份的位置、希望备份哪些内容（选择方式可以是 Windows 选择，也可以是用户自己选择；内容可以是整个磁盘，也可以是某些文件夹），然后查看备份设置并对备份的"计划"进行设定，再单击"保存设置并退出"按钮。此时已确定好备份的相关设置，单击"立即备份"按钮即可完成对相关文件的备份。

文件还原就比较简单了，在"备份和还原（Windows 7）"窗口中单击"还原我的文件"按钮，就可以按照文件还原提示进行操作，一般情况下，选择最近备份的文件还原就可以了。

2. 磁盘清理

用户在使用计算机的过程中会进行大量的读写及安装操作，使磁盘上存留许多临时文件，其不但占用磁盘空间，而且会降低系统处理速度，降低系统的整体性能。因此，要定期对计算机进行磁盘清理，以便释放磁盘空间。

磁盘清理

选择"开始"→"Windows 管理工具"→"磁盘清理"命令，打开"磁盘清理"对话框，选择驱动器，再单击"确定"按钮（或者在文件资源管理器中，用鼠标右键单击某个磁盘，并在弹出的快捷菜单中选择"属性"命令，再单击"常规"选项卡中的"磁盘清理"按钮）。在完成计算和扫描等工作后，系统会列出指定磁盘上所有可删除的无用文件，选择要删除的文件，单击"确定"按钮即可。

3. 磁盘碎片整理

若计算机安装的是机械硬盘，在使用的过程中，由于频繁创建和删除文件，同一个文件会被分散存放在同一磁盘上不连续的位置，这时 Windows 就需要花更多的时间来读写这些数据。这些被分散保存在磁盘不同地方的不连续文件称为磁盘碎片。为了提升磁盘的读写效率，用户要定期对磁盘碎片进行整理和优化。其

磁盘碎片整理

原理为，系统把文件碎片和文件夹的不同部分移动到相邻位置，使其占用独立的连续空间。

操作步骤：选择"开始"→"Windows 管理工具"→"磁盘整理和优化驱动器"命令，打开"优化驱动器"对话框。在此对话框中选择驱动器，单击"分析"按钮，进行磁盘分析。对驱动器进行碎片分析后，若磁盘碎片较多，系统会询问用户"是否需要进行优化"，单击"优化"按钮，系统会自动进行碎片整理，同时显示进度。

磁盘碎片整理是应对机械硬盘读写变慢的一个好方法，但对固态硬盘来说，这完全就是一种"折磨"。固态硬盘的擦写次数有限，磁盘碎片整理会大大缩短固态硬盘的使用寿命。其实，固态硬盘的垃圾回收机制已经是一种很好的"磁盘整理"，再多的整理完全没有必要。

2.7 控制面板

在 Windows 10 中，几乎所有的硬件和软件都可以调整，用户可以根据自身的需要对其进行设置。Windows 10 的软硬件设置以及功能的启用等管理工作都可以在控制面板中进行，控制面板是普通计算机用户使用较多的系统设置工具。控制面板可采用类别视图或图标视图（图标视图又可分为大图标视图和小图标视图）。在类别视图中，控制面板有 8 个大项目，如图 2.23 所示。

单击窗口中的"查看方式"下拉按钮，选择"大图标"或"小图标"，可将控制面板切换为图标视图（也就是传统的显示界面），如图 2.24 所示。控制面板中集成了若干个设置工具，这些工具

的功能几乎涵盖了 Windows 的各个方面，由于篇幅限制，本节只讲解控制面板的部分功能，其余功能读者可以查阅相关资料进行学习。

图 2.23　控制面板"类别视图"界面　　　　图 2.24　控制面板"图标视图"界面

2.7.1　时钟和区域

在控制面板中选择"时钟、语言和区域"，在打开的界面中，用户可以设置计算机的日期和时间、区域等信息。

1．日期和时间

Windows 10 默认的时间和日期格式是按照美国习惯设置的，世界各地的用户可根据自己的习惯来设置日期和时间。

"日期和时间"对话框中有"日期和时间""附加时钟""Internet 时间"3 个选项卡。在此对话框中，用户可以设置日历和时钟，可以更改系统日期和时区等。通过"Internet 时间"选项卡，用户可以使计算机时间与 Internet 时间同步。

2．区域

在"区域"对话框中，用户可以实现对本机日期和时间格式、位置等信息的设置。例如，日期的格式可设置为"yyyy/M/d""yyyy-M-d""yyyy/MM/dd"等。

2.7.2　硬件和声音

在控制面板中选择"硬件和声音"，可打开图 2.25 所示的窗口。通过此窗口，用户可以实现对设备和打印机、自动播放、声音、电源选项和红外线等的设置。

图 2.25　"硬件和声音"窗口

1．鼠标的设置

在图 2.25 所示的窗口中选择"鼠标"，可打开图 2.26 所示的"鼠标 属性"对话框。

在"鼠标键"选项卡中，选中"切换主要和次要的按钮"复选框可以使鼠标从右手习惯转为左手习惯，选中后会立即生效。"双击速度"用来设置两次单击鼠标按键的时间间隔，拖动滑块可以改变速度，用户可以双击右边的测试区来检验自己的设置是否合适。在"指针"选项卡中，用户可以选择不同的指针方案。在"指针选项"选项卡中，用户可以对指针的移动速度进行调整，还可以设置指针运动时显示的轨迹。在"滑轮"选项卡中，用户可以对具有滚轮的鼠标的滚轮进行设置，如设置每滚动一个齿格屏幕滚动多少。

2．键盘的设置

选择控制面板（图标视图）中的"键盘"，可打开图 2.27 所示的"键盘 属性"对话框。"字符重复"栏用来调整键盘按键反应的快慢，其中"重复延迟"和"重复速度"分别表示按住某键后，计算机第一次重复这个键之前的等待时间及此后重复该键的速度。拖动滑块可以改变这两项的设置。"光标闪烁速度"栏用于改变文本窗口中出现的光标的闪烁速度。

图 2.26 "鼠标 属性"对话框

图 2.27 "键盘 属性"对话框

2.7.3 用户账户

Windows 10 支持多用户管理，它可以为每位用户创建一个用户账户，并为每位用户配置独立的用户文件，从而使每位用户登录计算机时都可以进行个性化的环境设置。

在控制面板的"用户账户"窗口中，用户可以管理自己的账户（如更改账户信息、账户名称和账户类型），也可以管理其他的账户。

用户还可以单击"开始"菜单中的"设置"按钮 ，选择"账户"，然后对相关信息进行设置，如头像、邮件、登录选项等。

除此之外，Windows 10 内置的家长控制功能旨在让家长轻松地管理孩子能够在计算机上进行的操作。家长可以设置他们的孩子能玩哪些游戏、能使用哪些程序、能够访问哪些网站，以及何时能够执行这些操作。

2.7.4　系统和安全

Windows 10 的"系统和安全"主要包括安全和维护、防火墙设置、系统信息查询、电源选项、备份和还原、管理工具等功能。

在控制面板中选择"系统和安全"，会打开"系统和安全"窗口，在其中可进行以下相关操作。

1．Windows 防火墙

Windows 防火墙能够检测来自 Internet（因特网）或局部网络的信息，然后根据防火墙设置来阻止或允许这些信息进入计算机。这样可以防止黑客攻击系统或者恶意软件、病毒、木马程序通过网络访问计算机，而且有助于提高计算机的性能。

2．系统

选择"系统"可以查看 Windows 的版本、系统类型、内存大小、计算机名和工作组、Windows 的激活状态等，同时可以设置远程访问的相关操作。

3．文件历史记录

文件历史记录是一个备份应用程序，它会持续保护存储在库、桌面、收藏夹和联系人文件夹中的个人文件。它定期扫描（默认情况下每小时一次）文件系统中的更改并将更改的文件复制到另一位置。每当用户的任何个人文件发生更改时，其副本都将存储在用户选择的专用外部存储设备上。随着时间的推移，文件历史记录会建立对所有个人文件所做更改的完整历史记录。以后用户可以通过文件历史记录来还原文件。

2.8　Windows 10 系统管理

系统管理主要是指对一些重要的系统服务、系统设备、系统选项中涉及计算机整体性能的参数进行配置和调整。Windows 10 为定制有个人特色的操作系统提供了很大的空间，用户能够方便、快速地完成系统的配置。

2.8.1　任务计划

任务计划是在安装 Windows 10 时自动添加到系统中的一个组件。此组件主要针对那些每天或定期要执行某些应用程序的用户，用户通过自定义任务计划可省去每次手动打开应用程序的操作，系统将按照用户预先的设定，自动在规定时间执行选定的应用程序。

任务计划

2.8.2　系统属性

在控制面板中选择"系统和安全"→"系统"，再选择右侧的"高级系统设置"，可打开图 2.28 所示的"系统属性"对话框。这个对话框中共有 5 个选项卡：计算机名、硬件、高级、系统保护、远程。每个选项卡分别提供了不同的系统工具。

1．计算机名

"计算机名"选项卡提供了查看和修改计算机网络标识的功能，在"计算机描述"文本框中用户可为计算机输入描述文字。用户通过"网络 ID"和"更改"按钮，可修改计算机的域和用户账户。

2．硬件

"硬件"选项卡提供了管理硬件的相关工具：设备管理器和设备安装设置。"设备管理器"是Windows 10提供的一种管理工具，用户通过该工具可以管理和更新计算机上安装的驱动程序，查看硬件是否正常工作。用户也可以使用"设备管理器"查看硬件信息、启用和禁用硬件设备、卸载已更新硬件设备等，如图2.29所示。用户通过"设备安装设置"可以设置Windows对设备和驱动程序的检测、更新以及安装方式。

图2.28 "系统属性"对话框

图2.29 "设备管理器"窗口

3．高级

"高级"选项卡包含"性能""用户配置文件""启动和故障恢复"3个选项组，它提供了对系统性能进行详细设置、修改环境变量、启动和故障恢复设置的功能。

4．系统保护

系统保护是指定期创建及保存计算机系统文件和设置信息。系统保护也可保存已修改文件的以前的版本。它将这些文件保存在还原点，并确保在发生重大系统事件（如安装程序或设备驱动程序）之前创建还原点。如果未创建任何还原点，则系统会每隔7天自动创建还原点，用户也可以随时手动创建还原点。

安装Windows的驱动器会自动打开系统保护，且Windows只能为使用NTFS格式化的驱动器打开系统保护。

5．远程

在"远程"选项卡中，用户可选择从网络中的其他位置使用本地计算机的方式：远程协助或远程桌面。远程协助允许从本地计算机发送远程协助邀请；远程桌面允许用户远程连接到本地计算机。

2.9 Windows 10 的网络功能

随着计算机的发展，网络技术的应用也越来越广泛。通过连网，计算机用户能够共享应用程序、文档和一些外部设备，如磁盘、打印机、通信设备等。利用电子邮件（E-mail）系统，网络用户能够互相交流和通信，使物理上分散的微机在逻辑上紧密地联系起来。网络的基本概念将在第 6 章阐述，本节简单介绍 Windows 10 的网络功能。

2.9.1　网络软硬件的安装

要接入网络，计算机除了需要安装一定的硬件（如网卡），还必须安装和配置相应的驱动程序。如果计算机在安装 Windows 10 前已经完成了网络硬件的物理连接，则 Windows 10 安装程序通常能帮助用户完成所有必要的网络配置工作。

1．网卡的安装与配置

网卡的安装很简单，打开主机箱，将它插入计算机主板上相应的扩展槽即可。Windows 10 在安装或启动时，会自动检测网卡并进行配置。Windows 10 在进行自动配置的过程中，如果没有找到网卡对应的驱动程序，则会提示用户手动提供网卡驱动程序。

2．IP 地址的配置

选择"控制面板"→"网络和 Internet"→"网络和共享中心"→"查看网络状态和任务"→"本地连接"命令（也可能是其他连接，如 连接:　🖥 以太网），打开"本地连接状态"对话框，单击"属性"按钮，在弹出的"本地连接属性"对话框中，选中"Internet 协议版本 4（TCP/IPv4）"选项，然后单击"属性"按钮，会出现图 2.30 所示的"Internet 协议版本 4（TCP/IPv4）属性"对话框，在对话框中可输入相应的 IP 地址，同时配置 DNS（Domain Name System，域名系统）服务器。

图 2.30　"Internet 协议版本 4（TCP/IPv4）属性"对话框

2.9.2　选择网络位置

初次连接网络时，用户需要设置网络位置，系统将为所连接的网络自动设置适当的防火墙和安全选项。在家庭、本地咖啡店或者办公室等不同位置连接网络时，选择一个合适的网络位置，可以确保将计算机设置为适当的安全级别。用户可以根据实际情况选择下列网络位置之一：互联网、工作区、其他网络。

域类型的网络位置由网络管理员控制，普通用户无法选择或更改。

2.9.3　资源共享

计算机资源共享可分为以下几类。

（1）存储资源共享：共享计算机系统中的硬盘、光盘等存储介质，以提高存储效率，方便数据的提取和分析。

（2）硬件资源共享：共享打印机或扫描仪等外部设备，以提高外部设备的使用效率。

（3）程序资源共享：共享网络上的各种程序资源。

共享资源可以采用以下访问权限进行保护。

（1）完全控制：允许其他用户对共享资源进行任何操作，就像使用自己的资源一样。

（2）更改：允许其他用户对共享资源进行修改操作。

（3）读取：其他用户对共享资源只能进行复制、打开或查看等操作，不能对其进行移动、删除、修改、重命名及添加文件等操作。

在 Windows 10 中，用户主要通过家庭组、工作组中的高级共享设置实现资源共享。

2.9.4　在网络中查找计算机

由于网络中的计算机有很多，用户查找自己需要访问的计算机非常麻烦，因此 Windows 10 提供了一个非常方便的方法来查找计算机。打开文件资源管理器，在窗口左侧导航窗格中选择"网络"即可搜索网络中的计算机。搜索到的计算机能否使用、能使用到什么程度，与这台计算机的设置有关。

2.10　国产操作系统简介

计算机上的应用程序都是在操作系统的支持下工作的，谁掌控了操作系统，谁就掌握了这台计算机上所有的信息。只要计算机连网，操作系统厂商很容易取得用户的各种敏感信息，并有可能把这些信息用于其他目的，这种担心并不是杞人忧天。由于操作系统关系到国家的信息安全，俄罗斯、德国等国家已经在政府部门的计算机中采用本国的操作系统。

我国也在加大力度支持国产操作系统的研发和应用。2020 年，微软公司对 Windows 7 服务支持的终止，再一次推动了国产操作系统的发展。国产操作系统多为以 Linux 为基础二次开发的操作系统。某些国产 Linux 操作系统无论是布局还是操作方式，与 Windows 操作系统都相差无几（存在差距的主要原因是设备厂商没有对 Linux 操作系统提供很好的支持）。在价格方面，绝大多数国产操作系统都是免费的。

国产操作系统在易用性等方面基本具备替代 Windows 操作系统的能力，但还存在生态环境差等各种问题，缺乏统一的国产操作系统生态圈。事实上，这也是多年来国产操作系统一直没能打开局面的主要原因。

近年来出现的国产操作系统有很多，如华为鸿蒙系统（HUAWEI Harmony OS）、麒麟操作系统（Kylin OS）、openEuler、深度 Linux（Deepin）、威科乐恩 Linux（WiOS）、起点操作系统（StartOS）、凝思磐石安全操作系统、共创 Linux、思普操作系统、COS 操作系统等，部分国产操作系统已被大家熟知。

2.10.1　华为鸿蒙系统

鸿蒙系统是华为公司开发的一款全新的面向全场景的分布式操作系统，它创造了一个超级虚拟终端互连的世界，将人、设备、场景有机地联系在一起。消费者在全场景生活中接触的多种智能终端通过鸿蒙系统可实现极速发现、极速连接、硬件互助、资源共享，用合适的设备提供场景体验。该系统的开发耗时 10 年，有 4000 多名研发人员参与。鸿蒙系统利用分布式技术，将手机、平板电脑、电视、汽车和智能穿戴设备等融合成一个"超级终端"，使用户便于操作和共享各种设备的资源。由于鸿蒙系统微内核的代码量大约只有 Linux 宏内核代码量的千分之一，因此其受攻击的概率大幅降低。

鸿蒙系统的架构涵盖 4 层，底层为内核层，为其上的 3 层（系统服务层、框架层和应用层）提供基础的内核能力，包括进程和线程管理、内存管理、文件系统、网络管理和外设管理等。内核层包含内核子系统，该子系统支持多内核，包括 Linux 内核、LiteOS 内核和鸿蒙微内核，可按各种智能设备选择所需内核。例如，在智能手表及物联网等低功耗的设备上，子系统采用 LiteOS 内核以运行轻量的鸿蒙应用程序；而在手机、平板电脑及 PC 等大内存设备上，子系统采用 Linux 内核和

OpenHarmony 框架以运行鸿蒙应用程序，同时利用 AOSP（Android Open Source Project，安卓开放源代码项目）源代码运行安卓应用程序。

鸿蒙系统的通信基座使用"分布式软总线"技术连通多款设备，可以集成一个虚拟的"超级终端"，允许一个设备控制其他设备，以及共享分布在各款设备的数据资源。为了解决不同设备带来的安全问题，鸿蒙系统提供了基于硬件的可信执行环境，以防止敏感个人数据在存储或处理时泄露。

鸿蒙系统支持多种形式的应用程序，包括在"华为应用市场"下载和安装的应用程序，以及免安装的"快应用"和便捷的"元服务"。

2020 年 9 月，开放原子开源基金会接受华为捐赠的智能终端操作系统基础能力相关代码，随后进行开源，并根据命名规则将该开源项目命名为 OpenAtom OpenHarmony（简称 OpenHarmony）。

鸿蒙系统积累了很大的用户体量，据华为 2022 年开发者大会公布的数据，当时使用鸿蒙系统的设备约为 7 亿台。2023 年 8 月，华为推出 HarmonyOS NEXT 开发者预览版，如图 2.31 所示。该版本是鸿蒙放弃 Linux 内核及 AOSP 源代码的首个大版本，仅支持鸿蒙内核和鸿蒙应用程序，不再兼容安卓应用程序。2024 年 1 月，HarmonyOS NEXT 星河版正式向开发者开放申请，此时使用鸿蒙系统的设备已达 8 亿台。

图 2.31　HarmonyOS NEXT 开发者预览版

HarmonyOS NEXT 减少了 40%的冗余代码，提升了系统流畅度、能效、安全性。该系统从编程语言到编译器都是全栈自研，华为称其为"真正的操作系统"。HarmonyOS NEXT 采用盘古 AI 大模型、MindSpore AI 框架、DevEco Studio 集成开发环境、HarmonyOS Design 设计系统、ArkUI 编程框架、方舟编译器、毕昇编译器、ArkTS 和仓颉等编程语言、EROFS 和 HMDFS 等分布式文件系统以及鸿蒙内核。

目前，华为鸿蒙原生应用版图已经成型，导航、新闻、工具、旅游、金融、便捷生活、美食、游戏等多个领域的企业和开发者陆续加入鸿蒙生态系统。

可以说，鸿蒙系统自诞生之日起就与安卓系统明显不同，随着彻底放弃 AOSP 源代码，鸿蒙系统即将开启新的征程，驰骋操作系统市场。

2.10.2　麒麟操作系统

麒麟操作系统是由国防科技大学、中软公司、联想公司、浪潮集团等单位合作研制的商业闭源服务器操作系统，于 2002 年启动。此操作系统是 863 计划重大攻关科研项目，目标是打破国外操作系统的垄断，研发一套中国自主知识产权的服务器操作系统，有高安全、跨平台、中文化的特点。2010 年 12 月，两大国产操作系统（"中标 Linux"操作系统和"银河麒麟"操作系统）在上海正式宣布合并，双方共同以"中标麒麟"的新品牌统一出现在市场上。2019 年 12 月，中标软件和继承银河麒麟品牌的天津麒麟整合为麒麟软件（KylinSoft）公司，共同开发麒麟操作系统。

2020 年 8 月，麒麟软件公司发布银河麒麟操作系统 V10，并宣布采用麒麟操作系统的单位已经超过 10000 家。

银河麒麟操作系统包括桌面操作系统和高级服务器操作系统。

银河麒麟桌面操作系统是图形化桌面操作系统产品，已适配国产主流软硬件产品，同源支持飞腾、鲲鹏、海思麒麟、龙芯、申威、海光、兆芯等国产 CPU 和 Intel、AMD 等 CPU。通过功耗管理、内核锁及页复制、网络、VFS（Virtual File System，虚拟文件系统）、NVMe 等针对性的深入优化措施，银河麒麟桌面操作系统显著提高了系统性能。其软件商店内有自研应用和第三方商业软件在内的各类应用，同时提供 Android 兼容环境和 Windows 兼容环境，支持多 CPU 的统一软件升级仓库、版本在线更新功能。银河麒麟桌面操作系统 V10 如图 2.32 所示。

图 2.32　银河麒麟桌面操作系统 V10

银河麒麟高级服务器操作系统是针对企业级关键业务，适应虚拟化、云计算、大数据、工业互联网时代对主机系统可靠性、安全性、性能、扩展性和实时性的需求，依据 CMMI5 级标准研制的提供内生本质安全、云原生支持、自主平台深入优化、高性能、易管理的新一代自主服务器操作系统，同源支持飞腾、鲲鹏、龙芯、申威、海光、兆芯等国产 CPU，应用于政府、金融、教育、财税、审计、交通、医疗、制造等领域。用户基于银河麒麟高级服务器操作系统，可构建数据中心、高可用集群和负载均衡集群、虚拟化应用服务、分布式文件系统等，并能对虚拟数据中心的跨物理系统、虚拟机集群进行统一的监控和管理。银河麒麟高级服务器操作系统支持云原生应用，可满足企业当前数据中心及下一代数据中心的虚拟化（含 Docker 容器）、大数据、云服务的需求。

2024 年 1 月，麒麟操作系统被中国国家博物馆收藏。这也是国家博物馆收藏的第一款国产操作系统。

麒麟操作系统已经发展以服务器操作系统、桌面操作系统、嵌入式操作系统、麒麟云、操作系统增值产品为代表的产品线。为弥补我国软件核心技术的短板，麒麟软件公司建设了自主的开源供应链，发起了我国首个开源桌面操作系统根社区 openKylin，并以自主根社区为依托，发布操作系统的最新版本。

比尔·盖茨介绍

Windows 操作系统介绍

习题 2

一、填空题

1. 在 Windows 的"回收站"窗口中，要想恢复选定的对象，可以使用"文件"菜单中的____

命令。

2. 在 Windows 中，当用鼠标左键在不同驱动器之间拖动对象时，系统默认的操作是_____。

3. 在 Windows 中，选定多个不相邻文件的操作是，单击第一个文件，然后在按住_____键的同时，单击其他待选定的文件。

4. 用 Windows 的记事本所创建文件的默认扩展名是_____。

二、简答题

1. 什么是操作系统？它的主要作用是什么？

2. 进程和程序的区别有哪些？

3. 存储管理的基本功能有哪些？

4. 文件的安全保障措施有哪些？

5. 如何在文件资源管理器中进行文件的复制、移动、改名？有哪几种方法？

6. 在文件资源管理器中删除的文件可以恢复吗？如果能，如何恢复？如果不能，请说明原因。

习题参考答案

7. 在中文版 Windows 10 中，如何切换输入法的状态？

8. Windows 10 的控制面板有何作用？

9. 谈谈你对国产操作系统的认识。

第 3 章

WPS 办公软件

WPS Office（简称 WPS）是由北京金山办公软件股份有限公司自主研发的一款办公软件套装，是集文字处理、电子表格、演示文稿于一体的信息化办公平台，拥有强大的文档处理能力，符合现代中文办公的需求。WPS Office 主要包括 WPS 文字、WPS 表格、WPS 演示三大组件，并且有 PDF 阅读功能。本章将以 WPS 365 教育版为例进行讲解。

【知识要点】

- 文档基本操作。
- 字符及段落排版，创建及美化表格，图形与图像处理，页面设置与打印。
- 数据录入与数据格式设置，公式的使用与数据的引用，常用函数。
- 数据管理（排序、筛选、分类汇总、合并计算）。
- 图表制作。
- 演示文稿的创建及保存，对象的编辑、设置。
- 演示文稿主题、版式、切换方式的设置；声音、动画的使用。
- 演示文稿的放映和打印。

章首导读

3.1 WPS 界面介绍与通用功能

3.1.1 WPS 首页

打开 WPS 365 教育版，首先看到的界面是 WPS 首页。WPS 首页整合了多种服务的入口，也是工作起始页。用户可以从 WPS 首页开始和继续执行各类工作任务，如新建文档、访问最近使用过的文档和查看日程等，让办公更加轻松与便捷。

WPS 首页主要分为五大功能区，分别是全局搜索框、设置区、账号区、主导航栏、文件列表，如图 3.1 所示。

（1）全局搜索框

全局搜索框拥有强大的搜索功能。它支持搜索本地文档、云文档、应用、模板、Office 技巧，并支持访问网页。在全局搜索框中输入搜索关键词后，全局搜索框下方会根据搜索内容展开搜索结果面板。

（2）设置区

设置区包括两个按钮，名称及功能如下。

① "意见反馈" 按钮：用于打开 WPS 服务中心，为使用中遇到的问题查找解决方案，可以快速联系客服进行问题和意见的反馈。

图 3.1 WPS 首页功能区

②"全局设置"按钮：通过该按钮可进入设置中心、启动配置和修复工具、查看 WPS 版本号等。

（3）账号区

账号区显示个人账号信息。单击此处按提示操作即可登录，登录后此处显示用户头像及会员状态，单击用户头像可打开个人中心进行账号管理。

（4）主导航栏

主导航栏分为两大部分：上部分为核心服务区域，包括"新建""打开""查阅/编辑"和"日历"共 4 个固定按钮，用于快速新建、定位和访问文档，以及安排日程；下部分用户可根据个人习惯设置，单击底部的应用入口进入"应用中心"，可以自定义显示在此处的应用。此外，用户还可以通过右键单击网页标签，将网页固定到主导航栏中，方便访问。

（5）文件列表

文件列表位于 WPS 首页的中间位置，用户在这里可以快速查阅文件，并可以在此设置关联手机，以便随时访问计算机中的文件，还可以对文件进行筛选等操作。此功能区可帮助用户快速访问和管理文件。

3.1.2 标签页管理模式

1. 工作区

WPS 标签栏的右侧有一个"工作区/标签列表"图标。在打开的文档较多时，可以单击该图标以打造不同的工作区，从而对不同的文档进行分区管理，以避免在处理文档时受其他不相关文档的干扰。

工作区可将标签列表保存下来，以便在下次继续工作时一次性打开。

如图 3.2 所示，用鼠标右键单击文档标签，在弹出的快捷菜单中选择"转移至工作区窗口"命令，将文档标签保存到不同的工作区。然后单击"工作区/标签列表"按钮，就可以查看和切换工作区。

图 3.2　设置工作区

▶**注意:**
　　"多组件模式"不支持将标签列表保存为工作区,在体验工作区特性前,请先将窗口管理模式切换至"整合模式"。关闭 WPS 之后,工作区设置会自动留存,重新打开 WPS 之后可以快速选择特定的工作区,其包含的所有文档标签会自动还原。

2. 窗口管理模式
WPS Office 窗口支持整合模式和多组件模式。
（1）整合模式
　　整合模式把文字、表格、演示和 PDF 等组件整合在一个窗口内,只在桌面上生成一个快捷方式。用户选择整合模式后即可使用上文介绍的工作区,否则无法使用,如图 3.3 所示。

（a）整合模式界面　　　　　　　　　　　　（b）快捷方式
图 3.3　整合模式界面及快捷方式

（2）多组件模式

多组件模式则是每个组件以单独的窗口形式存在，并在桌面上生成相应的快捷方式，如图 3.4 所示。

（a）多组件模式　　　　　　　　　　　　　　　　（b）快捷方式

图 3.4　多组件模式界面及快捷方式

用户可根据日常习惯和喜好选择不同的窗口管理模式，具体操作步骤如下：

选择 WPS 首页→"全局设置"→"设置"→"切换窗口管理模式"命令，选择窗口管理模式，单击"确定"按钮，重启 WPS 后设置生效，如图 3.5 所示。

▶注意：

该操作需要重启 WPS，请提前保存所有文件以免造成数据丢失。

图 3.5　切换窗口管理模式

3．文档标签

文档标签是 WPS 特有的文档管理方式，所有文档都默认以标签页的形式打开，文档标签位于

WPS 界面顶部的标签栏中，如图 3.6 所示。通过文档标签，用户可以轻松快速地切换到不同的文档，也可通过调整标签的位置或将标签放入工作区窗口等方式，对文档进行归类放置。

图 3.6　文档标签

WPS 文字

WPS 文字是 WPS Office 核心组件之一，被应用于日常办公中的文档处理与编辑工作。本节将主要对它的工作窗口以及创建、保存、打开文档等基本操作进行简单介绍。

3.2.1　WPS 文字概述

1．WPS 文字的启动与退出

安装 WPS Office 之后，用户就可以使用其提供的强大功能了。用户可以通过"开始"菜单中的 WPS Office 程序菜单项、桌面上 WPS Office 的快捷方式或者双击任意一个文字文档来打开 WPS 文字。

用户完成文档的编辑操作后，可以通过单击工作窗口右上角的"关闭"按钮或者按<Alt+F4>组合键来退出 WPS 文字。如果在退出 WPS 文字时，用户对当前文档做过修改且还没有执行保存操作，那么 WPS 文字会弹出一个对话框来询问用户是否要对修改操作进行保存。

2．WPS 文字工作窗口介绍

WPS 文字工作窗口主要包括标签栏、功能区、导航窗格、文档编辑区、任务窗格和状态栏，如图 3.7 所示。

WPS 文字的功能区横跨工作窗口的上部，由选项卡、组和命令 3 类基本组件组成。选项卡标签位于功能区的顶部，如"开始""插入""页面布局"等。打

WPS 文字工作
窗口介绍

开某一选项卡，可在功能区中看到若干个组，相关命令显示在一个组中。命令是指组中的按钮、用于输入信息的框等。WPS 中还有一些特定的选项卡，只不过特定的选项卡只在需要时出现。例如，用户在文档中插入图片后，可以在功能区看到"图片工具"选项卡。如果用户选择其他对象（如表格），也会显示相应的选项卡。

图 3.7　WPS 文字工作窗口

单击对话框启动器，即某些组右下角的小箭头按钮🔲，弹出的对话框将显示与该组相关的更多选项，如"字体"对话框、"段落"对话框。

功能区将 WPS 文字的功能巧妙地集中在一起，以便用户查找使用。用户如果暂时不需要功能区中的功能，并希望拥有更多的工作空间，可以临时隐藏功能区。

3．WPS 文字的基本操作

在使用 WPS 文字进行文档录入与排版之前，必须先创建文档，而文档编辑排版工作完成之后也必须及时地保存文档以备下次使用，这些都属于文档的基本操作。下面介绍如何完成这些基本操作，为后续的编辑和排版工作做准备。

（1）新建文档

在 WPS 文字中，可以创建两种形式的新文档，一种是没有任何内容的空白文档，另一种是根据模板创建的文档，如工作周报、会议纪要和项目规划等。

启动 WPS 文字之后，可以通过在 WPS 文字工作窗口的"文件"菜单中选择"新建"命令，再选择"空白文档"，创建一个默认文件名为"文字文稿1"的文档。

WPS 文字提供了许多已经设置好的文档模板，选择不同的模板可以快速地创建各种类型的文档，如求职简历和总结汇报等。模板已经包含了特定类型文档的格式和内容等，用户只需根据个人需求稍做修改即可创建精美的文档。

（2）保存文档

用户不仅在文档编辑完成后要保存文档，在文档编辑过程中也要特别注意保存文档，以免在文档编辑的过程中出现计算机断电或死机等情况，导致未保存的内容丢失，使此前的工作白费了。通常，保存文档有以下几种情况。

文档的保存

① 新文档的保存

创建好的新文档首次保存时，单击功能区左上方快速访问工具栏中的"保存"按钮🖫 或按<Ctrl＋S>组合键，均会打开"另存文件"对话框。

在"另存文件"对话框中，先在左侧选择文档要保存的位置，如"我的文档"，然后在"文件名"文本框中输入文档的名称，并选择文件的保存类型，再单击"保存"按钮即可完成文档的保存操作。

WPS文字默认将文档保存为"*.docx"文件。

② 旧文档与换名称、换类型文档的保存

如果当前编辑的文档是旧文档且不需要更改名称或更改保存位置，则直接单击快速访问工具栏中的"保存"按钮，或者选择"文件"→"保存"命令，即可保存文档。此时不会弹出其他窗口，只是自动以新内容代替旧内容保存文档。

若要为一篇正在编辑的文档更改名称、保存位置或类型，可通过"另存文件"对话框，根据需要输入新的文件名、选择新的存储路径、选择新的文件类型即可。

③ 文档加密保存

为了防止他人未经允许打开或修改文档，可以对文档进行保护，即在保存时为文档加设密码。单击"另存文件"对话框中的"加密"，在弹出的对话框中分别输入打开文件密码和修改文件密码，再根据提示进行密码确认即可。

▶说明：

对文件设置打开及修改密码，不能阻止文件被删除。

④ 文档的备份

在文档的编辑过程中，通常需要手动保存文档，但是用户可能忘记及时保存。为避免意外，WPS文字提供了两种备份设置。选择"文件"→"选项"→"备份中心"，然后在"备份中心"窗口中单击"手动备份"或"自动备份设置"，即可根据需要进行手动备份或自动备份设置。

（3）打开文档

如果要对已经存在的文档进行操作，必须先将其打开。打开文档的方法很简单，直接双击要打开的文件图标，或者在打开WPS文字工作窗口后，选择"文件"→"打开"命令，在弹出的窗口中选择要打开的文件即可。

3.2.2　文档编辑

文档编辑是WPS文字的基本功能，主要包括文本的输入、选择、插入、删除、复制及移动等基本操作，并且WPS文字为用户提供了查找与替换文本功能、撤销和恢复功能。

1．输入文本

打开WPS文字后，用户可以直接在文档编辑区进行输入操作，输入的内容显示在光标所在处。如果没有输入到当前行行尾，想在下一行或下几行输入，可以使用"即点即输"功能，只需在想输入文本的地方双击，光标即会自动移到该处，之后就可以直接输入了。在输入过程中如果遇到一些特殊的符号使用键盘无法录入，可以通过"插入"选项卡→"符号"组→"符号"下拉列表中的选项来完成录入。

文本的输入

用户在日常工作中经常要使用一些符号，反复单击选项卡中的命令不仅非常烦琐也会中断输入，此时可以将常用符号添加到自定义符号栏并为其设置快捷键，让输入符号更加方便。

2．选择文本

对文本进行编辑排版之前要先执行选中操作。从要选择文本的起点处按住鼠标左键，拖动至终点处松开鼠标左键即可选中文本，选中的文本将以灰底的形式出现。如果要选择的是篇幅比较大的连续文本，则使用上述方法就不是很方便了。此时可以在要选择的文本起点处单击，然后将鼠标指针移至选取文本终点处，再同时按<Shift>键与鼠标左键即可。此外，按住<Alt>键的同时按住鼠标左键拖动鼠标，可以选中矩形区域。

3．插入与删除文本

在文档编辑过程中，用户会经常执行修改操作来对输入的内容进行更正。当遗漏某些内容时，可以通过单击将光标定位到需要补充录入的位置后进行输入。如果要删除某些已经输入的内容，可以选中该内容后按<Delete>键或<Backspace>键直接将其删除。

4．复制与移动文本

当需要重复录入文档中已有的内容或者要移动文档中某些文本的位置时，可以通过复制与移动操作来快速完成。复制操作与移动操作方法类似，选中文本后，在所选取的文本上单击鼠标右键，会弹出快捷菜单，执行复制操作选择"复制"，执行移动操作则选择"剪切"，然后将鼠标指针移到目的位置，再单击鼠标右键，在弹出的快捷菜单中选择"粘贴选项"中合适的选项即可。

5．查找与替换文本

利用查找功能可以方便快速地在文档中找到指定的文本，替换操作是在查找操作的基础上进行的，使用该功能可以将文档中的指定文本根据需要有选择地替换。

6．撤销和恢复

WPS 文字的快速访问工具栏提供的"撤销"按钮可以帮助用户撤销前面的操作，而"恢复"按钮则可以恢复执行上一步被撤销的操作。

查找与替换

若要撤销前一步操作，可以直接单击"撤销"按钮；若要撤销前几步操作，则可以单击"撤销"下拉按钮，在弹出的下拉列表中选择要撤销的操作。

3.2.3 文档排版

文档编辑完成之后，就要对整篇文档进行排版，以使文档具有美观的视觉效果。本节将介绍WPS 文字中常用的排版技术，包括字符格式设置、段落格式设置、边框与底纹设置、项目符号和编号设置、分栏设置、格式刷、样式与模板的使用、创建及更新目录以及特殊格式设置等。

在讲解排版技术之前，先介绍 WPS 文字中的几种视图模式。

① 全屏显示：让文件在窗口中最大化显示，将功能区等隐藏。

② 阅读版式：默认以双页形式显示当前文档，该视图会隐藏"文件"按钮、功能区等工作窗口元素，以便用户阅读当前文档。

③ 写作模式：用户自己输入内容进行写作。使用写作模式，可便于用户查看章节。

④ 页面视图：最接近文本、图形及其他元素在最终打印文档中的真实效果。

⑤ 大纲视图：可以显示和更改标题的层级结构，并能折叠、展开各层级的文档内容，适用于长文档的快速浏览和设置。

⑥ Web 版式：以网页的形式显示文档，适用于发送电子邮件和创建网页。

1．字符格式设置

对字符格式的设置决定了字符在屏幕上显示和打印输出的样式。字符格式设置可以通过功能区、对话框或浮动工具栏来完成，在设置前要先选择字符，即"先选中再设置"。

（1）通过功能区进行设置

打开功能区的"开始"选项卡，可以看到"字体"组中的相关命令，如图 3.8 所示。利用这些命令即可完成对字符格式的设置。

图 3.8 "开始"选项卡中的"字体"组

（2）通过对话框进行设置

单击对话框启动器"字体"按钮，在弹出的"字体"对话框的"字体"选项卡中，可以进行字体、字形（常规、倾斜、加粗、加粗倾斜）、字号、字体颜色、着重号等的设置；还可以通过"效果"区域的复选框进行特殊效果设置，如加删除线、设为上标、设为下标等。在"字符间距"选项卡中，可以放大或缩小字符、调整字符间距和位置等。

（3）通过浮动工具栏进行设置

当选中字符并将鼠标指针指向该字符时，在选中字符的右上角会出现一个浮动工具栏，利用它进行设置的方法与通过功能区进行设置的方法相同，这里不再详述。

2．段落格式设置

在 WPS 文字中，我们通常把两个回车换行符之间的部分叫作一个段落。段落格式设置包括段落对齐方式、段落缩进、段落间距与行间距等的设置。

（1）设置段落对齐方式

单击功能区"开始"选项卡中的对话框启动器"段落设置"按钮，将打开"段落"对话框，选择"对齐方式"下拉列表中的选项即可进行段落对齐方式的设置，或者单击"段落"中的 5 个对齐方式按钮 ≡ ≡ ≡ ≡ ⊟ 进行设置。

（2）设置段落缩进

缩进决定了段落到页面左右内容边界的距离，左/右缩进设置的是段落左/右侧到页面左/右侧内容边界的距离；首行缩进设置的是段落第一行由左缩进位置起向内缩进的距离；悬挂缩进设置的是段落除第一行外的所有行由左缩进位置起向内缩进的距离。

段落缩进设置

通过"段落"对话框可以精确地设置所选段落的缩进方式和距离。当然用户也可以通过水平标尺栏来设置段落的缩进。将光标放到要设置缩进的段落中或选中该段落，之后拖动图 3.9 所示的缩进滑块即可调整对应的缩进量，不过此种方式只能模糊设置缩进量。

图 3.9　水平标尺栏

（3）设置段落间距与行间距

段落间距设置的是所选段落与上一段落和下一段落之间的距离，行间距设置的是所选段落相邻两行之间的距离。行间距共有 6 个选项供用户选择，分别为单倍行距、1.5 倍行距、2 倍行距、最小值、固定值和多倍行距。

需要注意的是，当选择行距为"固定值"并输入一个磅值时，WPS 文字将忽略字体或图形的大小，这可能导致行与行相互重叠。

3．边框与底纹设置

添加边框与底纹能增加读者对文档内容的兴趣和注意程度，并能对文档起到一定的美化作用。边框和底纹可以通过"边框和底纹"对话框来进行设置。

边框和底纹设置

4．项目符号和编号设置

对于并列的相关文字，如一个问答题的几个要点，用户可以使用项目符号或编号对其进行格式化设置，使内容看起来条理更加清晰。

5．分栏设置

分栏排版就是将文字分成几栏排列，常见于报纸、杂志中。通过"页面布局"选项卡下"页面设置"组中的"分栏"下拉按钮即可实现分栏设置。可以直接选择"分栏"下拉列表中的分栏选项实现分栏设置，也可选择"更多分栏"选项，在"分栏"对话框中进行更详细的分栏设置，如设置更多的栏数、栏的宽度以及栏与栏的间距等。若要撤销分栏，选择"一栏"即可。

需要注意的是，进行分栏设置时要先选中文字，否则系统会默认对整篇文档进行分栏。而且分栏效果只在页面视图下显示。

6．格式刷

使用格式刷可以快速地将某文本的格式设置应用到其他文本上，操作步骤如下。

① 选中要复制格式的文本。

② 单击功能区的"开始"选项卡→"剪贴板"组→"格式刷"按钮🖌，之后将鼠标指针移动到文档编辑区，会看到鼠标指针旁出现一个小刷子的图标。

③ 用格式刷扫过（即按住鼠标左键拖动）需要应用格式的文本即可。

单击"格式刷"按钮，使用一次格式刷后其功能就会自动关闭。如果需要将某文本的格式连续应用多次，则可以双击"格式刷"按钮，之后直接用格式刷扫过不同的文本。要结束使用格式刷功能，可再次单击"格式刷"按钮或按<Esc>键。

7．样式与模板的使用

样式与模板是用户在 WPS 文字中高效排版的得力助手，熟练使用这两个工具可以简化格式设置的操作，提高排版的质量和速度。

（1）样式

样式是应用于文档中的文本、表格等的一组格式特征，利用其能迅速改变文档的外观。单击功能区的"开始"选项卡→"样式"组→"其他"按钮 ⌄，下拉列表中列出了可供选择的样式。要对文档中的文本应用样式，可先选中这段文本，然后单击下拉列表中需要使用的样式。要删除某文本中已经应用的样式，可先将其选中，再选择下拉列表中的"清除格式"选项。

（2）模板

模板是一种预先设定好格式的特殊文档，包含文档的基本结构和文档设置。模板解决了用户每次都要排版和设置的烦恼。对于某些格式相同或相近的文档的排版工作，模板是不可缺少的工具。WPS 文字提供了丰富实用的模板，通过直接套用模板来创建新文档，可以节省很多时间和精力，提高工作效率。例如，要编写一份新的劳动合同，不必从零开始，借助模板就能够快速完成。

8．创建及更新目录

在撰写图书或杂志等类型的文档时，通常需要创建目录以快速浏览文档中的内容，并可通过目录右侧的页码找到所需内容。在 WPS 文字中，用户可以非常方便地创建目录，并且在目录发生变化时，通过简单的操作就可以对目录进行更新。

（1）标记目录项

在创建目录之前，需要通过"样式"组，将要在目录中显示的目录项根据所要创建的目录项级别，分别进行"标题 1""标题 2""标题 3"等样式设置。

（2）创建目录

创建目录可以通过"引用"选项卡下"目录"组中的"目录"下拉按钮来实现。将光标放置到需要显示目录的位置后，选择"目录"下拉列表中的"智能目录"选项，即可创建目录。也可选择"自定义目录"，在弹出的"目录"对话框中设置是

创建目录

否显示页码、页码是否右对齐，并设置制表符前导符的样式，以及目录的格式和显示级别。

（3）更新目录

当文档内容发生变化时，需要对目录进行及时更新。要更新目录，可单击功能区的"引用"选项卡→"目录"组→"更新目录"按钮，在弹出的"更新目录"对话框中设置是更新整个目录还是只进行页码更新。也可以将光标定位到目录上，再按<F9>键打开"更新目录"对话框进行更新设置。

9．特殊格式设置

（1）首字下沉

在报纸和杂志中，经常可以看到将正文的第一个字放大突出显示的排版形式。要使自己的文档也有此种效果，可以通过设置首字下沉来实现。单击"插入"选项卡→"文本"组→"首字下沉"按钮，打开"首字下沉"对话框，然后在对话框中选择"下沉"或"悬挂"，并对下沉的文字进行字体及下沉行数的设置。

（2）给中文加拼音

在中文排版中如果需要给中文加拼音，可先选中要加拼音的文字，再单击功能区"开始"选项卡→"字体"组→"拼音指南"按钮 ，然后在弹出的"拼音指南"对话框中对对齐方式、偏移量、字体和字号等进行设置。

3.2.4　表格制作

表格是用于组织数据的非常有用的工具之一，它以行和列的形式简明扼要地表达信息，便于读者阅读。在 WPS 文字中，用户不仅可以快捷地创建表格，还可以对表格进行修饰以提升其美观程度，而且能对表格中的数据进行排序和简单计算等。

1．创建表格

（1）插入表格

要在文档中插入表格，可先将光标定位到要插入表格的位置，单击功能区"插入"选项卡→"常用对象"组→"表格"下拉按钮，弹出的下拉列表中会显示一个示意网格，向网格右下方移动鼠标指针，当达到需要的行、列数时单击鼠标即可。

也可选择下拉列表中的"插入表格"选项，打开"插入表格"对话框，在其中的"列数"和"行数"数值微调框中输入列数、行数，再在"列宽选择"区域中根据需要设置"固定列宽"或"自动列宽"，即可创建一个新表格。

（2）绘制表格

插入表格的方法只能创建规则的表格，要插入复杂的不规则表格，则可以通过绘制表格来实现。要绘制表格，可选择"表格"下拉列表中的"绘制表格"选项，之后将鼠标指针移到文档编辑区，可看到鼠标指针已变成一个笔状图标，此时用户可以像拿着画笔一样通过拖动鼠标画出所需的任意表格。

需要注意的是，首次拖动鼠标绘制出的是表格的外围边框，之后才可以绘制表格的内部框线。要结束绘制表格，鼠标双击或者按<Esc>键均可。

2．输入表格内容

表格中的每一个小格叫作单元格，每一个单元格中都有一个段落标记，可以把每一个单元格当作一个小的段落来处理。要在单元格中输入内容，需要先通过在单元格中单击或者使用方向键将光标定位至单元格中。例如，可以对新创建的空表格进行内容的填充，得到图 3.10 所示的表格。

姓　　名	英　语	计　算　机	高　数
李明	86	80	93
王芳	92	76	89
张楠	78	87	88

图 3.10　输入表格内容

当然，用户也可以修改录入内容的字体、字号、字体颜色等，与文档的字符格式设置方法相同，需要先选中内容再设置。

3. 编辑表格

（1）选定表格

在对表格进行编辑之前，需要知道如何选中表格中的不同元素，如单元格、行、列或整个表格等。WPS 文字中有以下一些选中技巧。

① 选定一个单元格：将鼠标指针移到该单元格左边，当鼠标指针变成右上方向的实心箭头时单击，该单元格即被选中。

② 选定一行：将鼠标指针移到表格外该行的左侧，当鼠标指针变成右上方向的空心箭头时单击，该行即被选中。

③ 选定一列：将鼠标指针移到表格外该列的上方，当鼠标指针变成向下的实心黑色箭头时单击，该列即被选中。

④ 选定整个表格：可以拖动鼠标指针进行选取，也可以通过单击表格左上角的四向箭头图标来选定整个表格。

（2）调整行高和列宽

调整行高是指改变本行中所有单元格的高度。将鼠标指针指向某行的下边框线，鼠标指针会变成上下分离的双向箭头，此时直接拖动鼠标即可调整本行的高度。

调整列宽是指改变本列中所有单元格的宽度。将鼠标指针指向某列的右边框线，鼠标指针会变成左右分离的双向箭头，直接拖动鼠标即可调整本列的宽度。要调整某个单元格的宽度，要先选中单元格，再执行上述操作，此时的改变仅限于选中的单元格。

也可以先将光标定位到要改变行高或列宽的那一行或列中的任一单元格中，此时，功能区中会出现用于表格操作的两个选项卡"表格工具"和"表格样式"。单击"表格工具"选项卡→"单元格大小"组中显示当前单元格行高和列宽的数值微调框右侧的微调按钮，即可精确调整单元格的行高和列宽。

（3）合并和拆分

使用表格的合并与拆分功能可以完成一些不规则表格的创建。通过功能区的"表格工具"选项卡→"合并"组→"合并单元格"和"拆分单元格"按钮可快速实现单元格的合并与拆分。将多个单元格合并后，原来各单元格中的内容将以一列的形式显示在新单元格中；而将一个单元格拆分后，原单元格中的内容将显示在拆分后的首个单元格中。

如果要将一个表格拆分成两个，可先将光标定位到拆分分界处（即第二个表格的首行上），再单击功能区的"表格工具"选项卡→"合并"组→"拆分表格"按钮，即完成表格的拆分。

（4）插入行或列

要在表格中插入新行或新列，可先将光标定位到要在其周围加入新行或新列的那个单元格中，再根据需要选择功能区的"表格工具"选项卡→"绘图"组→"插入"→"在上方插入行"/"在下方插入行"命令，即可在单元格的上方/下方插入一个新行；选择"在左侧插入列"/"在右侧插入列"

命令，可以在单元格的左侧/右侧插入一个新列。

在此，对图3.10所示表格进行修改，插入一个"平均分"行和一个"总成绩"列，如图3.11所示。

姓　名	英　语	计 算 机	高　数	总 成 绩
李明	86	80	93	
王芳	92	76	89	
张楠	78	87	88	
平均分				

图3.11　插入新行和新列

（5）删除行或列

要删除表格中的某一列或某一行，可先将光标定位到此行或此列中的任一单元格中，再单击功能区的"表格工具"选项卡→"绘图"组→"删除"下拉按钮，在弹出的下拉列表中根据需要选择相应选项即可。若要一次删除多行或多列，则需要将其全部选中，再执行上述操作。

需要注意的是，选中行或列后直接按<Delete>键只能删除其中的内容，而不能删除行或列。

（6）更改单元格对齐方式

单元格中文字的对齐方式有9种，默认的对齐方式是靠上左对齐。要更改某些单元格的文字对齐方式，可先选中这些单元格，再单击功能区的"表格工具"选项卡→"对齐方式"组→对齐图例按钮，根据需要的对齐方式单击相应按钮即可；也可以选中单元格后单击鼠标右键，在弹出的快捷菜单中单击"单元格对齐方式"子菜单中的某个图例选项。

（7）绘制斜线表头

在创建一些表格时，有时需要在首行的第一个单元格中同时显示行标题和列标题，有时还需要显示出数据标题，这时就需要绘制斜线表头。

要为图3.11所示的表格绘制斜线表头，可以通过以下步骤来实现。

① 将光标定位在表格首行的第一个单元格中，并将此单元格的尺寸调大。

② 选择功能区的"表格样式"选项卡→"边框"组→"边框"→"斜下框线"命令，单元格中就会出现一条斜线。

③ 在单元格中的"姓名"文字前输入"科目"，然后按<Enter>键。

④ 调整两行文字在单元格中的对齐方式分别为"靠上右对齐"和"靠下左对齐"，完成设置后再将表中除斜线表头单元格外的所有单元格的对齐方式设置为水平和垂直都居中，效果如图 3.12所示。

科目 姓名	英语	计算机	高数	总成绩
李明	86	80	93	
王芳	92	76	89	
张楠	78	87	88	
平均分				

图3.12　插入斜线表头

4．美化表格

（1）修改表格框线

如果要对表格的框线颜色或线型等进行修改，可先选中要更改的单元格，若是对整个表格进行更改，将光标定位在任一单元格中即可。之后切换到功能区的"表格样式"选项卡，选择"边框"组→"边框"→"边框和底纹"命令，在弹出的"边框和底纹"对话框中设置边框的线型、颜色和宽度，并根据需要在右侧"预览"区中单击上、下、左、右等图例按钮，以将该设置应用于不同边框。

（2）添加底纹

要为表格添加底纹，可先选中要添加底纹的单元格，若是为整个表格添加底纹，则需要选中整个表格。之后切换到功能区的"表格样式"选项卡，选择"底纹"下拉列表中的颜色即可。

5．表格排序与数字计算

（1）表格中数据的计算

在 WPS 文字中，可以通过在表格中插入公式的方法来对表格中的数据进行计算。例如，要计算图 3.12 中李明的总成绩，可先将光标定位到要插入公式的单元格中，然后单击功能区的"表格工具"选项卡→"数据"组→"公式"按钮，此时会弹出图 3.13 所示的"公式"对话框。在"公式"文本框中已经显示出了公式"= SUM(LEFT)"，由于要计算的正是公式所在单元格左侧数据之和，因此不需要更改，直接单击"确定"按钮就会计算出李明的总成绩。用类似的方式可以计算其余数据。

（2）表格中数据的排序

要对表格中的数据进行排序，首先要选中排序区域，如果不选中，则默认对整个表格进行排序。单击功能区的"表格工具"选项卡→"数据"组→"排序"按钮，打开"排序"对话框。在该对话框中分别设置排序的"主要关键字""次要关键字"以及排序方法、有无标题行等。

图 3.13 "公式"对话框

3.2.5 图文混排

要使文档更加美观，有时还需要在文档中适当的位置放置一些图片并对其进行编辑。WPS 文字为用户提供了功能强大的图片编辑工具，用户无须使用其他专用的图片工具，即能完成图片的插入、剪裁和添加特效，以及更改图片亮度、对比度、颜色饱和度和色调等，从而轻松、快速地将简单的文档转换为图文并茂的艺术作品。通过新增的抠除背景功能还能方便地移除所选图片的背景。

1．在文档中插入图片

在文档中插入图片的操作步骤如下。

① 将光标移到文档中要插入图片的位置。

② 选择"插入"选项卡→"常用对象"组→"图片"→"来自文件"命令，打开"插入图片"窗口。

③ 定位到保存图片的文件夹，选中要使用的图片文件。

④ 单击"打开"按钮即可将图片插入当前文档。

图片的插入

图片插入文档后，选中图片，在图片的四周会出现 8 个控制点，将鼠标指针移动到控制点上，当鼠标指针变成双向黑色箭头时，按住鼠标左键不放进行拖动可以改变图片的大小。同时功能区中出现了用于图片编辑的"图片工具"选项卡，如图 3.14 所示，利用其中的命令可以对图片进行亮度、对比度、位置及环绕方式等设置。

图 3.14 "图片工具"选项卡

2．插入在线流程图

在文档中插入在线流程图的操作步骤如下。

① 将光标移到文档中要显示流程图的位置。

② 选择功能区的"插入"选项卡→"常用对象"组→"流程图"→"在线流程图"命令，在弹出的"流程图"窗口中选择需要的流程图样式即可。

3．插入艺术字

艺术字是具有特殊效果的文字，用户可以在文档中插入 WPS 艺术字库提供的任一效果的艺术字。在文档中插入艺术字的方法非常简单，先将光标移到文档中要显示艺术字的位置，在功能区的"插入"选项卡→"常用对象"组→"艺术字"下拉列表中选择一种样式，再在文档编辑区中的"请在此放置您的文字"框中输入文字即可。

艺术字插入文档后，功能区中会出现用于艺术字编辑的"文本工具"选项卡，利用其中的命令可以对艺术字进行轮廓、填充、阴影、发光、三维旋转的设置。与图片一样，也可以通过"环绕"下拉列表对艺术字进行环绕方式的设置。

4．插入自选图形

WPS 文字提供了很多自选图形绘制工具，包括各种线条、基本形状（如圆、椭圆及梯形等）、箭头和流程图等。插入自选图形的操作步骤如下。

① 单击功能区的"插入"选项卡→"常用对象"组→"形状"下拉按钮，在弹出的下拉列表中选择所需的自选图形。

② 移动鼠标指针到文档中要显示自选图形的位置，按住鼠标左键并拖动至合适的大小后松开鼠标左键即可绘出所选图形。

自选图形插入文档后，在功能区中会显示"绘图工具"选项卡。与编辑艺术字类似，用户也可以对自选图形进行轮廓、填充、阴影、发光、三维旋转及环绕方式等设置。

5．插入智能图形

为了让信息的表达更加清晰，用户可将文档中的观点、理念和知识架构用图形表现出来。WPS 文字预置了多种智能图形模板，可一键套用。使用智能图形工具，用户可以非常方便地在文档中插入用于展示流程、层次结构或者循环关系的智能图形。

在文档中插入智能图形的操作步骤如下。

① 将光标移到文档中要显示智能图形的位置。

② 单击功能区的"插入"选项卡→"常用对象"组→"智能图形"按钮，打开"智能图形"对话框，如图 3.15 所示。

图 3.15 "智能图形"对话框

③ 对话框上部显示的是 WPS 文字提供的智能图形类别，有列表、循环、流程、时间轴、组织架构、关系、矩阵、对比等。单击某一类别，对话框中间会显示出该类别下的所有智能图形的图例。

④ 单击某一图例，即可在文档中插入智能图形，用户可根据需要进行内容输入。

在文档中插入智能图形后，功能区会显示用于编辑智能图形的"设计"和"格式"两个选项卡。通过这两个选项卡可以为智能图形添加项目、更改布局、更改颜色、更改形状样式（包括填充、轮廓等效果设置），还能为文字设置填充色等。

6. 插入文本框

文本框是存放文本的容器，也是一种特殊的图形对象。要在文档中插入文本框，可以通过"插入"选项卡→"常用对象"组→"文本框"下拉列表中的选项进行设置，也可以直接选择内置的文本框样式。

文本框插入文档后，在功能区中会显示"文本工具"选项卡。文本框的编辑方法与艺术字类似，用户可以对其文字设置轮廓、填充、阴影、发光、三维旋转等。若想更改文本框中的文字方向，可单击"文本工具"选项卡→"段落"组→"文字方向" 按钮，进行水平和垂直方向的切换。

3.2.6 文档页面设置与打印

看过前面的介绍，读者已经可以制作一篇图、文、表混排的精美文档了，但是为了使文档具有较好的输出效果，还需要对其进行页面设置，包括页眉与页脚、纸张大小与方向、页边距等的设置。设置完成之后，还可以根据需要选择是否打印文档。

1. 设置页眉与页脚

页眉与页脚含有在页面的顶部和底部重复出现的信息，用户可以在页眉与页脚中插入文本或图形，如页码、日期、公司徽标、文档标题、文件名或作者名等。页眉与页脚只能在页面视图下看到，在其他视图下无法看到。

设置页眉与页脚的操作步骤如下。

① 切换至功能区的"插入"选项卡。

② 要插入页眉，可单击"页眉页脚"按钮，默认进入页眉编辑状态，用户可输入页眉内容。

③ 要插入页脚，可单击"页眉页脚"选项卡中的"页眉页脚切换"按钮，然后输入页脚内容。

在页眉与页脚的设置过程中，页眉与页脚的内容会突出显示，而正文中的内容则变为灰色，同时在功能区中会出现用于编辑页眉与页脚的"页眉页脚"选项卡，如图 3.16 所示。通过"页眉页脚"选项卡中的"页码"下拉按钮可以设置页码出现的位置，并且可以设置页码的格式；通过"日期和时间"按钮可以在页眉或页脚中插入日期和时间，并可以设置其显示格式；单击"域"按钮，在之后弹出的"域"对话框中的"域名"列表框中进行选择，可以在页眉或页脚中显示文件名等信息；通过"页眉页脚选项"按钮可以设置首页不同或奇偶页不同的页眉与页脚。

图 3.16 "页眉页脚"选项卡

2. 设置纸张大小与方向

在进行文字编辑排版之前，要先设置好纸张大小及方向。单击"页面布局"选项卡→"页面设置"组→"纸张方向"下拉按钮，在其下拉列表中选择"纵向"或"横向"命令；单击"纸张大小"

下拉按钮，可以在其下拉列表中选择一种已经列出的纸张大小，或者选择"其他页面大小"命令，在弹出的"页面设置"对话框中进行纸张大小的设置。

3．设置页边距

页边距是页面四周的空白区域。要设置页边距，可以单击"页面布局"选项卡→"页面设置"组→"页边距"下拉按钮，在其下拉列表中选择页边距进行设置；也可以选择"自定义页边距"命令，在弹出的"页面设置"对话框中进行设置。

4．打印预览与打印

为了便于阅读和携带，编辑好的文档有时候需要打印出来，用户通过 WPS 文字的打印预览功能可以快速查看打印效果。在打印文档前，单击"文件"→"打印"→"打印预览"按钮或单击快速访问工具栏的"打印预览"按钮 ⓠ，即可在文档编辑区查看打印效果。在"打印设置"界面中，可选择纸张方向和页边距等，对打印进行相关设置，包括打印份数、打印机、打印范围、纸张大小等，经预览并确认无误后，单击"打印"按钮即可。

由于篇幅有限，WPS 文字的很多功能在此没有讲到，有兴趣的读者可以单击功能区的各个按钮自行学习。

3.3　WPS 表格

WPS 表格是 WPS Office 的组件，具备输入、输出和显示数据的功能，并且可以利用公式进行简单的加减法计算。它可以帮助用户制作各种复杂的表格文档，进行烦琐的数据计算，并且可以在对输入的数据进行各种复杂统计运算后将结果显示为可视性极佳的表格。本节从基本的操作入手，内容涉及工作表的编辑、数据处理和图表制作等方面的知识。

3.3.1　WPS 表格概述

1．WPS 表格的启动与退出

（1）启动

如果要启动 WPS 表格，可以用下列方法之一。

① 选择"开始"菜单→"WPS Office"→"新建"→"表格"命令，即可启动 WPS 表格。

② 双击任意一个表格文件，WPS 表格就会启动并且打开相应的文件。

③ 双击 WPS Office 的快捷方式，通过 WPS 首页打开一个新的表格文档。

WPS 表格环境
介绍

（2）退出

如果要退出 WPS 表格，可以用下列方法之一。

① 单击 WPS 表格界面右上角的"关闭"按钮 ×。

② 按<Alt+F4>组合键。

2．WPS 表格工作窗口介绍

新建的 WPS 工作簿默认包含一个工作表，其工作窗口如图 3.17 所示。

3．工作簿的操作

（1）新建工作簿

选择"文件"→"新建"→"表格"→"新建空白表格"命令，或者单击快速访问工具栏中的"新建"按钮 □。

图 3.17　WPS 表格工作窗口

（2）打开工作簿

选择"文件"→"打开"命令，或者单击快速访问工具栏中的"打开"按钮 ⊡，在出现的窗口中输入文件名称或选择要打开的文件，然后单击"打开"按钮。

（3）保存工作簿

① 选择"文件"→"保存"命令，若该文件已保存过，可直接保存。

② 若是一个新文件，保存时将弹出一个"另存为"对话框，在"文件名称"文本框中输入一个新的名称来保存当前的工作簿；如果需要将工作簿保存到其他位置，可以在左侧列表中选择其他的目录；如果需要选择以其他文件格式保存 WPS 表格工作簿，可以在"文件类型"下拉列表中选择其他的文件格式，然后单击"保存"按钮。

③ 设置安全性选项。在"另存为"对话框中单击"加密"后，会弹出"密码加密"对话框，在对话框中可进行打开权限密码与编辑权限密码的设置。

（4）关闭工作簿

选择"文件"→"关闭"命令或直接单击工作窗口右上角的 × 按钮。

4．工作表的操作

（1）选定工作表

要选定单个工作表，只需要将其变成当前活动工作表，即在其工作表标签上单击。

（2）工作表重命名

在创建新的工作簿时，所有的工作表会依次以 Sheet1、Sheet2……命名。在实际操作中，为了更有效地进行管理，可用以下两种方法对工作表重命名。

① 双击要重新命名的工作表标签，输入新名称后按<Enter>键即可。

② 用鼠标右键单击某工作表标签，在弹出的快捷菜单中选择"重命名"命令并进行相应操作。

（3）移动工作表

单击要移动的工作表标签，将之拖动到目标位置即可。

3.3.2 数据输入

1. 单元格中数据的输入

（1）文本的输入

单击需要输入文本的单元格，直接输入即可。输入的文本会在单元格中自动以左对齐方式显示。

数据输入

若需要将纯数字作为文本输入，可以在其前面加上单引号，如'450002，然后按<Enter>键；也可以先输入一个等号，再在数字前后加上双引号，如="450002"。

WPS 表格可以智能识别常见的文本数据，当用户在单元格中输入长数字（如身份证号、银行卡号等），或以 0 开头的超过 5 位的数字编号（如 012345）时，WPS 表格将自动将其识别为文本类型的数据，用户不必手动添加引号。

（2）数值的输入

数值是指能用来计算的数据。单元格中可以输入的数值包括整数、小数、分数及用科学记数法表示的数。在 WPS 表格中能用来表示数值的字符有 0~9、+、-、()、/、$、%、，、、、E、e。

在输入分数时应注意，要先输入 0 和空格。例如，输入 6/7，正确的输入方法是：0 空格 6/7，按<Enter>键。

默认情况下，输入到单元格中的数值将自动右对齐。

（3）日期和时间的输入

在工作表中输入日期时，其格式最好采用 YYYY-MM-DD，也可在年、月、日之间用"/"连接，如 2008/8/8 或 2008-8-8。

如果要在单元格中同时输入日期和时间，应先输入日期后输入时间，中间以空格隔开。时、分、秒之间用冒号分隔。例如，要输入 2008 年 8 月 8 日晚上 8 点 8 分，则输入"2008-8-8 8:8 PM"或"2008-8-8 20:8"。

（4）批注的输入

在选定的单元格上单击鼠标右键，在弹出的快捷菜单中选择"插入批注"命令，或者切换到"审阅"选项卡，单击"新建批注"按钮，在选定的单元格右侧将弹出一个批注框，在其中输入批注内容即可。

2. 自动填充数据

在表格中输入数据时，往往有些数据是一个序列，如编号、序号、星期等。在 WPS 表格中，序列值不必一一输入，可以在某个区域快速建立序列，实现自动填充数据。

数据填充

（1）智能填充

WPS 表格的"智能填充"功能可以根据输入数据的示例，智能分析出处理结果和原始数据之间的关系，尝试据此填充同列的其他单元格。"智能填充"功能可以使一些不太复杂但需要重复操作的字符串处理工作变得简单，如实现字符串的分列和合并、提取身份证出生日期、分段显示手机号码等。选择"数据"选项卡→"数据工具"组→"填充"→"智能填充"命令，可利用"智能填充"功能填充余下内容。

（2）自动重复列中已输入的数据项

如果在单元格中输入的前几个字符与该列中已有的数据项相匹配，WPS 表格会自动输入其余的字符。但 WPS 表格只能自动重复包含文本或文本与数值的组合的数据项。只包含数值、日期或时间的数据项不能自动重复。

（3）使用"填充"命令填充相邻单元格

① 实现单元格复制填充

在"开始"选项卡中单击"填充"下拉按钮，然后选择"向上填充""向下填充""向左填充"或"向右填充"，可以实现指定方向相邻单元格的复制填充。

② 实现单元格序列填充

选定要填充区域的第一个单元格并输入序列中的初始值；选定含有初始值的单元格区域；在"开始"选项卡中，选择"填充"→"序列"命令，弹出"序列"对话框，按需求对弹出的对话框进行设置。

（4）使用填充柄填充数据

填充柄是位于选定区域右下角的小方块。将鼠标指针指向填充柄时，鼠标指针变为黑十字形状，双击即可向下填充。

（5）使用自定义填充序列填充数据

自定义填充序列可以基于工作表中已有的序列。

选择"文件"→"选项"→"自定义序列"→"新序列"命令，在"输入序列"文本框中输入各个数据项，从第一个数据项开始，在输入每个数据项后，按<Enter>键；输入完成后，单击"添加"按钮，然后单击"确定"按钮。在工作表中，单击一个单元格，然后在单元格中输入自定义填充序列中要用作初始值的数据项，最后将填充柄⬚▪拖过要填充的单元格。

（6）推荐输入列表

用户在同列重复输入固定字符串时（例如，"学历"字段总是需要输入"专科""本科""硕士研究生"或"博士研究生"等固定词语），使用 WPS 表格提供的推荐输入列表功能，可大大提高输入效率。用户在单元格中输入文本数据时，如果输入内容与当前列中某一字符串的开头匹配，则系统会按该字符串自动补齐推荐内容；如果输入内容与当前列中多个字符串的开头匹配，或者输入内容与当前列中已有字符串的非开头部分匹配，则系统会调出推荐输入列表。

3.3.3 格式化

1．设置工作表的行高和列宽

为使工作表输出在屏幕上或打印出来能有比较好的效果，用户可以对列宽和行高进行适当调整。

（1）使用鼠标调整

将鼠标指针指向列号或行号的分隔线，待鼠标指针变成双向箭头✛后，按住鼠标左键并拖动箭头至适当位置，松开鼠标左键后即可看到表格的变化。若在上述分隔线处双击，则可将相应的行高或列宽调整到能完整显示当前单元格数据。

（2）使用命令调整

选定单元格区域，选择"开始"选项卡→"单元格"组→"行和列"→"行高"/"列宽"命令，然后在对话框中设置行高/列宽；也可以选择"最适合的行高"/"最适合的列宽"命令。

2．单元格的操作

在对单元格进行操作之前，必须先选定单元格使之成为活动单元格。

单元格操作

（1）选定单元格或区域

① 选定一个单元格：单击单元格。

② 选定一行：单击行号。

③ 选定整个表格：单击工作表左上角行号和列号交叉处的"全选"按钮。

④ 选定一个矩形区域：在区域左上角的第一个单元格内单击，按住鼠标左键沿着对角线拖动到

区域右下角的最后一个单元格，然后松开鼠标左键。

⑤ 选定不相邻的矩形区域：按住<Ctrl>键，单击单元格或拖动鼠标选择矩形区域。

（2）插入行、列、单元格

在需要插入单元格的位置单击相应的单元格，然后选择"开始"选项卡→"单元格"组→"行和列"→"插入单元格"→"插入单元格"命令，会弹出"插入"对话框。选择插入单元格的方式后单击"确定"按钮即可完成插入操作。

插入行、列的操作与插入单元格的操作类似。

（3）删除行、列、单元格

单击相应的行号或列号将其选定后，单击鼠标右键，通过弹出的快捷菜单删除行或列。

（4）单元格内容的复制与粘贴

① 利用鼠标拖动完成。选定要复制内容的单元格，将鼠标指针指向选定单元格的边框，按住<Ctrl>键，同时按住鼠标左键，并拖动选定的单元格到放置数据的位置。拖动时鼠标指针会变成┿形状，释放鼠标左键即可完成复制粘贴操作。

② 利用剪贴板完成。单击需要复制内容的单元格，然后单击"开始"选项卡→"剪贴板"组→"复制"按钮，单击需要粘贴数据的单元格，再单击"剪贴板"组→"粘贴"按钮即可完成复制粘贴操作。用户也可以单击"剪贴板"组→"粘贴"下拉按钮，在展开的下拉列表中选择"选择性粘贴"命令，弹出"选择性粘贴"对话框，选择选项后单击"确定"按钮，即可完成复制粘贴操作。

（5）清除单元格内容

选中要清除内容的单元格，单击"开始"选项卡→"单元格"组→"清除"下拉按钮，在下拉列表中选择"内容"命令，单元格中的内容即会被删除。如果对单元格进行了格式设置，要想只清除格式，可在下拉列表中选择"格式"命令。若要清除单元格区域的批注信息，则选择"批注"命令。如果想一并清除内容、格式和批注，则选择"全部"命令。

3．设置单元格格式

（1）字符的格式化

选定要设置字体格式的单元格后，可以通过以下两种方法进行设置。

① 使用选项卡中的"字体"组命令设置。

② 通过"设置单元格格式"对话框设置。

（2）数字格式化

在表格中，数字是最常见的单元格内容，所以系统提供了多种数字格式。将数字格式化后，单元格中呈现的是格式化后的结果，编辑栏中呈现的是系统实际存储的数据。

（3）对齐及缩进设置

默认情况下，单元格中文本左对齐，数值右对齐。"开始"选项卡"对齐方式"组提供了几个对齐和缩进按钮，可用于改变字符的对齐方式。用户也可以通过"设置单元格格式"对话框进行详细设置。

① 合并居中：将多个单元格合并成一个更大的单元格，新单元格中的内容居中。在"开始"选项卡中单击"合并"下拉按钮，下拉列表中会根据所选行列范围的不同显示可用的合并单元格选项。

② 自动换行：通过多行显示使单元格所有内容都可见。按<Alt+Enter>组合键可以强制换行。

（4）边框和底纹

屏幕上显示的网格是为用户输入和编辑方便而预设的，在进行打印和输出时，可以用它作为表格线，也可以自己定义边框样式和底纹颜色，具体途径有以下两种。

① 使用"开始"选项卡"单元格"组中的命令设置。

② 通过"单元格格式"对话框设置。

4．使用条件格式

条件格式基于条件更改单元格区域的外观，有助于突出显示应关注的单元格或单元格区域，强调异常值。在条件格式中，我们常使用数据条、颜色刻度和图标集来直观地显示数据。例如，在学生成绩表中，可以使用条件格式将各科成绩和平均成绩不及格的分数醒目地显示出来。

条件格式

（1）快速设置条件格式

选择单元格区域后，选择"开始"选项卡→"样式"组→"条件格式"→"突出显示单元格规则"→"小于"命令，会弹出"小于"条件格式对话框。设置条件格式后，在数据区域可以看到设置显示效果。

（2）高级条件格式

选择单元格区域后，选择"开始"选项卡→"样式"组→"条件格式"→"新建规则"命令，将弹出"新建格式规则"对话框。选择"只为包含以下内容的单元格设置格式"，设置所需条件，然后单击"确定"按钮实现高级条件格式的设置。

5．套用表格格式

WPS 表格提供了一些已经制作好的表格格式，用户在制作报表时，可以套用这些格式，以快速制作出既漂亮又专业的表格。

3.3.4 公式和函数

1．公式的使用

在 WPS 表格中，公式是对工作表中的数据进行计算的有效手段之一。在工作表中输入数据后，运用公式即可对表格中的数据进行计算并得到需要的结果。

公式的使用

在 WPS 表格中，公式是以等号开始的，运用各种运算符，将值或常量和单元格引用、函数返回值等组合起来，就形成了等号右边的表达式。WPS 表格会自动计算表达式的结果，并将其显示在相应的单元格中。

（1）公式运算符及其优先级

在构造公式时，经常要使用各种运算符。常用的运算符有 4 类，如表 3.1 所示。

表 3.1　运算符及其优先级

优先级别	类别	运算符
高	引用运算	:（冒号）、，（逗号）、（空格）
↓	算术运算	−（负号）、%（百分号）、^（乘方）、* 和 /、+和 −
	字符运算	&（字符串连接）
低	比较运算	=、<、<=、>、>=、<>（不等于）

引用运算是电子表格特有的运算。下面重点介绍引用运算符和字符串连接符。

冒号（:）：引用运算符，运算符两边的单元格形成对角，围成被引用的单元格区域。

逗号（,）：联合运算符，表示同时引用逗号前后的单元格。

空格（ ）：交叉运算符，表示引用两个或两个以上单元格区域的重叠部分。例如，"B3:C5 C3:D5"就引用了 C3、C4、C5 这 3 个单元格。如果单元格区域没有重叠的部分，系统就会弹出错误信息"#NULL!"。

字符串连接符（&）：其作用是将两串字符连接成为一串字符，如果要在公式中直接输入文本，则文本需要用英文双引号引起来。

在 WPS 表格中，计算并非简单地从左到右依次执行，运算符的运算顺序为冒号、逗号、空格、负号、百分号、乘方、乘除、加减、&、比较。注意，使用括号可以改变运算符的运算顺序。

（2）公式的输入

输入公式的操作类似于输入文本类型的数据，不同的是，在输入一个公式前，要先输一个等号"="，然后输入公式的表达式。在单元格中输入公式的操作步骤如下。

① 单击要输入公式的单元格。

② 在单元格中输入一个等号"="。

③ 输入第一个数值、单元格引用或者函数等。

④ 输入一个运算符。

⑤ 输入下一个数值、单元格引用等。

⑥ 重复上面的步骤，输入完毕按<Enter>键或单击编辑栏中的"确认"按钮 ✓，即可在单元格中显示出计算结果。

通过拖动填充柄，可以复制引用公式。利用"公式"选项卡中的"追踪引用"按钮可对被公式引用的单元格及单元格区域进行追踪。

（3）公式异常信息

用户在运用公式计算时，经常会看到一些异常信息，即错误值，它们通常以符号#开头，以感叹号或问号结尾。公式错误值及可能的出错原因如表 3.2 所示。

表 3.2　公式错误值及可能的出错原因

错误值	可能的出错原因
####	单元格中输入的数值或公式太长，单元格显示不下，这不代表公式有错
#DIV/0!	做除法时，分母为 0
#NULL?	应当用逗号将函数的参数分开，却误用了空格
#NUM!	与数字有关的错误，如计算产生的结果太大或太小，以致无法在工作表中准确表示出来
#REF!	公式中出现了无效的单元格地址
#VALUE!	在公式中输入了错误的运算符，对文本进行了算术运算

2. 单元格的引用

我们在公式中可以引用本工作簿或其他工作簿中任何单元格区域的数据。公式中输入的是单元格区域地址，引用后，公式的运算值会随着被引用单元格的变化而变化。

单元格的引用

（1）单元格引用类型

单元格的引用类型分为相对引用、绝对引用和混合引用 3 种。

① 相对引用。相对引用给出的是当前单元格与公式所在单元格的相对位置。运用相对引用，当公式所在单元格的位置发生改变时，引用也随之改变。

② 绝对引用。绝对引用指向工作表中固定位置的单元格，它的位置与公式所在的单元格无关。绝对引用要在列号与行号前面均加上$符号。

③ 混合引用。混合引用是指在一个单元格地址中使用绝对列和相对行，或者相对列和绝对行，如$A1 或 A$1。当公式因复制等原因发生行、列引用的变化时，公式中相对引用的部分会随着位置的变化而变化，而绝对引用部分不随位置的变化而变化。

（2）同一工作簿不同工作表的单元格引用

要在公式中引用同一工作簿不同工作表的单元格内容，则需要在单元格或单元格区域前注明工作表名。

3．函数的使用

一个函数包含函数名和函数参数两部分。函数名表达函数的功能，每一个函数都有唯一的函数名，函数中的参数是函数运算的对象，可以是数值、文本、逻辑值、表达式、引用或其他函数。插入函数可以使用 WPS 表格工作窗口中的"公式"选项卡。若熟悉使用的函数及其语法规则，也可在编辑栏内直接输入函数形式。建议使用"公式"选项卡插入函数。

（1）使用"插入函数"对话框

具体操作步骤如下。

① 选定要输入函数的单元格。

② 单击"公式"选项卡中的"插入"按钮，会出现"插入函数"对话框。

③ 在"或选择类别"下拉列表中选择"常用函数"或其他函数类别，然后在"选择函数"列表框中选择要用的函数。单击"确定"按钮。

④ 在弹出的"函数参数"对话框中输入参数。如果要选择单元格区域作为参数，则可单击参数框右侧的"折叠对话框"按钮 来缩小对话框，选择完毕，再单击参数框右侧的"展开对话框"按钮 恢复对话框。

（2）常用函数

① 求和函数 SUM

格式：SUM(数值 1,数值 2,…)。

功能：计算数值 1、数值 2、…的总和。

简单函数

说明：此函数的参数是必不可少的，参数允许是数值、单元格地址、单元格区域地址、简单算式，最多允许使用 30 个参数。

② 求平均值函数 AVERAGE

格式：AVERAGE(数值 1,数值 2,…)。

功能：计算数值 1、数值 2、…的平均值。

说明：对所有参数进行累加，并计数，再用总和除以计数结果。空白单元格不参与计数，单元格中的数据为"0"时参与运算。

③ 最大值函数 MAX

格式：MAX(数值 1,数值 2,…)。

功能：计算数值 1、数值 2、…的最大值。

说明：参数可以是数字或包含数字的引用。如果参数为错误值或为不能转换为数值的文本，则显示异常信息。

④ 最小值函数 MIN

格式：MIN(数值 1,数值 2,…)。

功能：计算数值 1、数值 2、…的最小值。

参数说明同③。

⑤ 计数函数 COUNT

格式：COUNT(值 1,值 2,…)。

功能：计算单元格区域中包含数字的单元格个数。

计数函数

说明：只有数值或日期会被计数，而空白单元格、逻辑值、文本和错误值都会被忽略。

⑥ 条件计数函数 COUNTIF

格式：COUNTIF(range,criteria)。

功能：计算单元格区域中满足条件的单元格个数。

说明：条件的形式可以是数值、表达式或文本。

⑦ 条件函数 IF

格式：IF(测试条件,真值,[假值])。

功能：根据逻辑值"测试条件"进行判断，若为 true，返回真值；否则返回假值。

条件函数

说明：IF 函数可以嵌套使用，最多嵌套 7 层，用"测试条件"和"真值"参数可以构造复杂的测试条件。

⑧ 排名函数 RANK

格式：RANK(number, ref, order)。

功能：返回单元格 number 在一个垂直区域中的排位名次。

排名函数

说明：order 是排位的方式，为 0 或省略时会按降序排名次（值最大的为第一名），不为 0 就按升序排名次（值最小的为第一名）。

函数 RANK 对重复数的排位相同，但重复数的存在会影响后续数值的排位。

4．快速计算与自动求和

（1）快速计算

在分析、计算工作表的过程中，有时需要得到临时计算结果，而它们不用在工作表中呈现出来，这时可以使用快速计算功能。

方法：用鼠标选定需要计算的单元格区域，即可得到选定区域数据的平均值、计数结果及求和结果，这些结果显示在窗口下方的状态栏中。

（2）自动求和

由于经常用到的公式是求和、求平均值、计数、求最大值和最小值，因此可以使用"开始"选项卡中的"自动求和"下拉列表，也可以使用"公式"选项卡中的"自动求和"下拉列表，来快速得到结果。

3.3.5 数据管理

WPS 表格不但具有数据计算的能力，而且具有强大的数据管理功能。用户在做数据计算与分析前，通常需要对原始数据进行整理，通过删除重复项、数据排序、数据筛选、分类汇总、合并计算功能来实现对复杂数据的分析与处理。

1．删除重复项

在 WPS 表格中，通过"数据"选项卡→"数据工具"组→"重复项"→"删除重复项"命令，可以快速删除单列或多列数据中的重复项，并在原始数据区域返回删除重复项后的清单。如果需要将删除重复项后的数据输出到其他位置，则需要将原始数据复制到目标区域进行操作。

2．数据排序

WPS 表格提供了强大的数据排序功能。数据排序可以快速直观地显示数据，并有助于用户更好地理解数据、组织并查找所需数据，最终做出更有效的决策。

数据排序

数据表是包含标题及相关数据的一组数据行，每一行相当于数据库中的一条记录。通常数据表中的第一行是标题行，由多个字段名（关键字）构成，表中的每一列对应一个字段。

（1）快速排序

如果只对单列进行排序，首先单击所要排序字段的任意一个单元格，然后选择"数据"选项卡→"排序和筛选"组→"排序"→"升序"命令/"降序"命令，数据表中的记录就会以所选字段为排序关键字进行相应的排序操作。

（2）自定义排序

自定义排序是指通过"排序"对话框设置多个排序条件来实现对数据表中的数据内容进行排序。操作方法如下。

① 单击需要排序的数据表中的任一单元格，再选择"数据"选项卡→"排序和筛选"组→"排序"→"自定义排序"命令，出现"排序"对话框。

② 单击"主要关键字"下拉按钮，在展开的下拉列表中选择主要关键字，然后设置排序依据和次序。

③ 单击"添加条件"按钮，以同样方法设置次要关键字。

数据表中的记录首先按照主要关键字排序，若主要关键字相同，则按次要关键字排序。若记录的主要关键字和第一次要关键字都相同，则按第二次要关键字排序。

排序时，如果要排除标题行，可选中"数据包含标题"复选框；如果数据表中没有标题行，则不选中"数据包含标题"复选框。

3．数据筛选

数据筛选的主要功能是将符合要求的数据集中显示在工作表中，不符合要求的数据暂时隐藏，从而从数据库中检索出有用的数据信息。

数据筛选

（1）自动筛选

自动筛选是进行简单条件的筛选，方法如下：选择数据表中的任一单元格，单击"数据"选项卡→"排序和筛选"组→"筛选"按钮，此时，在每个列标题的右侧会出现一个下拉按钮，单击某字段的下拉按钮，将弹出一个下拉列表，其中列出了该列中的所有数据项，从下拉列表中选择需要显示的数据项即可。要取消筛选，可再次单击"筛选"按钮。

（2）自定义筛选

在数据表自动筛选的前提下，单击某字段的下拉按钮，在弹出的下拉列表中选择"数字筛选"/"文本筛选"→"自定义筛选"命令，然后在弹出的"自定义自动筛选方式"对话框中设置筛选条件。

（3）高级筛选

高级筛选是以用户设定的条件对数据表中的数据进行筛选，可以筛选出同时满足两个或两个以上条件的数据。

首先在工作表中设置条件区域，条件区域至少为两行，第一行为字段名，第二行以下为筛选条件。先将数据表的字段名复制到条件区域的第一行单元格中，当作条件字段，然后在其下一行输入条件。同一行不同列单元格中的条件互为"与"逻辑关系，同一列不同行单元格中的条件互为"或"逻辑关系。条件区域设置完成后，进行高级筛选的具体操作步骤如下。

① 单击数据表中的任一单元格。

② 选择"数据"选项卡→"排序和筛选"组→"筛选"→"高级筛选"命令，将弹出"高级筛选"对话框。

③ 此时需要设置要筛选的数据区域。

④ 单击"条件区域"文本框，在工作表中选定条件区域。

⑤ 在"方式"区域中选中"在原有区域显示筛选结果"或"将筛选结果复制到其他位置"单选按钮。单击"确定"按钮完成筛选。

4．分类汇总

在实际工作中，我们往往需要对一系列数据进行小计和合计，这时使用分类汇总功能就十分方便了。

（1）首先对分类字段进行排序，使相同的记录集中在一起。

（2）单击数据表中的任一单元格。单击"数据"选项卡→"分级显示"组→"分类汇总"按钮，将弹出"分类汇总"对话框。

（3）设置完成后，单击"确定"按钮，即实现了分类汇总。

分类汇总

5．合并计算

对 WPS 表格中的数据表进行数据管理，有时需要将几张工作表上的数据合并到一起，例如，使用日报表记录每天的销售信息，到周末需要汇总生成周报表，到月底需要汇总生成月报表，到年底需要汇总生成年报表。使用"合并计算"功能，可以对多张工作表上的数据进行合并。进行合并计算的具体步骤如下。

（1）准备好参加合并计算的工作表，如上半年销售额表、下半年销售额表、全年销售额表，如图3.18所示。将上半年销售额表和下半年销售额表上的销售额数据汇总到全年销售额表上。

	A	B
1	上半年销售额	
2	商品名	销售额
3	电视机	312
4	洗衣机	456
5	电冰箱	943

	A	B
1	下半年销售额	
2	商品名	销售额
3	电视机	4565
4	洗衣机	3423
5	电冰箱	4565

	A	B
1	全年销售额	
2	商品名	销售额
3	电视机	
4	洗衣机	
5	电冰箱	

图 3.18　合并数据前的各工作表

（2）选中目标区域的单元格（本例是选中全年销售额表上的 B3 单元格），单击"数据"选项卡→"数据工具"组→"合并计算"按钮，出现"合并计算"对话框，如图3.19所示。

（3）单击"确定"按钮，完成合并计算。合并计算结果如图3.20所示。

图 3.19　"合并计算"对话框

	A	B
1	全年销售额	
2	商品名	销售额
3	电视机	4877
4	洗衣机	3879
5	电冰箱	5508

图 3.20　合并计算结果

3.3.6　图表

为使表格中的数据关系更加直观，可以将数据以图表的形式表示出来。通过创建图表，我们可以更加清楚地了解各个数据之间的关系以及数据的变化情况，方便对数据进行对比和分析。

根据数据特征和观察角度的不同，WPS 表格提供了柱形图、折线图、饼图、条形图、面积图、

XY 散点图、股价图、雷达图、组合图、数据看板、玫瑰图共 11 类图表供用户选用，每一类图表又包括若干个子类型。

图表制作

图表由图表区和绘图区组成。图表区是整个图表的背景区域；绘图区是用于呈现数据的区域。

建立图表以后，可通过增加图表元素，如数据标签、坐标轴标题、文字等来美化图表及强调某些信息。大多数图表元素是可以被移动及调整大小的。当然我们也可以通过图案、颜色、对齐、字体及其他属性来设置这些图表元素的格式。

1．创建图表

创建图表的过程如下。

① 首先选择要包含在图表中的单元格或单元格区域。

② "插入"选项卡下的"图表"组给出了图表的样式，我们可以选择所需的图表样式，或者单击"全部图表"按钮，在左侧选择图表类型，然后在右侧选择具体的图表样式，创建图表，如图 3.21 所示。

图 3.21　创建图表

2．图表的编辑

用户通过"图表工具""绘图工具""文本工具"选项卡中的命令可以方便地对图表进行更多的设置与美化。

（1）图表设计

单击图表，然后打开"图表工具"选项卡。

① 图表的数据编辑。单击"图表工具"选项卡→"数据"组→"选择数据"按钮，会出现"编辑数据源"对话框，在该对话框中可以对图表中引用的数据进行添加、编辑、删除等操作。

② 图表类型与样式的快速改换。单击"图表工具"选项卡→"类型"组→"更改类型"按钮，重新选定所需图表类型。选定图表类型后，在"图表工具"选项卡的"图表样式"组中，可以重新选定所需图表样式。

（2）图表布局

单击图表，然后单击"图表工具"选项卡→"图表布局"组→"添加元素"下拉按钮，使用下拉列表中的命令可以设置图表标题、坐标轴标题、图例、数据标签等。

（3）设置图表元素的格式

在"绘图工具"→"形状样式"组中可选择要设置的格式，并可设置"填充""轮廓""效果"等。

3．快速突显数据的迷你图

WPS 表格提供了"迷你图"功能，利用它在一个单元格中可绘制出简洁、漂亮的小图表，使数据中潜在的价值信息醒目地呈现在屏幕之上。操作步骤如下。

① 选中用来放置迷你图的单元格，切换到"插入"选项卡，并在"迷你图"下拉列表中选择"折线"命令。

② 在弹出的对话框中选择需要进行直观展现的数据范围。

③ 单击"确定"按钮关闭对话框，一个简洁的"折线迷你图"就创建成功了。

创建迷你图

通过向下拖动迷你图所在单元格右下角的填充柄，可将其复制到其他单元格中，从而快速创建一组迷你图。

3.3.7 表格的打印

1．页面布局

在 WPS 表格的工作窗口中，用户可以通过"页面布局"选项卡中的命令对页面布局效果进行快速设置。

单击"页面布局"选项卡中的对话框启动器"页面设置"按钮，会出现"页面设置"对话框。在"页面设置"对话框中可以对"页面""页边距""页眉/页脚""工作表"等进行更详细的设置。

2．打印预览

（1）在打印前预览工作表

选择要打印的工作表后，可以选择"文件"→"打印"→"打印"命令进行打印。若选择"文件"→"打印"→"打印预览"命令，则会显示"打印预览"窗口。若选择了多个工作表，或者一个工作表中含有多页数据，要预览下一页和上一页，可在"打印预览"窗口的顶部单击"下一页"和"上一页"按钮。单击"页边距"按钮，"打印预览"窗口中会显示页边距，要更改页边距，直接拖动页边距标志线即可。也可以通过拖动页面顶部的控点来更改列宽。

（2）利用"分页预览"命令设置分页符

分页符是为了便于打印，将一张工作表分隔为多页的分隔符。用户可通过"页面布局"选项卡中的"分页预览"命令轻松地实现添加、删除或移动分页符的操作。手动插入的分页符是以实线显示的，而虚线指示 WPS 表格自动分页的位置。

3．打印设置

选择"文件"→"打印"→"打印"命令，在打开的对话框中可以设置打印选定区域、活动工作表、多个工作表或整个工作簿。

若要连同行标题和列标题一起打印，可单击"页面布局"选项卡中的"打印标题"按钮进行设置。

打印设置

3.4 WPS 演示

WPS 演示是 WPS 的主要组件之一，其界面风格与 WPS 文字相似。WPS 演示可以创建漂亮的幻灯片，利用多种模板、主题和布局来呈现内容。用户可以在幻灯片中插入文字、图片、图表、视频等多种元素，以提升演示效果。

本节将从 WPS 演示的工作窗口开始，详细地介绍使用 WPS 演示制作、编辑、放映和打印演示文稿的全过程。通过本节的学习，读者要掌握 WPS 演示的基本操作方法，掌握演示文稿的各种设置方法，并能够使用 WPS 演示制作出包含文字、图形、图像、声音以及视频剪辑等多媒体元素的演示文稿。

3.4.1 WPS 演示概述

WPS 演示的启动、退出与 WPS 文字、WPS 表格类似，因此，这些操作的具体方法在此就不详细介绍了。

WPS 演示工作窗口

1．工作窗口的组成

启动 WPS 演示，创建空白演示文稿后，用户将会看到图 3.22 所示的工作窗口。

图 3.22　WPS 演示工作窗口

2．视图模式的切换

视图模式的切换

WPS 演示提供了几种演示文稿视图模式，即普通视图、大纲视图、幻灯片浏览视图、备注页视图和阅读视图，此外还有一个用于播放的幻灯片放映视图。

在视图模式之间进行切换，可以使用工作窗口底部的视图模式切换按钮，也可以使用"视图"选项卡中相应的视图模式按钮。

（1）普通视图

普通视图是 WPS 演示默认的视图模式，也是最常用的视图模式。在此视图模式下，用户可以编辑或设计演示文稿，也可以查看幻灯片、大纲和备注内容。

（2）大纲视图

大纲视图有大纲窗格、幻灯片缩略图窗格和幻灯片备注页窗格，其中大纲窗格中显示演示文稿的文本内容和组织结构。

（3）幻灯片浏览视图

在幻灯片浏览视图中，能够看到整个演示文稿的外观。在该视图中，可以对演示文稿进行编辑（但不能对单张幻灯片进行编辑），包括改变幻灯片的背景设置、调整幻灯片的顺序、添加或删除幻灯片、复制幻灯片、更改设计方案等。

（4）备注页视图

单击"视图"选项卡中的"备注页"按钮，即可切换到备注页视图。备注页方框会出现在幻灯片缩略图的下方，用户可以在其中添加与每张幻灯片内容相关的备注。备注内容一般包含演讲者在讲演时所需的一些重点提示，这些提示信息在播放时观众是看不到的。

（5）阅读视图

阅读视图并不是显示单个静止的画面，而是以动态的形式显示演示文稿中的各张幻灯片。

（6）幻灯片放映视图

播放幻灯片的界面为幻灯片放映视图。详细介绍参看3.4.3小节。

3．创建新的演示文稿

启动 WPS 演示后，一般用户会选择新建一个空白演示文稿，如图3.22所示，然后直接利用此空白演示文稿工作。

选择"文件"→"新建"命令，系统会弹出新建演示文稿界面，用户可以选择列出的模板来创建演示文稿，也可以利用搜索框搜索模板和主题来创建演示文稿。

演示文稿的创建

4．演示文稿的保存

演示文稿制作完毕需要保存起来以备后用，同时在编辑的过程中，为了防止意外情况造成数据丢失，也需要进行及时保存。用户可以使用下面的方法保存演示文稿。

（1）通过"文件"菜单

选择"文件"→"保存"命令保存演示文稿。

（2）通过快速访问工具栏

单击快速访问工具栏中的"保存"按钮保存演示文稿。

演示文稿的保存

（3）通过键盘

按<Ctrl+S>组合键保存演示文稿。

类似于 WPS 文字与 WPS 表格的操作方法，如果演示文稿是第一次保存，则需要在"另存为"对话框中选择保存文件的位置和名称，对文件进行保存。

3.4.2 演示文稿的设置

1．编辑幻灯片

（1）输入文本

在幻灯片中添加文本的方法有很多种，最简单的方法是直接将文本输入到幻灯片的占位符或文本框中。

① 在占位符中输入文本

占位符就是一种由虚线或阴影线围成的框。在这些框内，可以放置标题、正文、表格、图片等对象。

编辑幻灯片

当用户创建一个空白演示文稿时，系统会自动插入一张"标题幻灯片"。该幻灯片中共有两个虚线框，这两个虚线框就是占位符，占位符中显示"空白演示"和"单击此处输入副标题"字样。将鼠标指针移至占位符中，单击后即可输入文字。

② 使用文本框输入文本

如果要在占位符之外的其他位置输入文本，可以先在幻灯片中插入文本框。单击"插入"选项卡中的"文本框"按钮，在幻灯片的适当位置绘制一个文本框，之后就可以在文本框的光标处输入文本了。默认插入的是"横向文本框"，如果需要"竖向文本框"，可以单击"文本框"下拉按钮，然后进行选择。

将鼠标指针指向文本框的边框，按住鼠标左键可以拖动文本框到任意位置。

WPS 演示中对文字的复制、粘贴、删除、移动和对文字字体、字号、颜色等的设置，以及对段落格式的设置等操作，均与 WPS 文字中的相关操作类似，在此就不详细叙述了，读者可参考 WPS 文字的相关操作，掌握其操作方法。

（2）插入幻灯片

在普通视图或者幻灯片浏览视图中均可插入空白幻灯片，可以通过单击"开始"选项卡中的"新建幻灯片"按钮，或在大纲/幻灯片浏览窗格中选中一张幻灯片，按<Enter>键等方法实现该操作。

（3）幻灯片的复制、移动和删除

在 WPS 演示中，对幻灯片的复制、移动和删除等操作均与 WPS 文字中对文本对象的相关操作类似，在此就不详细叙述了，读者可参考 WPS 文字的相关操作，掌握其操作方法。

2. 编辑图片和图形

演示文稿中只有文字信息是远远不够的。在 WPS 演示中，用户可以插入图片，并且可以利用绘图工具绘制自己需要的简单图形对象。另外，用户还可以对插入的图片进行修改。

（1）编辑来自文件的图片

WPS 演示允许插入各种来源的图片文件。

单击"插入"选项卡中的"图片"下拉按钮，打开下拉列表，选择"本地图片"命令，会弹出"插入图片"对话框。选择所需图片后，单击"打开"按钮可以将本地图片插入幻灯片。

编辑图片和图形

打开"插入"选项卡中的"图片"下拉列表，还可以选择"分页插图"或"手机图片/拍照"，也可以选择将联机图片插入幻灯片。

插入图片后，选中图片，工作窗口会出现"图片工具"选项卡，如图 3.23 所示。

图 3.23 "图片工具"选项卡

在"图片工具"选项卡中可以对图片进行裁剪、调色、添加边框和效果等操作。

（2）编辑形状

单击"插入"选项卡中的"形状"下拉按钮，下拉列表中显示线条、矩形、基本形状、箭头总汇、公式形状、流程图、星与旗帜、标注、动作按钮等。单击所需形状，然后在幻灯片中拖出所选形状。在封闭图形中单击鼠标右键，在弹出的快捷菜单中选择"编辑文字"命令，就可以在形状中添加文字。

（3）编辑智能图形

选择"插入"→"智能图形"命令。用户可以在并列、列表、总分、时间轴、关系、循环、流程、组织结构、金字塔等图形中进行选择。单击所需图形，然后根据提示输入图形中所需的必要文字，如图 3.24 所示。如果需要对加入的智能图形进行编辑，则需要先选中该图形，然后通过工具栏上的"绘图工具"和"文本工具"选项卡中的命令进行相应操作。

（4）编辑图表

图表具有较好的视觉效果，当演示文稿中需要用数据说明问题时，往往用图表显示更为直观。利用 WPS 演示可以制作出常用的图表形式，包括二维图表和三维图表。用户在 WPS 演示中可以链接或嵌入 WPS 表格文件中的图表，并可以在 WPS 演示提供的数据表窗口中进行修改和编辑。

（5）编辑艺术字

艺术字以普通文本为基础，经过一系列的加工，具有阴影、形状、色彩等艺术效果。但艺术字是一种图形对象，它具有图形的属性，不具备文本的属性。

图 3.24　智能图形

3. 幻灯片美化

要改变演示文稿的外观，最方便快捷的方法就是幻灯片美化。WPS 演示提供了许多适应各类主题的皮肤，可以快速地帮助用户生成美观的演示文稿。

在"设计"选项卡中可以单击"全文美化"按钮对所有幻灯片进行美化，也可以单击"单页美化"按钮对某一张幻灯片进行美化。

4. 应用幻灯片版式

在创建演示文稿后，用户可能需要对某一张幻灯片的版式进行更改，这在演示文稿的编辑中是比较常见的事情。最简单的改变幻灯片版式的方法就是用其他的版式去替代现有版式。选择"开始"选项卡，打开"版式"下拉列表，单击所需的版式后，当前幻灯片的版式就被改变了。

5. 使用母版

WPS 演示提供了 3 种母版：幻灯片母版、讲义母版和备注母版。

（1）幻灯片母版

幻灯片母版是一张包含占位符的幻灯片，这些占位符是为标题、主要文本和所有幻灯片中出现的背景项目设置的。用户可以在幻灯片母版上为所有幻灯片设置默认版式和格式，如图 3.25 所示。换句话说，更改幻灯片母版会影响所有基于幻灯片母版的演示文稿幻灯片。在幻灯片母版视图下，可以设置每张幻灯片上都要出现的文字或图案，如公司的名称、徽标等。

母版的设置与使用

单击"视图"选项卡中的"幻灯片母版"按钮，幻灯片窗格中显示幻灯片母版样式。此时用户可以改变标题的样式，如设置标题的字体、字号、字形、对齐方式等，用同样的方法也可以设置其他文本的样式。用户还可以通过"插入"选项卡将对象（如图片、图表、艺术字等）添加到幻灯片母版上。例如，在幻灯片母版上加入一个图形，单击"幻灯片母版"选项卡中的"关闭"按钮，然后切换到幻灯片浏览视图，可以看到，幻灯片母版上插入的图形在所有的幻灯片上出现了。

图 3.25　编辑幻灯片母版

（2）讲义母版

讲义是演示文稿的打印版本，为了在打印出来的讲义中留有足够的注释空间，可以设定在每一页中打印幻灯片的数量。也就是说，讲义母版可用于编排讲义的格式，此外还可以设置页眉页脚、设置占位符等。

（3）备注母版

备注母版主要用于控制备注页的格式。备注是用户输入的对幻灯片的注释内容。利用备注母版，可以修改备注页中输入的备注内容与外观。另外，备注母版还可以用于调整幻灯片的大小和位置。

6. 设置幻灯片背景

用户可以通过修改幻灯片母版、为幻灯片插入图片等方式来美化幻灯片。实际上，幻灯片由两部分组成，一部分是幻灯片本身，另一部分就是母版。在播放幻灯片时，母版是固定的，而更换的则是幻灯片本身。有时为了活跃幻灯片的播放效果，需要修改部分幻灯片的背景，这时可以对幻灯片的背景进行设置。

幻灯片背景的
设置

选择"设计"选项卡中的"背景"→"背景填充"命令，工作窗口的右侧显示"对象属性"任务窗格，在其中可对幻灯片背景进行"填充"设置，包括"纯色填充""渐变填充""图片或纹理填充""图案填充"等。

7. 使用幻灯片动画效果

在 WPS 演示中，用户可以通过"动画"选项卡中的命令为幻灯片上的文本、形状、声音和其他对象设置动画，这样就可以突出重点，并提高演示文稿的趣味性。

在幻灯片中，选中要添加自定义动画的项目或对象，例如，选择一个图片。单击"动画"选项卡标签，可以从"动画"组中选择一种动画，完成初步设置。在下拉列表中可以选择更多动画效果，如图 3.26 所示。

对象动画效果的
设置

图 3.26　更多动画效果

为幻灯片项目或对象添加动画效果以后，该项目或对象的旁边会出现一个带有数字的灰色矩形标识，且"动画窗格"任务窗格中会列出该动画效果。若"动画窗格"任务窗格没有显示在工作窗口中，可单击"动画窗格"按钮。此时用户还可以对刚刚设置的动画进行修改。例如，将"开始"动画的方式修改为"与上一动画同时"（默认为"单击时"），将"方向"修改为"自左侧"（默认为"自底部"），将"速度"修改为"快速（1秒）"（默认为"非常快（0.5秒）"）。

在为同一张幻灯片中的多个对象设定动画效果以后，它们的播放顺序还可以通过在"动画窗格"任务窗格中用鼠标拖动来调整。

8. 使用幻灯片多媒体效果

为了丰富幻灯片放映时的视听效果，用户可以在幻灯片中插入声音、视频等多媒体对象。

多媒体效果的
设置

（1）添加声音

单击"插入"选项卡中的"音频"下拉按钮，打开的下拉列表中有"嵌入音频""链接到音频""嵌入背景音乐""链接背景音乐"几个选项。例如，选择"嵌入音频"，会打开"插入音频"对话框，在本机上选择一个音频文件后单击"打开"按钮即可。

插入音频文件之后，幻灯片上会出现一个喇叭图标，用户可以通过"音频工具"选项卡对插入的音频文件的播放、音量等进行设置。完成设置之后，该音频文件会按照设置在放映幻灯片时播放。

（2）插入视频

单击"插入"选项卡中的"视频"下拉按钮，打开的下拉列表中有"嵌入视频""链接到视频""屏幕录制""开场动画"几个选项。例如，选择"嵌入视频"，会打开"插入视频"对话框。用户插入视频文件后，幻灯片上会出现该视频的播放区，用户可以像编辑其他对象一样，改变它的大小和位置。用户可以通过"视频工具"选项卡对插入的视频文件的播放、音量等进行设置。完成设置之后，该视频文件会按照设置在放映幻灯片时播放。

3.4.3　演示文稿的放映

在演示文稿制作完成后，就可以观看演示文稿的放映效果了。放映之前，可以设置幻灯片放映方式：可以从头开始放映，也可以从当前幻灯片开始放映。

1．放映设置

（1）设置幻灯片放映

单击"放映"选项卡中的"放映设置"按钮，打开"设置放映方式"对话框。"放映类型"区域有两个选项。

演示文稿放映的
设置

① 演讲者放映（全屏幕）：以全屏幕方式放映演示文稿，是最常用的演示方式。

② 展台自动循环放映（全屏幕）：自动放映演示文稿。

用户可以根据需要在"放映类型""放映幻灯片""放映选项"和"换片方式"区域进行选择，所有设置完成之后，单击"确定"按钮即可。

（2）隐藏或显示幻灯片

在放映演示文稿时，如果不希望播放某张幻灯片，可以将其隐藏起来。隐藏幻灯片并不是将其从演示文稿中删除，而是在放映演示文稿时不显示这一张幻灯片，其仍然保留在文件中。隐藏或显示幻灯片的操作步骤如下。

单击"放映"选项卡中的"隐藏幻灯片"按钮，选中的幻灯片会被设置为隐藏状态；再次单击该按钮即可解除隐藏状态。

（3）放映幻灯片

启动幻灯片放映的方法有很多，常用的有以下几种。

① 单击"放映"选项卡中的"从头开始""当页开始"或者"自定义放映"按钮。

② 按<F5>键。

③ 单击工作窗口右下角的橙色按钮 ▶。

其中，按<F5>键，将从第一张幻灯片开始放映；单击工作窗口右下角的橙色按钮 ▶，将从演示文稿的当前幻灯片开始放映。

（4）控制幻灯片放映

在幻灯片放映时，可以用鼠标和键盘进行翻页、定位等操作。单击鼠标左键或向下滚动滚轮可将幻灯片切换到下一页，向上滚动滚轮可将幻灯片切换到上一页。也可使用键盘的<Space>键、<Enter>键、<Page Down>键、<→>键、<↓>键将幻灯片切换到下一页，用<Backspace>键、<↑>键、<←>键将幻灯片切换到上一页。还可以单击鼠标右键，从弹出的快捷菜单中选择相关命令。

（5）对幻灯片进行标注

在放映幻灯片过程中，可以通过鼠标操作在幻灯片上画图或写字，从而对幻灯片中的一些内容进行标注。在 WPS 演示中，还可以将放映演示文稿时所使用的墨迹保存在幻灯片中。

在放映时，屏幕的左下角会出现"幻灯片放映"控制栏，单击其中的画笔按钮，或者单击鼠标右键，在弹出的快捷菜单中选择"墨迹画笔"，再在子菜单中选择箭头、圆珠笔、水彩笔、荧光笔或墨迹颜色后，就可以在幻灯片中进行标注。

2．设置幻灯片的切换效果

幻灯片的切换效果是指当前页以何种形式消失，下一页以什么样的形式出现。设置幻灯片的切换效果，可以使幻灯片以多种不同的动态出现在屏幕上，并且可以在切换时添加声音，从而增加演示文稿的趣味性。

设置幻灯片切换效果的操作步骤如下。

① 选中要设置切换效果的一张或多张幻灯片。

② 选择"切换"选项卡，如图 3.27 所示，单击选择某种切换效果。

图 3.27 "切换"选项卡

③ 选择切换的"速度""声音"和换片方式。如果在这里没有单击"应用到全部"按钮，则前面的设置只对选中的幻灯片有效。

3.4.4 设置链接

链接是指从一张幻灯片到另一张幻灯片、一个网页或一个文件的连接，包括超链接和动作链接。链接可以设置在文本、图片、形状或艺术字等对象上。设置了链接的文本会显示下画线，设置了链接的图片、形状和其他对象没有附加格式。

1．编辑超链接

首先选中要创建超链接的文本或其他对象，然后单击"插入"选项卡中的"超链接"按钮，打开"插入超链接"对话框，在此可以选择链接到某一个文件或网页、本演示文稿中的某一张幻灯片、某一个电子邮件地址或者链接附件。

超链接的设置

（1）单击"原有文件或网页"，在右侧列表框中选择或输入此超链接要链接到的文件或网页的地址。

（2）单击"本文档中的位置"，右侧将列出本演示文稿的所有幻灯片，供用户选择。

（3）单击"电子邮件地址"，右侧会显示"电子邮件地址"文本框。在"电子邮件地址"文本框中输入要链接的邮件地址，在"主题"文本框中输入邮件的主题。若用户希望观众给自己回信，并且将信件发送到自己的电子邮箱中，就可以创建一个电子邮件地址的超链接。

（4）最后单击"确定"按钮完成设置。

在放映演示文稿时，如果将鼠标指针移到了超链接上，鼠标指针会变成"手形"，此时单击鼠标就可以跳转到相应的链接位置或者打开链接的文件。

如果要删除超链接，可在设置了超链接的文本等对象上单击鼠标右键，在弹出的快捷菜单中选择"超链接"→"取消超链接"命令。也可选择"编辑超链接"命令，打开"编辑超链接"对话框，单击对话框底部的"删除链接"按钮即可删除超链接。

选定包含超链接的文本或图形，然后按<Delete>键，即可同时删除该超链接及其所在的文本或图形。

2．编辑动作链接

编辑动作链接的步骤：先选中要创建动作链接的文本或其他对象，再单击"插入"选项卡中的"动作"按钮，打开"动作设置"对话框，设置超链接到的位置即可。

3.4.5 演示文稿的打印

选择"文件"→"打印"→"打印"命令，会打开图 3.28 所示的对话框，在这个对话框中，可以设置打印机、打印份数等。单击"打印内容"下拉按钮，在下拉列表中可以选择打印"幻灯片""备注页"等。

图 3.28 "打印"对话框

单击"打印"对话框左下角的"预览"按钮，弹出图 3.29 所示窗口，可以在其中对打印方式、纸张信息、打印范围、打印内容及页眉页脚进行设置。

图 3.29 "打印预览"窗口

习题 3

一、选择题

1. WPS 文字中文件默认的扩展名是_____。

    A. doc   B. docx   C. dot   D. dotx

2. WPS 文字中新增的功能包括_____。

    A. 抠除背景   B. 屏幕截图

    C. 屏幕取词   D. 以上都是

3. 对文档进行分两栏设置后，在_____视图下可以显示。

    A. 大纲   B. 草稿

    C. 页面   D. Web

4. 在 WPS 文字编辑状态下，若要调整段落左右的边界，最直接、快捷的方法是使用_____。

    A. 工具栏   B. 标尺   C. 样式和格式   D. 格式栏

5. 在 WPS 文字的_____选项卡中，可以为选中文字设置艺术效果。

    A. 开始   B. 插入   C. 页面布局   D. 引用

6. 在 WPS 文字编辑状态下，利用键盘上的_____键可以在插入和改写两种模式间切换。

    A. <Delete>   B. <Backspace>   C. <Insert>   D. <Home>

7. 通过 WPS 文字打开一个文档并做了修改，之后执行关闭文档操作，则_____。

    A. 文档被关闭，并自动保存修改后的内容

    B. 文档被关闭，修改后的内容不能保存

    C. 弹出对话框，并询问是否保存对文档的修改

    D. 文档不能关闭，并提示出错

8. 样式和模板是 WPS 文字的高级功能，其中样式包括的格式信息有_____。

    A. 字体   B. 段落缩进   C. 对齐方式   D. 以上都是

9. 对于 WPS 文字中表格的叙述，正确的是_____。

    A. 不能删除表格中的单元格   B. 表格中的文本只能垂直居中

    C. 可以对表格中的数据排序   D. 不可以对表格中的数据进行公式计算

10. 在 WPS 文字文档中插入的图片默认使用_____环绕方式。

    A. 四周型   B. 紧密型   C. 嵌入型   D. 上下型

11. 在 WPS 表格中，如果把数字作为文本输入，则应当_____。

    A. 在数字前面加空格   B. 在数字前面加 0

    C. 在数字前面加 "'"   D. 在数字前面加 0 和空格

12. 要向 A5 单元格中输入分数并显示为 "1/10"，正确的输入方法是_____。

    A. 1/10   B. 0 空格 1/10   C. '1/10   D. 0.1

13. 当多个运算符出现在 WPS 表格公式中时，由高到低各运算符的优先级是_____。

    A. 括号、%、^、乘除、加减、&、比较符

    B. 括号、%、^、乘除、加减、比较符、&

    C. 括号、^、%、乘除、加减、&、比较符

    D. 括号、^、%、乘除、加减、比较符、&

14. 在 WPS 表格中，"B1:C2" 代表的单元格是_____。

    A. C1、C2   B. B1、B2

    C. B1、B2、C1、C2   D. B1、C2

15. 在同一个工作簿中，对工作表 Sheet1 中的单元格 D2、工作表 Sheet2 中的单元格 D2、工作表 Sheet3 中的单元格 D2 求和，并将结果放到工作表 Sheet4 中的单元格 D2 中，结果单元格中正确的输入是_____。

    A. =D2+D2+D2   B. =Sheet1D2+Sheet2D2+Sheet3D2

C. =Sheet1!D2+Sheet2!D2+Sheet3!D2　　　　D. 以上都不对

16. 若在工作簿 1 的工作表 Sheet2 的 C1 单元格内输入公式时，需要引用工作簿 2 的工作表 Sheet1 中 A2 单元格的数据，那么正确的引用为_____。

A. Sheet1!A2 　　　　　　　　　B. 工作簿 2!Sheet1(A2)

C. 工作簿 2Sheet1A2 　　　　　　D. [工作簿 2]Sheet1!A2

17. 在单元格 D5 中输入公式"=$B5+C$5"，这属于_____。

A. 相对引用　　　B. 混合引用　　　C. 绝对引用　　　D. 以上都不是

18. 在 WPS 表格中，假设在 D4 单元格内输入公式"C3+$A$5"，再把公式复制到 E7 单元格中，则在 E7 单元格内，公式实际上是_____。

A. C3+$A$5　　　B. D6+$A$5　　　C. C3+$B$8　　　D. D6+B8

19. 在 WPS 表格工作表中，要计算 A1:C8 区域中值大于等于 60 的单元格个数，应使用的公式是_____。

A. =COUNT(A1:C8,">=60")　　　　B. = COUNTIF(A1:C8, >=60)

C. = COUNT(A1:C8, >=60)　　　　 D. = COUNTIF(A1:C8, " >=60")

20. 在 WPS 表格工作表中，按 A1: A20 中的成绩，在 C1:C20 中计算出 A 列对应行成绩的名次，应在 C1 中输入公式_____后复制填充到 C2:C20。

A. =RANK(C1, A1: A20)　　　　　B. =RANK($C$1, A1: A20)

C. =RANK(A1, A$1: A$20)　　　　D. =RANK(A1: A20,C1)

21. 下面关于 WPS 演示的说法中，不正确的是_____。

A. 它不是 Windows 应用程序　　　B. 它是演示文稿制作软件

C. 它可以制作幻灯片　　　　　　D. 它是 WPS 组件之一

22. 设置 WPS 演示的幻灯片母版，可使用_____命令。

A. "开始"→"幻灯片母版"　　　　B. "设计"→"幻灯片母版"

C. "视图"→"幻灯片母版"　　　　D. "加载项"→"幻灯片母版"

23. 在 WPS 演示中，要调整幻灯片的排列顺序，最好在_____下进行。

A. 大纲视图　　　　　　　　　　B. 幻灯片浏览视图

C. 幻灯片视图　　　　　　　　　D. 普通视图

24. 在 WPS 演示中设置文本动画，首先要_____。

A. 选定文本　　　　　　　　　　B. 指定动画效果

C. 设置动画参数　　　　　　　　D. 选定动画类型

25. 在 WPS 演示中，若希望在文字预留区外的区域输入其他文字，可通过_____按钮来插入文字。

A. 图表　　　B. 格式刷　　　C. 文本框　　　D. 剪贴画

二、简答题

1. 简述 WPS 文字工作窗口基本组成及各部分的主要功能。
2. 简述利用格式刷进行格式复制的操作步骤。
3. 简述创建一个演示文稿的主要步骤。
4. 在 WPS 演示中输入和编排文本与在 WPS 文字中的操作有哪些类似的地方？

三、操作题

1. 启动 WPS 文字，输入以下内容后将文档以"WPS 排版作业"为名进行保存。

信息检索简介

信息检索是指将杂乱无序的信息有序化，形成信息集合，并根据需要从信息集合中查找出特定信息的过程，其全称是信息存储与检索（Information Storage and Retrieval）。信息的存储主要是指对一定范围内的信息进行筛选，描述其特征，加工使之有序化形成信息集合，即建立数据库，这是检索的基础；信息的检索是指采用一定的方法与策略从数据库中查找出所需信息，是存储的反过程。存储与检索是相辅相成的过程。为了迅速、准确地检索，就必须了解存储的原理。通常人们所说的信息检索主要指后一过程，即信息查找过程，也就是狭义的信息检索（Information Search）。

2. 按照以下要求进行设置。

（1）将标题设为艺术字，华文行楷、一号，环绕方式为"上下型环绕"，居中显示；设置正文为小四号、宋体，首行缩进 2 字符，1.5 倍行距。

（2）对正文进行分栏设置，栏数为 2 栏。

（3）对正文段落添加"茶色，背景 2，深色 25%"的底纹。

（4）在正文最后间隔一行创建一个 5 行×6 列的空表格，将表格外框线设置为宽度 1.5 磅的双实线，再将表格的第一行单元格和最后一行单元格分别合并。

（5）在表格下方插入形状"爆炸形 1"，将其设为居中显示，并设置填充色为"茶色，背景 2，深色 25%"，添加"紧密映像，接触"的映像效果。

（6）在页脚处插入页码，设置对齐方式为居中，页码数字格式为"Ⅰ,Ⅱ,Ⅲ,…"。

3. 图 3.30 所示为成绩统计表，上机完成下列操作。

	A	B	C	D	E	F	G	H
1	成绩统计表							
2	学号	姓名	数学	计算机	英语	平均成绩	总成绩	名次
3	90203001	李莉	78	92	93			
4	90203002	张斌	58	67	43			
5	90203003	魏娜	91	87	83			
6	90203004	郝仁	68	78	92			
7	20203005	程功	88	56	79			
8	各科与平均成绩不及格人数：							
9	各科与平均成绩最高分：							
10	平均成绩优秀比例：							

图 3.30　成绩统计表

（1）在 Sheet1 中制作图 3.30 所示的成绩统计表，并将 Sheet1 更名为"成绩统计表"。

（2）利用公式或函数分别计算平均成绩、总成绩、名次，并统计各科成绩与平均成绩不及格人数、各科成绩与平均成绩最高分、平均成绩优秀的比例（平均成绩大于等于 85 分的人数/考生总人数，并以百分数表示）。

（3）利用条件格式将各科成绩与平均成绩不及格的单元格数据改为红色字体。

（4）以"平均成绩"为关键字降序排序。

（5）以表中的"姓名"为水平轴标签，"平均成绩"为垂直序列，制作簇状柱形图，并将图形放置于成绩统计表的下方。

4. 图 3.31 所示为工资汇总表，进行以下统计分析。

	A	B	C	D	E	F
1	工资汇总表					
2	编号	部门	姓名	基本工资	补助工资	应发工资
3	rs001	人事处	张三	1068.56	680.46	
4	jw001	教务处	李四	2035.38	869.30	
5	jw002	教务处	王五	1625.50	760.05	
6	rs002	人事处	赵六	2310.23	1012.00	
7	jw003	教务处	田七	890.22	640.50	

图 3.31　工资汇总表

（1）在 Sheet2 中制作图 3.31 所示的工资汇总表，并将 Sheet2 更名为"工资汇总表"。

（2）利用公式或函数计算应发工资，数据均保留 2 位小数。

（3）以"部门"为主要关键字、"编号"为次要关键字进行升序排序。

（4）以"部门"为分类字段进行分类汇总，分别将同一部门的"应发工资"汇总求和，汇总数据显示在工资汇总表下方。

5. 制作一个个人简历演示文稿，要求如下。

（1）选择一个合适的模板。

（2）整个文件中应有不少于 3 张的相关图片。

（3）幻灯片中的部分对象应有动画设置。

（4）幻灯片之间应有切换效果设置。

（5）幻灯片的整体布局合理、美观大方。

（6）幻灯片不少于 5 张。

6. 制作一个演示文稿，介绍李白的几首诗，要求如下。

（1）第一张幻灯片是标题幻灯片。

（2）第二张幻灯片重点介绍李白的生平。

（3）在第三张幻灯片中给出要介绍的几首诗的目录，它们应该通过超链接链接到相应的幻灯片。

（4）在每首诗的介绍中应该有不少于 1 张的相关图片。

（5）选择一个合适的模板。

（6）幻灯片中的部分对象应有动画设置。

（7）幻灯片之间应有切换效果设置。

（8）幻灯片的整体布局合理、美观大方。

习题参考答案

第4章 多媒体技术及应用

本章从多媒体技术的基本概念入手，详细讲述多媒体系统的组成和多媒体信息在计算机中的表示，然后简单介绍图像处理软件和视频处理软件的使用方法。通过本章的学习，读者应掌握多媒体技术的基本概念和基本知识。

【知识要点】

- 多媒体技术的基本概念。
- 多媒体系统的组成。
- 多媒体信息在计算机中的表示与处理。
- 图像处理软件。
- 视频处理软件。
- 虚拟/增强现实技术

章首导读

4.1 多媒体技术的基本概念

多媒体技术的出现标志着信息技术的革命性飞跃。多媒体计算机可处理文字、图像、音频、动画和视频等多种媒体，并采用图形用户界面、窗口操作、触摸屏等技术，大大提高了人机交互的能力。

4.1.1 多媒体概述

所谓媒体就是信息表示、传输和存储的载体。例如，文本、声音、图像等都是媒体，它们会向人们传递各种信息。我们可以把直接作用于人的感官，让人产生感觉（视、听、嗅、味、触觉）的媒体称为感觉媒体。多媒体（Multimedia）是融合两种或两种以上感觉媒体的人机交互信息或传播的媒体，是多种媒体信息的综合。

4.1.2 多媒体技术的定义和特点

多媒体技术是指能对多种载体上的信息进行处理的技术。具体来说，它是一种把文字、图形、图像、视频、动画和声音等表现信息的媒体结合在一起，并通过计算机进行综合处理和控制，将媒体的各个要素进行有机组合，完成一系列随机性交互式操作的技术。

多媒体技术的特点主要有多样性、集成性、交互性、实时性。

4.1.3 多媒体技术的分类

多媒体技术是多学科、多技术交叉的综合性技术，主要分为多媒体数据压缩技术、多媒体信息存储技术、多媒体网络通信技术、多媒体计算机专用芯片技术、多媒体软件技术以及虚拟/增强现实技术等。

1．多媒体数据压缩技术

数字化后的多媒体信息的数据量非常庞大，因此需要通过多媒体数据压缩技术来解决数据存储与信息传输的问题。

2．多媒体信息存储技术

多媒体信息存储技术主要研究多媒体信息的逻辑组织，存储体的物理特性，逻辑组织到物理组织的映射关系，多媒体信息的存取访问方法、访问速度、存储可靠性等问题。

3．多媒体网络通信技术

多媒体网络通信技术是指通过对多媒体信息特点和网络技术的研究，建立适合传输多媒体信息的信道、通信协议和交换方式等，解决多媒体信息传输中的实时与媒体同步等问题。

4．多媒体计算机专用芯片技术

多媒体计算机专用芯片可归纳为两种类型：一种是固定功能的芯片，其主要用来提高图像数据的压缩比；另一种是可编程数字信号处理器芯片，主要用来提高图像数据的运算速度。多媒体计算机专用芯片技术主要用于实现音视频信号的快速压缩、解压缩和实时播放等功能。其技术特点包括高性能、低功耗、高集成度、可编程性等。

5．多媒体软件技术

多媒体软件技术包括多媒体操作系统、多媒体数据库技术、多媒体信息处理技术、多媒体应用开发技术。

6．虚拟/增强现实技术

虚拟现实是一种基于多媒体计算机技术、传感技术、仿真技术的沉浸式交互环境。增强现实技术是在虚拟现实技术的基础上发展起来的一种新兴技术。4.6 节将详细介绍。

4.1.4　多媒体技术的应用

1．多媒体技术在教育培训系统中的应用

多媒体教学的模式可以使教学内容更充实、更形象、更有吸引力，提高学习者的学习兴趣和接受效率。多媒体课件可由教学者自行创建，同时可上传至资源中心多人共享。

2．多媒体技术在通信工程中的应用

多媒体技术可以把计算机的交互性、通信的分布性以及电视的真实性融为一体。它已经应用在可视电话、计算机支持的协同工作、视频会议、检索网络多媒体信息资源、多媒体邮件等方面。

3．多媒体技术在影音娱乐中的应用

用户通过音乐设备数字接口（Musical Instrument Digital Interface，MIDI）可以将各种音乐设备与计算机连接起来，自己编曲演奏、存储乐曲等。虚拟现实技术可以向人们提供三维立体化的双向影视服务，使人们足不出户即能"进入"世界著名的博物馆、美术馆和旅游景点，并能根据自己的意愿选择观赏的场景。

4．多媒体技术在电子出版物中的应用

电子出版物是指以数字代码方式将图、文、声、像等信息存储在磁、光、电介质上，通过计算机或类似设备阅读使用，并可复制发行的大众传播媒体。多媒体技术将文字、图像、音频、视频等元素融合，使电子出版物的内容呈现更加丰富多彩，提升读者的阅读体验，而且可以通过点击、拖动等手势进行互动，增加读者的参与度和阅读的趣味性。

5．多媒体技术在医疗诊断中的应用

医疗诊断中经常采用的实时动态视频扫描、声影处理等技术都是多媒体技术成功应用的例子，

并且实现了影像存储管理。这些多媒体技术的应用必将改善人类的医疗条件，提高医疗水平。

6．多媒体技术在工业及军事领域中的应用

利用多媒体技术可对工业生产进行实时监控，特别是在危险环境和恶劣环境中的作业。在军事领域，多媒体技术也起到了不可忽视的作用，主要表现在作战指挥与作战模拟、军事信息管理系统、军事教育及训练等方面。

4.2 多媒体系统的组成

多媒体系统是一个能处理多媒体信息的计算机系统。一个完整的多媒体系统是由硬件和软件两部分组成的。硬件包括计算机主机及可以接收和表示多媒体信息的各种输入输出设备；软件包括音频/视频处理核心程序、多媒体操作系统及各种多媒体工具软件和应用软件。

多媒体系统

4.2.1 多媒体系统的硬件

多媒体系统的硬件即多媒体计算机，它应该是能够输入、输出，并能综合处理文字、声音、图形、图像和动画等多种媒体信息的计算机。多媒体个人计算机（Multimedia Personal Computer，MPC）必须遵循 MPC 标准。MPC 标准如表 4.1 所示。

表 4.1　MPC 标准

技术项目	MPC 标准 1.0	MPC 标准 2.0	MPC 标准 3.0
处理器	16MHz，386SX	25MHz，486SX	75MHz，Pentium
RAM	2MB	4MB	8MB
音频	8 位数字音频，8 个合成音（MIDI）	16 位数字音频，8 个合成音（MIDI）	16 位数字音频，波表合成音（MIDI）
视频显示	640 像素×480 像素，256 色	640 像素×480 像素，16 位色	640 像素×480 像素，24 位色
硬盘存储	30MB	160MB	540MB
光驱	150KB/s 持续传输速率，平均最快查询时间为 1s	300KB/s 持续传输速率，平均最快查询时间为 400ms，CD-ROM XA 能进行多种对话	600KB/s 持续传输速率，平均最快查询时间为 200ms，CD-ROM XA 能进行多种对话
I/O 接口	MIDI 接口，摇杆接口，串行/并行接口	MIDI 接口，摇杆接口，串行/并行接口	MIDI 接口，摇杆接口，串行/并行接口

4.2.2 多媒体系统的软件

按功能划分，多媒体系统的软件可分成 3 个层次，即多媒体核心软件、多媒体工具软件和多媒体应用软件。

1．多媒体核心软件

多媒体核心软件不仅具有综合使用各种媒体、灵活调度多媒体数据进行传输和处理的能力，而且要控制各种媒体硬件设备协调地工作。多媒体核心软件包括多媒体操作系统、音频/视频支持系统、音频/视频设备驱动程序等。

2．多媒体工具软件

多媒体工具软件包括多媒体数据处理软件、多媒体软件工作平台、多媒体软件开发工具和多媒体数据库系统等。

3．多媒体应用软件

多媒体应用软件是面向应用领域的软件系统，通常由应用领域的专家和多媒体开发人员协作完成，如多媒体模拟系统、多媒体导游系统等。

4.3 多媒体信息在计算机中的表示与处理

多媒体融合声、文、图、形、数，其中"文"和"数"在计算机中的表示和处理方法第1章已经介绍过，本节将着重介绍声音媒体与视觉媒体在计算机中的表示和处理方法。

4.3.1 声音媒体的数字化

声波是指能引起听觉的由机械振动产生的压力波，振动越强，声音越大；振动频率越高，音调则越高。人耳能听到的声音频率为20Hz～20kHz，而人能发出的声音频率为300Hz～3000Hz。

在计算机内，所有的信息均以数字（0或1）表示，用一组数字表示的声音信号，我们可称之为数字音频。数字音频与模拟音频的区别在于：模拟音频在时间上与幅度上是连续的，而数字音频是一个数值序列，在时间上与幅度上是离散的。若要用计算机处理音频信息，就要将模拟信号（如语音、音乐等）转换成数字信号。这一转换过程称为模拟音频数字化。模拟音频数字化的过程涉及音频的采样、量化和编码，如图4.1所示。

图 4.1　模拟音频数字化

（1）采样。采样是每隔一定时间就在模拟波形上取一个幅度值，把时间上的连续信号变成时间上的离散信号。该时间间隔为采样周期 T，其倒数为采样频率，如图4.2所示。

（a）波形表示　　　　　　　　　（b）采样、量化

图 4.2　声音的采样

采样频率即每秒的采样次数。采样频率越高，数字音频的质量就越高，但数据量也越大。

（2）量化。量化是将每个采样点得到的表示声音强弱的模拟电压的幅度值以数字存储。量化位数（即采样精度）表示存放采样点幅度值的二进制位数，它决定了模拟音频数字化以后的动态范围。量化位数越大，对音频信号的采样精度就越高，信息量也相应提高。

（3）编码。编码是将采样和量化后的数字以一定的格式记录下来。常用的编码方式是脉冲编码调制（Pulse Code Modulation，PCM），其优点是抗干扰能力强，失真小，传输特性稳定。常见的声音文件格式有 WAV、MIDI、MP3、AU、AIFF 等。

4.3.2 视觉媒体的数字化

多媒体创作最常用的视觉元素分为静态图像和动态图像两大类。

1. 静态图像

静态图像根据它们在计算机中生成的原理不同，又分为位图（光栅）图像和矢量图形。

在计算机中，图形（Graphics）与图像（Image）是一对既有联系又有区别的概念。图形一般是指通过绘图软件绘制的由直线、圆、圆弧、任意曲线等图元组成的画面，以矢量图形文件形式存储。图像是由扫描仪、数字照相机、摄像机等输入设备捕捉的真实场景画面产生的映像，数字化后以位图图像文件形式存储。

静态图像的数字化是指将一幅真实的图像转变成计算机能够接受的数字形式的图像，这涉及对图像的采样、量化以及编码等。

静态图像是以多种不同的格式存储在计算机中的，在设计输出时用户就能根据自己的需要有针对性地选择输出格式。常见的静态图像存储格式有 BMP、JPEG、GIF、PNG、TIFF、PSD 等。

静态图像的
定义

2. 动态图像

动态图像常被统称为视频，但狭义上，我们习惯将通过摄像机拍摄得到的动态图像称为视频，而由计算机或用绘画的方法生成的动态图像称为动画。视频是由一系列的静态图像按一定的顺序排列组成的，每一幅画面称为一帧（Frame）。电影、电视通过快速播放每帧画面，再加上人眼视觉暂留效应便产生了连续运动的效果。当帧速率达到 12 帧/秒以上时，即可产生连续运动效果。

动态图像数字化过程同音频相似，即在一定的时间内以一定的时间间隔对单帧视频信号进行采样、量化、编码，实现模数转换、彩色空间变换和编码压缩等，可通过视频捕捉卡和相应的软件来实现。

常见的动态图像存储格式有 AVI、MPEG、MP4、MOV、ASF、WMV、RM、RMVB 等。

4.3.3 多媒体数据压缩技术

近年来随着计算机网络技术的广泛应用，信息传输的需要促进了数据压缩相关技术和理论的研究与发展。

数据为什么可以进行压缩呢？这是因为数据中常存在一些重复部分，即冗余。在一份计算机文件中，某些符号会重复出现，如下面的字符串：

KKKKKKAAAAVVVVAAAAAA

这个字符串可以用更简洁的方式来编码，那就是将每一个重复的字符串替换为单个的实例字符加上记录重复次数的数字。上面的字符串可以被编码为下面的形式：

6K4A4V6A

在这里，6K 意味着 6 个字符 K，4A 意味着 4 个字符 A，以此类推。

实际上，数据压缩也允许一定的失真。通过对数据的压缩，可减少数据占用的存储空间，从而减少传输数据所需的时间，减小传输数据所需信道的带宽。数据压缩方法种类繁多，可以分为无损压缩和有损压缩两大类。

目前常见的数据压缩标准有用于静态图像压缩的 JPEG 标准，用于视频和音频编码的 MPEG 系列标准，用于音频编码的 MP3 标准，用于视频和音频通信的 H.264、H.265 标准等。

4.4 图像处理软件

图像处理软件有很多，本节主要介绍常用的图像处理软件 Adobe Photoshop、醒图和美图秀秀。

4.4.1 Adobe Photoshop

Adobe Photoshop 是由 Adobe 公司开发和发行的图像处理软件，主要处理由像素所构成的数字图像。使用其众多的工具，用户可以有效地进行图片编辑工作。本书将以 Adobe Photoshop 2022 为例进行讲解。

1. Adobe Photoshop 2022 概述

下载 Adobe Photoshop 2022 程序，安装后打开图 4.3 所示的工作界面。

图 4.3　Adobe Photoshop 2022 的工作界面

Adobe Photoshop 2022 的工作界面主要包括以下几个部分。

（1）属性栏：选中工具箱中的某个工具后，属性栏就会显示相应工具的属性设置选项。

（2）菜单栏：包括文件、编辑、图像、图层、文字、选择、滤镜、3D、视图、增效工具、窗口、帮助等菜单。

（3）图像编辑窗口：Adobe Photoshop 的主要工作区，用于显示图像。图像编辑窗口带有自己的标题栏，显示当前打开文件的基本信息，如文件名、缩放比例、颜色模式等。

（4）状态栏：工作界面底部是状态栏，主要显示当前图像的尺寸、颜色模式、分辨率、文档大小、缩放比例等关键信息，以及当前正在使用的工具名称等。

（5）工具箱：工具箱中的工具可用来选择、绘制、编辑以及查看图像。拖动工具箱的标题栏，可移动工具箱。单击选中工具，属性栏会显示该工具的属性。

（6）控制面板：Adobe Photoshop 共有 14 个控制面板，可通过选择"窗口"→"显示"命令来显示控制面板。按<Tab>键，隐藏控制面板、属性栏和工具箱，再次按<Tab>键，显示以上组件。按<Shift+Tab>组合键，隐藏控制面板，保留工具箱。

2. 认识工具箱

默认情况下，工具箱出现在屏幕左侧。用户可通过拖曳工具箱的标题栏来移动它，也可以通过选择"窗口"→"工具"命令，显示或隐藏工具箱。

图 4.4　工具箱

通过工具箱中的工具，用户可以进行文字输入、选择对象、绘制图形、取样、编辑文本、移动对象、查看图像等操作，还可以更改前景色/背景色以及在不同的模式下工作。

工具箱如图 4.4 所示。

3. Adobe Photoshop 2022 示例

下面利用 Adobe Photoshop 2022 给一张图片更换背景颜色，具体操作步骤如下。

（1）首先打开 Adobe Photoshop 2022，选择"文件"→"打开"命令，如图 4.5 所示。在打开的对话框中选择想要改变背景色的图片。

给图片换背景色

（2）在"图层"控制面板中双击导入的背景图层，在弹出的图 4.6 所示的对话框中为图层命名，然后单击"确定"按钮。

图 4.5 打开文件

图 4.6 设置背景图层

（3）在工具箱里选择"魔棒工具"，如图 4.7 所示，然后单击图片背景，得到虚线框的选区图片，如图 4.8 所示。

图 4.7 选择"魔棒工具"

图 4.8 选区图片

（4）在工具箱里单击"前景色"进入"拾色器"对话框，然后选择想要设置的背景色，如选择红色，如图 4.9 所示，最后单击"确定"按钮。

（5）按<Alt+Delete>组合键填充背景色，效果如图 4.10 所示，再按<Ctrl+D>组合键取消选区。

图 4.9 "拾色器"对话框

图 4.10 填充背景色

（6）选择"文件"→"存储副本"命令保存图片，如图 4.11 所示。然后在弹出的对话框中选择保存图片的位置和图片类型，输入保存文件的名称后单击"保存"按钮。在弹出的图 4.12 所示的对话框中设置参数，然后单击"确定"按钮，就得到了更换背景色后的图片。

图 4.11 保存图片

图 4.12 "JPEG 选项"对话框

4.4.2 醒图

醒图是一款极简式的手机修图软件。该软件具有一键美颜功能，可以修出高级质感肤质，并且功能强大全面，无须切换，一站式满足用户修图需求。同时，醒图还提供精准美型功能和立体五官功能。此外，该软件还有自拍相机和美容美妆功能。下面简单介绍醒图的操作步骤。

1．安装与启动

首先，需要下载并安装醒图。安装完成后，打开应用可看到一个简洁直观的界面，如图 4.13 所示。

2．导入图片

在醒图的主界面，点击"导入"按钮，从设备中选择想要编辑的图片。图片导入后，将出现在编辑区域的中央。

3．基本编辑

醒图提供了多种基本编辑工具，包括裁剪、旋转、滤镜和调节等。

裁剪和旋转：在底部工具栏中找到这两个工具，可以调整图片的大小和角度，如图 4.14 所示。

图 4.13 醒图界面

滤镜：醒图提供了多种滤镜效果，用户可以一键应用到图片上，改变图片的整体色调和风格，如图 4.15 所示。

调节：在"调节"选项中，用户可以微调图片的亮度、对比度、饱和度等参数，以达到想要的效果，如图 4.16 所示。

4．高级编辑

除了基本编辑，醒图还提供了一些高级编辑功能。

文字添加：如果用户想在图片上添加文字，可以使用文字工具，如图 4.17 所示。

贴纸和素材：醒图拥有丰富的贴纸和素材库，用户可以从中选择适合的贴纸或素材，然后将其添加到图片中，如图 4.18 所示。

人像编辑：醒图还提供了针对人像的编辑功能，如美颜、美妆、面部重塑等，可以使人像更加美观，如图 4.19 所示。

5. 保存与分享

图片编辑完成后，点击"保存"按钮，可以将图片保存到设备中，如图4.20所示。同时，醒图也支持将编辑后的图片直接分享到社交媒体平台。

图4.14　裁剪功能

图4.15　滤镜功能

图4.16　调节功能

图4.17　文字功能

图4.18　贴纸功能

图4.19　人像功能

图4.20　保存后界面

4.4.3　美图秀秀

美图秀秀是一款免费影像处理软件，不仅提供了基础的图片编辑功能，如滤镜、美容、拼图、场景、边框、饰品等，还支持多种语言。

1. 软件功能介绍

从官网下载软件并安装美图秀秀，运行主程序来到主界面，在这里可以快速选择核心功能进行使用，如图4.21所示。

图 4.21 美图秀秀主界面

（1）通过"美化图片"选项卡可以对图片进行美化和滤镜设置并对图片进行裁剪操作。

（2）通过"人像美容"选项卡可以进行面部重塑、皮肤调整、头部调整、增高塑形等操作，此外，还有一键美颜方案可供选择。

（3）通过"文字"选项卡可以方便地输入文字，并且可以为文字设置各种文字特效。

（4）通过"贴纸饰品"选项卡可以制作各种类型的贴纸，还可以选择官网提供的贴纸模板进行设计。

（5）通过"边框"选项卡可以设计海报边框、简单边框、炫彩边框、文字边框、撕边边框、纹理边框等。

（6）通过"拼图"选项卡可以使用智能拼图、自由拼图、模板拼图、海报拼图。此外，该模块还提供了图片拼接和海报拼接功能。

（7）通过"抠图"选项卡可以使用自动抠图、手动抠图、形状抠图、AI 人像抠图功能对图片进行快速抠图操作。

2．利用拼图功能拼接两张图片

（1）打开软件，选择"拼图"选项卡，进入图 4.22 所示界面，然后单击"打开图片"按钮，选择一张需要进行拼图的图片，然后单击左侧的"海报拼图"按钮。

图 4.22 添加图片

（2）进入图4.23所示界面，单击"添加图片"按钮，再选择一张图片，然后在右侧"海报拼图"模板中选择一款，最后单击"保存"按钮，即可保存图片，如图4.24所示。

图4.23　添加图片

图4.24　保存图片

4.5　视频处理软件

视频处理软件有很多，本节主要介绍常见的视频处理软件Premiere和剪映，简单介绍它们的功能和常用操作。

4.5.1　Premiere Pro 2022

Premiere是Adobe公司推出的一款影视编辑软件，Premiere提供了采集、剪辑、调色、美化音频、字幕添加、输出、DVD刻录的一整套功能，可与其他Adobe软件高效集成。

本节所使用的软件版本为Premiere Pro 2022。

1．Premiere Pro 2022概述

Premiere Pro 2022的工作界面如图4.25所示。

相较于先前的版本，此版本新增和优化了很多功能。下面简要介绍Premiere Pro 2022的新功能。

（1）简化序列

Premiere Pro 2022可创建当前序列的空白副本，并可将其导出为EDL、XML或AAF文件。当时间轴杂乱时，简化序列可用于删除空轨道、禁用具有特定标签的剪辑、删除标记或其他用户指定的元素。

（2）"语音到文本"的改进

从转录到最终导出，Premiere Pro 2022中的"语音到文本"是用于创建和自定义字幕的完全集成且自动化的工具，与旧版本相比，其提高了流行文化术语的转录准确性，改进了日期和数字的格式。

（3）H.264和H.265的色彩管理

Premiere Pro 2022会在导入H.264和H.265标准文件时正确呈现色彩空间。对于导出，Premiere Pro 2022会使导出文件中包含正确的色彩空间元数据，从而确保色彩能够在目标平台上正确显示。

（4）全新彩色矢量示波器

全新彩色矢量示波器为图像中的颜色分量提供了更丰富的呈现效果。用户可以更轻松地查看校色调整时颜色的变化情况。双击全新彩色矢量示波器可将其放大，以便于对白平衡或皮肤色调等进行精确调整。

图 4.25　Premiere Pro 2022 工作界面

（5）改进的直方图支持 HDR

改进后的直方图显示更明亮、更清晰，用户可以更准确地分析颜色分布。直方图支持单数据速率（Single Data Rate，SDR）和高数据速率（High Data Rate，HDR）内容。

（6）高效的 Lumetri 曲线优化

借助更宽广的矩形窗口、更高的亮度及 RGB 曲线上更易选择的调整点，Lumetri（卢梅特里）曲线优化可使调整更加高效。

（7）恢复选区

剪辑时，用户可选择多个编辑点，如果意外单击了选区之外的区域，则会丢失所选内容，但是可以设置快捷键来恢复它。

2. Premiere Pro 2022 操作示例

要制作符合要求的影视作品，首先要创建一个符合要求的项目，然后对项目文件的各个属性进行设置，这些是基本操作。下面详细讲解如何新建项目并保存。

（1）双击桌面上的 Adobe Premiere Pro 2022 快捷方式，如图 4.26 所示，启动 Premiere Pro 2022。

（2）进入 Premiere Pro 2022 开始界面，单击"新建项目"按钮，新建一个项目文件，如图 4.27所示。

图 4.26　桌面快捷方式　　　　　图 4.27　Premiere Pro 2022 开始界面

（3）弹出"新建项目"对话框，在其中设置项目名称及存储位置，单击"位置"下拉列表框后面的"浏览"按钮，可以选择保存项目文件的位置，然后单击"确定"按钮，如图 4.28 所示。

图 4.28 "新建项目"对话框

（4）选择"文件"→"新建"→"序列"命令，新建序列，如图 4.29 所示。

图 4.29 新建序列操作

（5）弹出"新建序列"对话框，设置完成后，单击"确定"按钮，如图 4.30 所示。

（6）进入 Premiere Pro 2022 的工作界面，可以看到新建了一个项目，如图 4.31 所示。

图 4.30 "新建序列"对话框

图 4.31 新建的项目

（7）选择"文件"→"保存"命令，如图 4.32 所示，保存项目文件。

图 4.32 保存项目文件

4.5.2 剪映

剪映是一款手机视频编辑应用。它具有全面的剪辑功能，支持变速，有多种滤镜和美颜效果，有丰富的曲库资源。

1．主要功能

（1）视频剪辑：让用户快速剪切和拼接视频片段，调整视频的长度和顺序。

（2）视频滤镜和特效：可以为视频添加不同的风格和效果。

（3）文字和字幕：可以自定义文字内容、字体、大小、颜色等。

（4）音乐和音效：可以选择合适的音乐和音效，为视频增添背景音乐或特定音效，提升观影体验。

（5）画面调整：可以对视频的亮度、对比度、饱和度等进行调整，让视频的画面效果更加出色。

（6）图片和视频素材：可以直接使用这些素材，或者将自己的照片和视频导入进行编辑。

（7）快速分享：分享到社交媒体平台，如微信、抖音、快手等。

2．常用操作

（1）下载剪映并安装，打开软件，界面如图 4.33 所示。点击"开始创作"按钮以导入视频。

（2）添加视频。选择需要剪辑的视频，点击"添加到项目"按钮。对于 PC 端用户，可以直接导入视频到时间轴。

（3）剪辑视频。按住视频缩略图滑动到合适位置，点击"剪辑"按钮。使用"分割"功能分割视频，点击分割点右边的视频并滑动到新的时间位置，可以进一步分割视频。

（4）删除或调整视频片段。选中不需要的视频片段，点击"删除"按钮，如图 4.34 所示。如果需要调整视频顺序或长度，可以通过拖动或使用分割功能来实现。

图 4.33　剪映界面

图 4.34　删除片段

（5）添加音频和背景音乐。可以录制画外音或从软件的音乐库中添加背景音乐。

（6）导出视频。完成编辑后，点击"播放"按钮预览视频，确认无误后点击"导出"按钮，即可保存视频。

4.6　虚拟/增强现实技术

　　虚拟现实（Virtual Reality，VR）是指利用计算机模拟产生一个三维空间的虚拟世界，向使用者提供视觉、听觉、触觉等体验，让使用者如同身临其境一般，可以即时、没有限制地观察三维空间内的事物。增强现实（Augmented Reality，AR）则是指通过计算机技术，将虚拟的信息应用到真实世界，真实环境和虚拟物体实时地叠加在同一个画面或空间，同时存在，使用者能在一个空间里面切切实实地见到虚拟的物品，甚至虚拟的人。

4.6.1 虚拟现实技术

1. 技术概述

虚拟现实技术又称虚拟实境或灵境技术，是20世纪发展起来的一项全新的实用技术。虚拟现实技术囊括计算机技术、电子信息技术、仿真技术，其基本实现方式是以计算机技术为主，利用并综合三维图形技术、多媒体技术、仿真技术、显示技术、伺服技术等的最新成果，借助计算机等设备产生一个逼真的三维虚拟世界，从而使处于虚拟世界中的人产生一种身临其境的感觉。

2. 主要特点

虚拟现实技术的主要特点如下。

（1）沉浸性

沉浸性是虚拟现实技术最主要的特点，也就是让用户感受到自己是计算机系统所创造环境中的一部分。虚拟现实技术的沉浸性取决于用户的感知，当使用者感知到虚拟世界的刺激时，包括触觉、味觉、嗅觉、运动感知等，便会产生思维共鸣，感觉如同进入了真实世界。

（2）交互性

交互性是指用户可操作虚拟环境内的物体，并从环境得到反馈。使用者进入虚拟世界，相应的技术让使用者跟环境产生相互作用，当使用者进行某种操作时，周围的环境也会做出某种反应。

（3）多感知性

多感知性是指虚拟现实拥有很多感知方式，如听觉、触觉、嗅觉等。

（4）构想性

构想性也称想象性。使用者在虚拟世界中，可以与周围物体进行互动，可以拓宽认知范围，可以创造客观世界不存在的场景。

（5）自主性

自主性是指虚拟环境中物体可依据物理定律动作的逼真程度。例如，当受到力的推动时，物体会向力的方向移动、翻倒、从桌面落到地面等。

3. 关键技术

虚拟现实的关键技术主要有：动态环境建模技术、实时三维图形生成技术、立体显示和传感技术、应用系统开发工具、系统集成技术。

4. 应用领域

虚拟现实的主要应用领域包括影视娱乐、设计、医学、军事、航空航天、工业等，其在教育和教学中的应用也非常广泛，如虚拟教研室。

虚拟教研室是一种基于现代信息技术平台，由不同区域、不同学校、不同学科或专业教师动态组织，联合开展协同教学研究与改革实践的教师共同体。虚拟教研室不打乱原来的教研室格局，不影响原有的教学团队和教研室成员，在此基础上，对解决某一问题有共同意愿的教师构建虚拟的教研室，为推进自己的学术研究而在一起共同商讨和活动，形式上如同一个教研室。

4.6.2 增强现实技术

1. 技术概述

增强现实技术是一种将真实世界信息和虚拟世界信息"无缝"集成的新技术，是把我们在真实世界的一定时间、空间范围内很难体验到的实体信息（视觉信息、声音、味道、触觉信息等），通过计算机技术等模拟仿真后再叠加到真实世界，使它们被人类感官所感知，从而提供超越现实的感官体验。真实的环境和虚拟的物体在同一个空间同时存在。

2．主要特点

增强现实技术具有 3 个突出的特点：真实世界和虚拟世界的信息集成，具有实时交互性，在三维空间中定位虚拟物体。

3．应用领域

增强现实技术与虚拟现实技术有相似的应用领域，如飞行器的研制与开发、数据模型的可视化、虚拟训练、娱乐与艺术等领域。由于其能够对真实环境进行增强显示，所以其在医疗、军事、工业维修领域比虚拟现实技术更具优势。

习题 4

一、选择题

1. 多媒体技术的主要特征是（　　）。
    A. 多样性、同步性、交互性、实时性
    B. 集成性、同步性、交互性、实时性
    C. 多样性、层次性、交互性、实时性
    D. 多样性、集成性、交互性、实时性
2. 多媒体软件系统包括（　　）。
    A. 多媒体操作系统、多媒体支持软件　　B. 多媒体操作系统、多媒体程序设计语言
    C. 多媒体支持软件、多媒体创作工具　　D. 多媒体操作系统、多媒体驱动程序
3. 一般来说，要求声音的质量越高，则（　　）。
    A. 量化位数越低和采样频率越低　　　　B. 量化位数越高和采样频率越高
    C. 量化位数越低和采样频率越高　　　　D. 量化位数越高和采样频率越低
4. 音频和视频信息在计算机内是以（　　）表示的。
    A. 数字信息　　　　　　　　　　　　　B. 模拟信息
    C. 模拟信息或数字信息　　　　　　　　D. 某种转换公式

二、简答题

1. 什么是多媒体？什么是多媒体技术？
2. 多媒体系统包括哪些组成部分？
3. 模拟音频如何转换为数字音频？
4. 图形和图像有什么区别和联系？

习题参考答案

第5章 数据库基础

本章首先对数据库系统进行整体概述，介绍数据库的基本概念、数据库的发展和数据模型；然后对常见的数据库管理系统进行简要介绍。前面的办公软件讲解的是 WPS Office，但其并不包含数据库功能，因此，本章以 Microsoft Office 2016 中的 Access 2016 为例讲解数据库的创建，数据表（Access 2016 中简称"表"）的创建及应用，查询、窗体和报表的创建及应用等。

章首导读

【知识要点】

- 数据库、数据库管理系统、数据库系统的概念。
- 数据模型。
- SQL 语句。
- 数据表、查询、窗体、报表等数据库对象的创建及应用。

5.1 数据库系统概述

5.1.1 数据库的基本概念

要了解数据库技术，首先要理解信息、数据、数据库、数据库管理系统、数据库应用系统、数据库系统等基本概念。

1. 信息

信息（Information）是通信系统传输和处理的对象，泛指人类社会传播的一切消息，是客观事物存在方式的反映和表述，它广泛存在于我们的周围。信息是社会机体进行活动的纽带，社会的各个组织通过信息网相互了解并协同工作，使整个社会协调发展。

2. 数据

数据（Data）是用来记录信息的可识别的符号，是信息的载体和具体表现形式。尽管信息有多种表现形式，它可以通过手势、眼神、声音或图形等方式表达，但数据是信息的最佳表现形式。数据这一表现形式不仅包括数字和文字，还包括图形、图像、声音等。人们可用多种不同的数据形式表示同一信息，而信息不因数据形式的不同而改变。

3. 数据库

数据库（DataBase，DB）是存储在计算机内，有组织、可共享的数据集合。它将数据按一定的数据模型组织、描述和储存，具有较小的冗余、较高的数据独立性和易扩展性，可被多个不同的用户共享。形象地说，"数据库"就是为了实现一定的目的按某种规则组织起来的"数据"的"集合"，在现实生活中这样的数据库随处可见。学校图书馆的所有藏书及借阅情况、公司的人事档案、企业的商务信息等都是"数据库"。

人们为数据库设计了严谨的体系结构，数据库领域公认的标准结构是三级模式，即外模式（又称子模式或用户模式）、概念模式（逻辑模式）、内模式，通过这三级模式，可有效地组织、管理数据，提高数据库的逻辑独立性和物理独立性。数据库的三级模式体系结构如图 5.1 所示。

图 5.1　数据库的三级模式体系结构

外模式是某个或某几个用户所看到的数据库的数据视图，是与某一应用有关的数据的逻辑表示；概念模式是由数据库设计者综合所有用户的数据，按照统一的观点构造的全局逻辑结构，是对数据库中全部数据的逻辑结构和特征的总体描述，是所有用户的公共数据视图（全局视图）；内模式是数据库中全部数据的内部表示或底层描述，对应着实际存储在外存储介质上的数据库。

4．数据库管理系统

数据库管理系统（DataBase Management System，DBMS）是专门用于管理数据库的计算机系统软件，用于建立、使用和维护数据库。数据库管理系统能够为数据库提供数据的定义、建立、维护、查询、统计等操作功能，并具有对数据的完整性、安全性进行控制的功能。

数据库管理系统具有以下 4 个方面的主要功能。

（1）数据定义功能。数据库管理系统能够提供数据定义语言（Data Definition Language，DDL），并提供相应的建库机制。用户利用 DDL 可以方便地建立数据库，当需要时，用户还可以将系统中的数据及结构情况用 DDL 描述。数据库管理系统能够根据 DDL 的描述执行建库操作。

（2）数据操纵功能。实现数据的插入、修改、删除、查询、统计等数据存取操作的功能称为数据操纵功能。数据操纵功能是数据库的基本功能，数据库管理系统通过数据操纵语言（Data Manipulation Language，DML）来实现其数据操纵功能。

（3）数据库的建立和维护功能。数据库的建立功能是指数据的载入、存储、重组功能及数据库的恢复功能。数据库的维护功能是指数据库结构的修改、变更及扩充功能。

（4）数据库的运行管理功能。数据库的运行管理功能是数据库管理系统的核心功能，具体包括并发控制、数据的存取控制、数据完整性条件的检查和执行、数据库内部的维护等。所有的数据库操作都要在这些控制程序的统一管理下进行，以保证计算机事务的正确运行，保证数据库正确、有效。

5．数据库应用系统

数据库应用系统（DataBase Application System，DBAS）是在数据库管理系统支持下建立的计算机应用系统，具体包括：数据库、数据库管理系统、数据库管理员、硬件平台、软件平台、应用软件、应用界面。数据库应用系统的 7 个部分以一定的逻辑层次结构组成了一个有机的整体，最下层

（离用户最远的）是硬件平台，最上层（离用户最近的）是应用软件和应用界面。

数据库应用系统的应用非常广泛，它可以用于事务管理、计算机辅助设计、计算机图形分析和处理、人工智能等系统中，即所有数据量大、数据成分复杂的地方都可以使用数据库技术进行数据管理。

6. 数据库系统

数据库系统是为适应数据处理的需要而发展起来的一种较为理想的数据处理系统，也是一个为实际可运行的存储、维护和应用系统提供数据的软件系统，是存储介质、处理对象和管理系统的集合体。

一个数据库系统由数据库、计算机硬件、计算机软件（包括操作系统、数据库管理系统及应用程序）和人员（包括开发人员、数据库管理员、用户）4部分构成，如图5.2所示。

图 5.2　数据库系统

5.1.2　数据库的发展

计算机的数据管理随着计算机的硬件技术、软件技术以及计算机应用范围的发展而不断发展，数据管理技术经历了人工管理、文件系统管理和数据库技术管理 3 个发展阶段。

1. 人工管理阶段

20 世纪 50 年代以前，计算机主要用于数值计算。从当时的硬件看，外存只有纸带、卡片、磁带，没有可直接存取的存储设备；从软件看（实际上，当时还未形成软件的整体概念），那时还没有操作系统，没有管理数据的软件；从数据看，数据量小，由用户直接管理，且数据间缺乏逻辑组织，数据依赖于特定的应用程序，缺乏独立性。数据处理由程序员直接与外部物理设备打交道，数据管理与外部设备高度相关，一旦物理存储发生变化，数据则不可恢复。人工管理阶段的特点如下。

（1）用户完全负责数据管理工作，如数据的组织、存储、输入/输出等。

（2）数据完全面向特定的应用程序，每个用户使用自己的数据，用完就撤走。

（3）数据与程序没有独立性，程序中存取数据的子程序随着物理结构的改变而改变。

2. 文件系统管理阶段

1951 年出现了第一台商业数据处理电子计算机 UNIVAC（Universal Automatic Computer，通用自动计算机）这标志着计算机开始应用于以加工数据为主的事务处理阶段。20 世纪 50 年代后期到

20世纪60年代中期，出现了磁鼓、磁盘等直接存取数据的存储设备。基于计算机的数据处理系统也从此迅速发展起来。

这种数据处理系统把计算机中的数据组织成相互独立的数据文件，系统可以按照文件的名称对其进行访问，对文件中的记录进行存取，并可以实现对文件的修改、插入和删除，这就是文件系统。文件系统实现了记录内的结构化，即给出了记录内各种数据间的关系，但是，文件从整体来看却是无结构的。其数据面向特定的应用程序，因此，数据的共享性、独立性差，且冗余大，管理和维护的代价也很大。文件系统管理阶段的特点如下。

（1）系统提供了一定的数据管理功能，即支持对文件的基本操作（如增添、删除、修改、查询等），用户不必考虑物理细节。

（2）数据的存取基本是以记录为单位的，数据仍是面向应用的，一个数据文件对应一个或多个用户程序。

（3）数据与程序在一定程度上相互独立，文件的逻辑结构与物理结构由系统进行转换，数据在存储上的改变不一定反映在程序上。

这一阶段数据管理的优点是数据的逻辑结构与物理结构有了区别，文件组织呈现多样化；缺点是存在数据冗余性和数据不一致性，数据间的联系弱。

3．数据库技术管理阶段

20世纪60年代后期，计算机的性能得到了大幅提高，重要的是出现了大容量磁盘，存储容量大大增加且价格下降。在此基础上，数据管理人员得以克服文件系统管理数据的不足，而去满足和解决实际应用中多个用户、多个应用程序共享数据的要求，从而使数据能为尽可能多的应用程序服务，这就出现了数据库这样的数据管理技术。数据库的特点是数据不再只针对某一特定应用，而是面向全组织，具有整体的结构性，共享度高，冗余小，具有一定的程序与数据间的独立性，并且实现了对数据进行统一的控制。

数据库系统与文件系统相比具有以下特点。

（1）面向数据模型对象。数据库设计的基础是数据模型，在进行数据库设计时，要站在全局需求的角度组织数据，完整、准确地描述数据自身和数据之间联系的情况。数据库系统是以数据库为基础的，各种应用程序应建立在数据库之上。数据库系统的这种特点决定了它的设计方法，即系统设计时应先设计数据库，再设计功能程序，而不能像文件系统那样，先设计程序，再考虑程序需要的数据。

（2）数据冗余小。由于数据库系统是从整体的角度看待和描述数据的，数据不再是面向某个应用，而是面向整个系统的，因此数据库中同样的数据不会重复出现。这就使数据库中的数据冗余小，从而避免了由数据冗余带来的数据冲突问题，也避免了由此产生的数据维护麻烦和数据统计错误。

（3）数据共享度高。数据库系统通过数据模型和数据控制机制提高了数据的共享度。数据共享度高会提高数据的利用率，使数据更有价值，更容易、更方便地被使用。

（4）数据和程序具有较高的独立性。由于数据库中的数据定义功能（即描述数据结构和存储方式的功能）和数据管理功能（即实现数据查询、统计和增删改的功能）是由数据库管理系统提供的，因此数据对应用程序的依赖程度大大降低了，数据和程序之间具有较高的独立性。数据独立性高使程序中不需要有关于数据结构和存储方式的描述，从而减轻了程序设计的负担。

（5）统一的数据库控制功能。数据库是系统中各用户的共享资源，数据库系统通过数据库管理系统对数据进行安全性控制、完整性控制、并发控制和数据恢复等。

（6）数据的最小存取单位是数据项。在文件系统中，数据的最小存取单位是记录，这给使用和操作数据带来了许多不便。而数据库系统的最小数据存取单位是数据项，即使用时可以按数据项或数据项组存取数据，也可以按记录或记录组存取数据。系统在进行查询、统计、修改及数据再组合等操作时，能以数据项为单位进行条件表达和数据存取处理，这给系统带来了高效性、灵活性和方便性。

5.1.3 数据模型

数据是描述事物的符号，数据只有通过加工才能成为有用的信息。模型（Model）是现实世界的抽象。数据模型（Data Model）是数据特征的抽象，它不是描述个别的数据，而是描述数据的共性。它一般包括两个方面：一是数据的静态特性，包括数据的结构和限制；二是数据的动态特性，即在数据上定义的运算或操作。数据库是根据数据模型建立的，因而数据模型是数据库系统的基础。

1．数据模型的内容

数据模型是一组严格定义的概念集合，这些概念精确地描述了系统的数据结构、数据操作和数据完整性约束条件。也就是说，数据模型所描述的内容包括数据结构、数据操作、数据约束3个部分。

（1）数据结构。数据模型中的数据结构主要描述数据的类型、内容、性质以及数据间的联系等。数据结构是数据模型的基础，是所研究的对象类型的集合，它包括数据的内部组成和对外联系。

（2）数据操作。数据操作是指对数据库中各种数据对象允许执行的操作的集合，数据模型中的数据操作主要描述在相应的数据结构上的操作类型和操作方式。

（3）数据约束。数据约束是一组数据完整性规则的集合，它是数据结构内的数据及其联系所受的制约和所遵循的依存规则。数据模型中的数据约束主要描述数据结构内数据间的语法、词义联系，它们之间的制约和依存关系以及数据动态变化的规则，以保证数据的正确、有效和相容。数据操作和数据约束都建立在数据结构上，不同的数据结构具有不同的操作和约束。

2．数据模型的类型

数据模型按不同的应用层次分为3种类型：概念数据模型、逻辑数据模型、物理数据模型。

（1）概念数据模型（Conceptual Data Model）：简称概念模型，是面向数据库用户的现实世界的模型，它使数据库的设计人员在设计的初始阶段，摆脱了计算机系统及数据库管理系统的具体技术问题，集中精力分析数据以及数据之间的联系。概念数据模型必须换成逻辑数据模型，才能在数据库管理系统中实现。概念数据模型是整个数据模型的基础，最常用的是 E-R 模型，即实体–联系模型（Entity–Relationship Model）。

（2）逻辑数据模型（Logical Data Model）：简称逻辑模型，这是用户从数据库层面看到的模型，是具体的数据库管理系统所支持的数据模型。此模型既要面向用户，又要面向系统，主要用于数据库管理系统的实现。在逻辑数据模型中最常用的是层次模型、网状模型、关系模型。

目前应用最为广泛的是关系模型，它是通过二维结构表示实体及实体之间联系的数据模型，用一张二维表来表示一种实体类型，表中一行数据描述一个实体，如表5.1所示。

表5.1 关系模型示例

学号	姓名	性别	出生日期	籍贯
2012010101	李雷	男	1998/10/12	吉林
2012010102	刘刚	男	1989/6/7	辽宁
2012010103	王小美	女	1987/5/21	河北
2012010201	张悦	男	1989/12/22	湖北
2012010202	王永林	女	1987/1/2	湖南
2012020101	张可可	女	1990/9/3	湖南
2012030102	李佳	女	1990/11/12	江苏

在数据库技术中，支持关系模型的数据库管理系统称为关系数据库管理系统。例如，目前广泛使用的 Access、SQL Server 和 Oracle 都采用了关系模型，即它们都是关系数据库管理系统。

在设计关系时，要遵照数据库范式（Normal Form，NF）（即一个数据关系表的表结构所符合的某种设计标准的级别）。引入数据库范式的目的主要是解决关系数据库中数据冗余、更新异常、插入异常、删除异常等问题。数据库范式的级别由低到高依次为 1NF、2NF、3NF、BCNF、4NF、5NF。符合 1NF（即关系中的每个属性不可再分）是对关系模型的最基本要求。

（3）物理数据模型（Physical Data Model）：简称物理模型，是面向计算机物理表示的模型，描述了数据在存储介质上的组织结构，它不但与具体的 DBMS 有关，而且与操作系统和硬件有关。每一种逻辑数据模型在实现时都有其对应的物理数据模型。DBMS 为了保证独立性与可移植性，大部分物理数据模型的实现工作都由系统自动完成，而设计者只设计索引、聚集等特殊结构。

数据模型是数据库系统与用户的接口，是用户所能看到的数据形式。从这个意义上来说，人们希望数据模型尽可能自然地反映现实世界和接近人类对现实世界的观察与理解，也就是说数据模型要面向用户。但是数据模型同时又是 DBMS 实现的基础，它对系统的性能影响颇大。从这个意义上来说，人们又希望数据模型能够接近计算机中的物理表示，以便于实现、减小开销，也就是说，数据模型还不得不在一定程度上面向计算机。

5.1.4 常见的数据库管理系统

目前，流行的数据库管理系统有许多种，大致可分为文件系统、小型桌面数据库管理系统、大型商业数据库管理系统及开源数据库管理系统等。文件多以文本字符形式出现，常用来保存论文、公文、电子书等。小型桌面数据库管理系统主要是运行在 Windows 操作系统环境下的桌面数据库管理系统，如 Access、Visual FoxPro 等，适合于初学者学习和管理小规模的数据。以 Oracle 为代表的大型商业数据库管理系统，更适合大型、集中式数据管理场合，这些数据库管理系统中的数据库可存放大量的数据，并且支持多客户端访问。开源数据库管理系统即开放源代码的数据库管理系统，如 MySQL，它在网站建设中应用较广。

1. Access

Access 是一个面向对象的、采用事件驱动的关系数据库管理系统，也是 Windows 操作系统环境下一个非常流行的小型桌面数据库管理系统。使用 Access 无须编写任何代码，通过直观的可视化操作就可以完成大部分的数据库管理工作。

2. SQL Server

SQL Server 是大型的关系数据库管理系统，适合中型企业使用，提供功能强大的客户机/服务器（Client/Server，C/S）平台。一般可以将 Visual Basic、Visual C++等作为客户端开发工具，而将 SQL Server 作为存储数据的后台服务器软件，开发出高性能的 C/S 结构的数据库应用系统。

SQL（Structured Query Language，结构化查询语言）是一种介于关系代数与关系演算之间的语言，也是通用的、功能极强的关系数据库标准语言。SQL 在关系数据库中的地位非常重要，用户利用它可以用几乎同样的语句在不同的数据库系统上执行同样的操作。

SQL 是与数据库管理系统进行通信的一种语言和工具，其功能包括查询、操纵、定义和控制 4 个方面。SQL 简单易学、风格统一，用户利用几个简单的英语单词的组合就可以完成所有的操作。下面简要介绍 SQL 的常用语句。

（1）创建基本表，即定义基本表的结构，可用 CREATE 语句实现。其一般格式为

```
CREATE TABLE <表名>
            (<列名 1><数据类型 1>[列级完整性约束条件 1]
            [,<列名 2><数据类型 2>[列级完整性约束条件 2]]…
            [,<表级完整性约束条件>]);
```

定义基本表结构，首先要指定表名，表名在一个数据库中是唯一的。表可以由一个或多个属性组成，属性的数据类型可以是基本数据类型，也可以是用户自定义的数据类型。建表的同时可以指定与该表有关的完整性约束条件。

定义表的各个属性时需要指定其数据类型及长度。下面是 SQL 提供的一些基本数据类型。

INTEGER：长整数（也可写成 INT）。

SMALLINT：短整数。

REAL：取决于机器精度的浮点数。

FLOAT(n)：浮点数，精度至少为 n 位数字。

NUMERIC(p,d)：带固定精度和小数位数的数值数据，由 p 位数字（不包括符号、小数点）组成，小数点后面有 d 位数字，也可写成 DECIMAL(p,d)或 DEC(p,d)。

CHAR(n)：长度为 n 的定长字符串。

VARCHAR(n)：最大长度为 n 的变长字符串。

DATE：包含年、月、日，形式为 YYYY-MM-DD。

TIME：含一日的时、分、秒，形式为 HH:MM:SS。

（2）创建索引。索引是数据库中关系的一种顺序（升序或降序）的表示，利用索引可以提高数据库的查询速度。创建索引可使用 CREATE INDEX 语句，其一般格式为

```
CREATE [UNIQUE] [CLUSTER] INDEX <索引名> ON <表名>
      (<列名 1>[<次序 1>][,<列名 2>[<次序 2>]]…);
```

相关说明如下。

① 索引名是给建立的索引指定的名字。因为在一个表上可以建立多个索引，所以要用索引名加以区分。

② 表名指定要创建索引的基本表的名字。

③ 索引可以创建在该表的一列或多列上，列名用逗号隔开。还可以用次序指定该列在索引中的排列次序。次序的取值为 ASC（升序）和 DESC（降序），默认设置为 ASC。

④ UNIQUE 表示每一个索引只对应唯一的数据记录。

⑤ CLUSTER 表示索引是聚簇索引。其含义是，索引项的顺序与表中记录的物理顺序一致。

（3）创建查询。数据库查询是数据库中最常用的操作，也是核心操作。SQL 提供了 SELECT 语句进行数据库查询，该语句具有灵活的使用方式和丰富的功能。其一般格式为

```
SELECT [ALL→DISTINCT] <目标列表达式 1>[,<目标列表达式 2>]…
       FROM <表名或视图名 1>[,<表名或视图名 2>]…
       [WHERE <条件表达式>]
       [GROUP BY <列名 3>[HAVING <组条件表达式>]]
       [ORDER BY <列名 4>[ASC/DESC],…];
```

整个 SELECT 语句的含义是，根据 WHERE 子句的条件表达式，从 FROM 子句指定的基本表或视图中找出满足条件的元组，再按 SELECT 子句中的目标列表达式，选出元组中的属性值。如果有 GROUP 子句，则将结果按<列名 3>的值分组，该属性列的值相等的元组为一个组。如果 GROUP 子句带有 HAVING 短语，则只有满足组条件表达式的组才被输出。如果有 ORDER 子句，则结果要按<列名 4>的值进行升序或降序排序。

SELECT 语句

（4）插入元组。基本格式为

```
INSERT INTO <表名>[(<属性列 1>[,<属性列 2>]…)]
            VALUES(<常量 1>[,<常量 2>]…);
```

其功能是将新元组插入指定表。

（5）删除元组。基本格式为

```
DELETE FROM <表名> [WHERE <条件>];
```

其功能是从指定表中删除满足 WHERE 子句条件的所有元组。如果省略 WHERE 子句，则会删

除表中全部元组。

（6）修改元组。基本格式为

```
UPDATE <表名>
      SET <列名>=<表达式>[,<列名>=<表达式>]…
          [WHERE <条件>];
```

其功能是修改指定表中满足 WHERE 子句条件的元组，用 SET 子句的表达式的值替换相应属性列的值。如果 WHERE 子句省略，则会修改表中所有元组。

3. Oracle

Oracle 是一种对象关系数据库管理系统，采用目前较为流行的 C/S 结构，属于大型关系数据库管理系统，具有易移植、使用方便、性能强大等特点，适合于各类大型机、中型机、小型机、微型机和专用服务器环境。

4. DB2

DB2 是美国 IBM 公司开发的关系数据库管理系统，它主要的运行环境为 UNIX（包括 IBM 的 AIX）、Linux、IBM i（旧称 OS/400）、z/OS，以及 Windows 服务器版本。DB2 主要应用于大型应用系统，具有较好的伸缩性，从大型机到单用户环境均可支持，应用于所有常见的服务器操作系统平台。DB2 提供了高层次的数据可利用性、完整性、安全性、可恢复性，以及小规模到大规模应用程序的执行能力，具有与平台无关的基本功能和 SQL 命令。

5. Sybase

Sybase 由美国 Sybase 公司开发，是一种典型的 UNIX 或 Windows NT 平台上 C/S 结构的大型关系数据库管理系统。

5.1.5 云数据库及常见的国产数据库

1. 云数据库

云技术是把在广域网或局域网内的硬件、软件、网络等资源统一起来，实现数据的计算、存储、处理和共享的一种托管技术。随着云技术的不断发展，相应地出现了云数据库。

云数据库是指被优化或部署到一个虚拟计算环境中的数据库，它具有按需付费、按需扩展、高可用性以及存储整合等优势。云数据库是专业、高性能、高可靠的云服务。云数据库不仅提供 Web 界面来配置、操作数据库实例，还提供可靠的数据备份和恢复、完备的安全管理、完善的监控、轻松扩展等功能支持。相对于用户自建的数据库，云数据库具有更经济、更专业、更高效、更可靠、简单易用等特点，使用户能更专注于核心业务。

云数据库根据数据库类型一般分为关系型云数据库和非关系型云数据库。关系型云数据库有阿里云 RDS、亚马逊 Redshift 和亚马逊关系型数据库服务；非关系型云数据库有云数据库 MongoDB 版、亚马逊 DynamoDB。

阿里云关系数据库服务（Relational Database Service，RDS）是一种稳定可靠、可弹性伸缩的在线数据库服务。基于阿里云分布式文件系统和 SSD 高性能存储，阿里云 RDS 支持 MySQL、SQL Server、PostgreSQL、PPAS（Postgre Plus Advanced Server，Postgre Plus 高级服务器）和 MariaDB TX 引擎，并且提供了容灾、备份、恢复、监控、迁移等方面的全套解决方案，简化了数据库运维。

2. 国产数据库

近年来，国产数据库得到了飞速发展，目前较常见的国产数据库有 OceanBase、openGauss、TiDB、PolarDB、达梦数据库等。下面简要介绍 OceanBase 和 openGauss。

（1）OceanBase

OceanBase（奥星贝斯）是由蚂蚁集团完全自主研发的分布式关系数据库，具有高可用、高性能、可扩展等优点，兼容 MySQL 和 Oracle。

OceanBase 始创于 2010 年，已连续十几年平稳支撑"双 11"，推出了"三地五中心"城市级容灾新标准，是一个在 TPC-C 和 TPC-H 测试上都刷新了世界纪录的国产原生分布式数据库。OceanBase 采用自研的一体化架构，兼顾分布式架构的扩展性与集中式架构的性能优势，用一套引擎同时支持 TP 和 AP 的混合负载，具有数据强一致、高可用、高性能、在线扩展、低成本、高度兼容 SQL 标准和主流关系数据库等特点，助力金融、零售、互联网等多个行业的客户实现核心系统升级。

2020 年 5 月，OceanBase 以每分钟处理 7.07 亿笔交易的在线事务处理性能，打破了自己在 2019 年 10 月创造的世界纪录。

2020 年 6 月，蚂蚁集团将自研数据库产品 OceanBase 独立进行公司化运作，成立由蚂蚁集团 100% 控股的数据库公司。

目前，OceanBase 已在银行、保险、证券等金融机构上线，同时支持石化、移动等企业与机构的数字化转型升级。全国 200 家头部金融客户中，超过 1/4 客户将 OceanBase 作为核心系统升级首选。

（2）openGauss

openGauss 是由华为公司采用 C++ 开发的关系数据库，于 2020 年 6 月上线。它是一款企业级开源关系数据库，提供面向多核架构的极致性能、全链路的数据安全保障、基于 AI 的调优和高效运维能力。openGauss 深度融合华为在数据库领域多年的研发经验和企业级场景需求，持续构建竞争力。同时，openGauss 也是一个开源、免费的数据库平台，鼓励社区贡献、合作。

openGauss 主要的应用场景如下。

① 交易型应用。openGauss 适用于大并发、大数据量、以联机事务处理为主的交易型应用，如电商、金融、O2O、电信等类型的应用。

② 物联网数据。openGauss 适用于传感监控设备多、采样率高、数据存储采用追加模型、操作和分析并重的场景，如工业监控、远程控制、智慧城市的延展、智能家居、车联网等物联网场景。

openGauss 相比于其他开源数据库有高性能、高可用、高安全、易运维和全开放等特点；提供了面向多核架构的并发控制技术，并与鲲鹏硬件优化相结合；支持主备同步、主备异步及级联备机多种部署模式；支持全密态计算和访问控制、加密认证、数据库审计、动态数据脱敏等安全特性，提供全方位端到端的数据安全保护；基于 AI 进行智能参数调优和索引推荐，提供 AI 自动参数推荐；采用木兰宽松许可证协议，允许对代码进行自由修改、使用、引用。

5.2　Access 2016 入门与实例

Access 作为 Microsoft Office 办公软件的组件之一，是一个面向对象的、采用事件驱动的关系数据库管理系统，通过 ODBC（Open DataBase Connectivity，开放式数据库互连）可以与其他数据库相连，实现数据交换和数据共享，也可以与 Word、Excel 等办公软件进行数据交换和数据共享，还可以采用对象链接与嵌入（Object Linking and Embedding，OLE）技术在数据库中链接和嵌入音频、视频、图像等多媒体数据。Access 不但能存储和管理数据，还能编写数据库管理软件，用户可以通过它提供的开发环境及工具方便地构建数据库应用程序。也就是说，Access 既是后台数据库，又是前台开发工具。作为前台开发工具，它还支持多种后台数据库，可以连接 Excel 文件、FoxPro 数据库、dBase 数据库、SQL Server 数据库，甚至可以连接 MySQL 数据库、文本文件、XML 文件、Oracle 数据库等。

5.2.1　Access 2016 的基本功能

Access 2016 的基本功能包括组织数据、创建查询、生成窗体、打印报表等。

1．组织数据

组织数据是 Access 最主要的功能。一个数据库就是一个容器，Access 用它来容纳自己的数据并提供对对象的支持。

Access 中的表对象是用于组织数据的基本模块，用户可以将每一种类型的数据放在一个表中，可以定义各个表之间的关系，从而将各个表中相关的数据有机地联系在一起。

2．创建查询

查询是关系数据库中的一个重要概念，是用户操纵数据库的一种主要方法，也是建立数据库的目的之一。根据指定的条件对数据表或其他查询进行检索，筛选出符合条件的记录，构成一个新的数据集合，就是查询。创建查询有利于用户对数据库进行查看和分析。

3．生成窗体

窗体是用户和数据库应用程序之间的主要接口，Access 2016 提供了丰富的控件，可以生成美观的窗体。通过窗体可以直接查看、输入和更改表中的数据，用户不必在数据表中直接操作，极大地提高了数据操作的安全性。

4．打印报表

报表是以特定的格式打印、显示数据的最有效的方法。报表可以将数据库中的数据以特定的格式显示和打印出来，同时可以对有关数据实现汇总、求平均值等计算。

其他功能在此不再细讲，有兴趣的读者可参考相关书籍。

5.2.2　Access 2016 的操作界面

选择"开始"菜单中的"Access 2016"命令，进入 Access 2016 的初始界面，如图 5.3 所示，界面左侧是近期使用过的数据库文件，右侧是数据库模板。

图 5.3　Access 2016 初始界面

Access 2016 提供了功能强大的模板，用户可以使用系统列出的数据库模板，也可以通过"搜索联机模板"下载最新的或修改后的模板。使用模板可以快速创建数据库，每个模板都是一个完整的跟踪应用程序，具有预定义的表、窗体、报表、查询、宏和关系。如果模板设计满足了用户需要，用户便可以直接开始工作了。用户也可以使用模板来创建满足个人特定需要的数据库。

选择一个模板或选择"空白桌面数据库"并输入文件名（默认的扩展名是 accdb，存储位置是用户文件夹下的 Documents 文件夹），可进入 Access 2016 的工作窗口，如图 5.4 所示，整个工作窗口由快速访问工具栏、选项卡标签、功能区、导航窗格、工作区、状态栏等几部分组成。

图 5.4　Access 2016 工作窗口

5.2.3　创建数据库

创建数据库是 Access 中最基本、最常用的操作。本小节首先介绍使用模板和向导创建数据库的方法，然后介绍对数据库对象的各种必要操作。

1．使用模板创建数据库

启动 Access 2016，在图 5.3 所示的初始界面中，选择列出的模板或搜索模板来创建数据库。在此选择列出的"学生"模板，打开图 5.5 所示的对话框，确定文件名和存储位置后，单击"创建"按钮，打开图 5.6 所示的学生数据库。在左侧的"学生导航"窗格中可以看到，Access 已创建好了一些对象，如学生列表、学生详细信息、学生电话列表、监护人子窗体等。用户可以根据自己的需要进行修改和设计。

图 5.5　使用模板创建数据库

图 5.6　学生数据库

2．创建空白数据库

启动 Access 2016，在图 5.3 所示的窗口中选择"空白桌面数据库"模板，然后设置文件名和路径，单击"创建"按钮即可创建一个空白数据库，如图 5.4 所示，用户可根据自己的需要任意添加和设置数据库对象。

3．创建数据库对象

数据库有表、查询、窗体、报表等对象，可以通过"创建"选项卡来创建，如图 5.7 所示，用户可用"表格""查询""窗体""报表""宏与代码"等组中的命令创建相应的数据库对象。

在数据库打开后，其包含的对象会显示在导航窗格中，双击某一对象即可将之打开，也可以在某一对象上单击鼠标右键，在弹出的快捷菜单中选择"打开"命令。

另外一种创建数据库对象的方式是导入外部数据。单击"外部数据"选项卡标签，在"导入并链接"组中选择要导入对象的类型，如图 5.8 所示，可以是 Access 文件、Excel 文件、文本文件或 XML 文件等。这里选择 Access 文件，打开图 5.9 所示的"获取外部数据–Access 数据库"对话框，在"文件名"文本框中输入要导入的文件路径和文件名，或通过右边的"浏览"按钮获取路径，然后单击"确定"按钮，即可打开"导入对象"对话框，如图 5.10 所示。

图 5.7 "创建"选项卡　　　　　　图 5.8 通过"外部数据"选项卡导入数据库对象

图 5.9 "获取外部数据–Access 数据库"对话框

图 5.10 "导入对象"对话框

选择要导入的表、报表、查询、窗体等对象后按"确定"按钮，所选的数据库对象就被添加到了当前数据库中。从中可以看出，"导入"的功能就是把另一个数据库中的对象复制到当前数据库。图 5.11 所示是从其他数据库（职工数据库.accdb）导入"职工信息表"表、"男职工信息–查询"查询和"职工–窗体"窗体后的当前数据库。

图 5.11　导入数据库对象后的当前数据库

数据库中的对象类似于 Windows 操作系统中的文件，用户可对它们进行复制、移动、删除、重命名等操作。其具体的操作方法也与文件操作类似，首先要选中对象，然后通过功能区、快速访问工具栏或快捷菜单进行操作。

5.2.4　创建数据表

数据表是 Access 中管理数据的基本对象，是数据库中所有数据的载体。一个数据库通常包含若干个数据表对象。本小节将先介绍几种创建数据表的方法，再逐步深入介绍对数据表及其相互关系的操作。

1．创建数据表的方法

常用的有 3 种创建数据表的方法：一是在使用模板创建数据库时，Access 会根据数据库模板创建出相关的数据表；二是创建空白数据库时， Access 会默认提示创建"表 1"；三是在使用外部数据导入数据库对象时，可通过导入其他数据库的数据表、Excel 文件、SharePoint 列表、文本文件、XML 文件或其他格式的数据文件的方式创建数据表。

除此之外，还可以在一个打开的数据库中通过"创建"选项卡"表格"组中的命令创建数据表，如图 5.12 所示。从图中可以看出，有 3 种创建数据表的方法：一是单击"表"按钮，用这种方法可直接打开数据表，即通过直接输入内容的方式创建数据表；二是单击"表设计"按钮，即通过设计视图创建数据表；三是单击"SharePoint 列表"下拉按钮，在打开的下拉列表中选择"现有的 SharePoint 列表"，在 SharePoint 网站上创建一个列表，然后在当前数据库中创建一个数据表，并将其链接到新建的 SharePoint 列表。

图 5.12　创建数据表

以上几种创建数据表的方式各具特点，用户可根据具体情况选用。如果所设计的数据表近似于系统提供的模板，例如，符合"联系人"表或"资产跟踪"表的相关结构属性，则选用模板创建较为简便；如果已有数据源，则可选用导入外部数据或创建"SharePoint 列表"的方式；如果需要对数据表结构进行个性化定义，则可用设计视图自行创建，或先创建数据表，再修改数据表结构。

2. 设计数据表

设计数据表首先要注意信息的正确性和完整性，在正确的前提下尽可能包含完整的信息；其次特别要注意减少数据冗余。数据冗余即重复信息，重复信息会浪费存储空间，并且会增加出错和数据不一致的风险。设计数据表时应将信息基于主题来划分，不同的主题设计不同的数据表来存储数据，需要时通过关系实现数据的直接联系。

字段设计

数据表中，每一列叫作一个"字段"，即关系模型中的属性。每个字段包含某一项信息，例如，在一个"学生信息"表中，"学号""姓名"是表中所有行数据共有的属性，所以把这两列称为"学号"字段和"姓名"字段。表中每一行叫作一个"记录"，即关系模型中的元组，例如，在"学生信息"表中，某个学生的全部信息叫作一个记录。

Access 2016 中的字段类型共有 12 种，分别介绍如下。

（1）短文本：文本或文本和数值的组合，以及不需要计算的数值（如电话号码），最多为 255 个字符或长度小于"字段大小"属性的设置值。

（2）长文本：与早期的"备注"类型相同。长文本或具有 RTF 格式的文本可以存储多达千兆字节，不过窗体和报表上的控件只能显示前 64000 个字符。例如，注释、较长的说明和包含粗体或斜体等格式的段落就经常使用这种字段类型。

（3）数字：用于数学计算的数值数据，大小为 1 字节、2 字节、4 字节或 8 字节（如果将"字段大小"属性设置为"同步复制 ID"，则为 16 字节）。

（4）日期/时间：100～9999 的日期与时间值，可参与计算，存储空间为 8 字节。

（5）货币：是用于数学计算的数值数据，小数点左边 15 位，小数点右边 4 位，存储空间为 8 字节。

（6）自动编号：每当向表中添加一条新记录时，由 Access 指定唯一的顺序号（每次递增 1）或随机数。自动编号字段不能更新，存储空间为 4 字节（如果将"字段大小"属性设置为"同步复制 ID"，则为 16 字节）。

（7）是/否：也叫布尔值，用于包含两个可能的值（如 Yes/No、True/False 或 On/Off），存储空间为 1 字节。

（8）OLE 对象：Access 表中链接或嵌入的对象，如 Excel 文件、Word 文件、图形、音频或其他二进制数据。

（9）超链接：存储文本或文本和文本型数值的组合，用作超链接地址。超链接指向对象、文档或网页等目标。

（10）附件：可以将图像、电子表格文件、文档、图表等 Access 支持的文件附加到数据库的记录，与将文件附加到电子邮件类似。

（11）查阅向导：创建一个字段，通过该字段可以使用列表框或组合框从另一个表或值列表中选择值。

（12）计算：显示涉及其他字段的计算结果的虚拟字段。其实它并不是一种新的字段类型，只是用"计算"这个名字来表示此字段的值是通过本表的其他字段计算得出来的。

设置完字段类型后，接着来设置字段的属性。字段的属性包括字段的大小、字段格式、字段编辑规则、主键等，主要在设计视图下部的"常规"选项卡中设置。图 5.13 所示为"学生信息表"的设计视图。

图 5.13 "学生信息表"的设计视图

字段属性中的"验证规则"用于设置限制该字段输入值的表达式，"验证文本"用于设置在输入"验证规则"所不允许的值时弹出的提示信息。

每个表都应有一个主键，主键即关系模型中的"码"或"关键字"，可以唯一标识一条记录。主键可以是表中的一个字段或字段集，设置主键有助于快速查找记录和进行记录排序。主键可以将多个表中的数据快速关联起来。

一个好的主键应具有几个特征：首先，它唯一标识每一行；其次，它从不为空或 Null，即它始终包含值；再次，它几乎不改变（理想情况下永不改变）。如果在设计表时想不出可能成为优秀主键的一个字段或字段集，可考虑使用 Access 自动为用户创建的主键，Access 为它指定字段名"ID"，类型为"自动编号"。

设置主键的方法很简单：打开数据表，选中要设置主键的字段，单击鼠标右键，在弹出的快捷菜单中选择"主键"命令，即设置完成。

3．创建关系

Access 是关系数据库，数据表之间的联系可通过关系建立。关系也是使用查询、窗体、报表等其他数据库对象的基础，一般情况下，应该在创建数据表后、创建其他数据库对象之前创建关系。

打开数据库，单击"数据库工具"选项卡→"关系"组→"关系"按钮，将弹出"显示表"对话框，如图 5.14 所示。本例有 3 个表，分别是"成绩表""课程信息表"和"学生信息表"，"成绩表"中的学号、课程号分别来自"学生信息表"中的"学号"字段和"课程信息表"中的"课程号"字段。

选择要建立关系的表，然后单击"添加"按钮。例如，在图 5.14 中选择"学生信息表"，然后单击"添加"按钮，再选择"成绩表"，接着单击"添加"按钮，或者双击某个表，如"课程信息表"。添加完需要建立关系的表后，单击"关闭"按钮，则打开关系视图，如图 5.15 所示。

图 5.14 "显示表"对话框

图 5.15 关系视图

在这里，要创建"学生信息表"中"学号"字段和"成绩表"中"学号"字段的关系。选定"学生信息表"中"学号"字段，按住鼠标左键，将其拖到"成绩表"中的"学号"字段上，将弹出"编辑关系"对话框，如图 5.16 所示。

Access 会按照所选字段的属性自动设置关系类型。因为"学生信息表"中的"学号"字段是主键，"成绩表"中的"学号"字段不是主键，所以创建的关系类型为"一对多"。如果需要设置多字段关系，只需在选择字段时，按住<Ctrl>键的同时选择多个字段，然后拖动即可。此时单击"创建"按钮，关系即创建完成，如图 5.17 所示。

图 5.16 "编辑关系"对话框

图 5.17 关系创建完成

此时，两个表之间多了一条将两个字段连接起来的关系线。关系建立后，如果需要更改，可用鼠标右键单击关系线，在弹出的快捷菜单中选择"编辑关系"命令，回到"编辑关系"对话框，对关系类型、实施参照完整性等属性进行重新设置。

如果设置好的关系不再需要，可用鼠标右键单击关系线，在弹出的快捷菜单中选择"删除"命令，然后在弹出的对话框中再次确认，即可删除该关系。

5.2.5 使用数据表

本小节将介绍数据表的基本操作，即数据的录入、查看、替换、修改、删除、排序和筛选等操作。

1．数据的录入

在录入数据时，有两种情况需要加以区分，一种是表之间没有建立关系的，

数据表的操作

另一种是表之间建立了关系的。

（1）表之间没有建立关系时的数据录入

在没有建立关系时，表之间没有联系，每个表都是独立的，此时，可分别给每个表录入数据。方法是，双击左侧的某个表名，在右侧的工作区中会打开以行、列格式显示数据的表格，在此表格中录入相应的数据即可，如图 5.18 所示。在录入数据时，要注意每个字段的限制，如出生日期的年、月、日值的限制，性别的限制。（这个限制可在设计表时，通过设计视图中的"格式""验证规则""默认值""验证文本"等进行设置）

图 5.18　为没有建立关系的表录入数据

没有建立关系的表在录入数据时容易产生问题。例如，在"成绩表"中录入学生学号时输入"2019090909"，系统不提示出错，但很明显这个数据是不对的，因为在"学生信息表"中根本不存在这个学号。

（2）表之间建立了关系时的数据录入

如果在图 5.16 中选中"实施参照完整性"复选框，则在给"学生信息表"录入数据时，每一行的行首会有一个加号，单击加号会出现图 5.19 所示的录入子窗口，表示录入当前这个学号"2019010101"学生的成绩。此时，只需录入"成绩表"中其余两个字段的值。

图 5.19　为建立了关系的表录入数据

在录入课程号时，课程号在"课程信息表"中必须存在，否则不能保存。同样，在通过"课程信息表"录入成绩数据时，录入的学号在"学生信息表"中也必须存在，这个限制就是实施参照完整性的体现。若没有选中"实施参照完整性"复选框，则没有这个限制。

2. 查看和替换数据

打开数据表后，数据表视图下方的记录编号框可以帮助用户快速定位要查看的记录，如图 5.20所示。

移至下一条记录

指定记录号定位

移至上一条记录

移至第一条记录　移至最后一条记录　移至空白记录　按记录内容查找定位

图 5.20　记录编号框

可以通过记录编号框中的按钮进行记录移动，也可以在指定记录号文本框中输入要定位的记录号，例如，输入"4"，即可定位到第 4 条记录。另外，也可以在搜索框中输入记录内容，则 Access 会直接定位到与所设定的内容相匹配的记录。

通过"开始"选项卡的"查找"组可以查找和有选择地替换数据。

3. 修改和删除记录

在数据表视图中，可以在需要修改处直接修改记录内容，所做改动将直接保存。单击数据表最后一行，即可直接添加记录。

要删除记录时，可在要删除的记录左侧单击，选中该条记录，然后单击鼠标右键，在弹出的快捷菜单中选择"删除记录"命令即可。也可以配合<Shift>键选中相邻的多条记录一次性删除。

4. 修改格式

在数据表视图中，可以直接拖动行、列分界线以改变行高和列宽，也可以选中该行或该列后单击鼠标右键，通过弹出的快捷菜单，对行、列的一些属性进行设置。在 Access 中，所有行的行高都是一样的，也就是说，改变了某一行的行高，所有的行高都会随之改变。

数据表的列默认是按照字段设计顺序排列的，使用时也可以根据需要用鼠标拖动调整列顺序。

用户还可通过"开始"选项卡的"文本格式"组进行字体、字号、网格线、对齐方式及背景色的设置，也可通过单击"文本格式"组右下角的对话框启动器"设置数据表格式"按钮进行综合设置。

5. 数据排序和筛选

当用户打开一个数据表时，Access 显示的记录数据是按照用户定义的主键排序的，对于未定义主键的表，则按照输入顺序排序。而用户根据需要，可使用排序功能进行其他方式的排序。

要进行数据排序，可先选中要排序的列，然后使用"开始"选项卡"排序和筛选"组中的命令来完成。也可以用鼠标右键单击该列，在弹出的快捷菜单中选择"升序"或"降序"命令来完成。

数据筛选就是按照指定条件筛选一些数据，使它们保留在数据表中并被显示出来。在图 5.21 所示的"成绩表"中，若要筛选出课程号为"1001"的成绩，可在"课程号"列某一内容为"1001"的单元格上单击鼠标右键，在弹出的快捷

图 5.21　数据筛选

菜单中选择"等于'"1001"'"命令；或者选中"课程号"列，然后单击"开始"选项卡→"排序和筛选"组→"筛选器"按钮，根据需要对筛选器进行设置后单击"确定"按钮。两种操作均可筛选出"课程号"为"1001"的成绩。

此外，还可以使用"文本筛选器"对文字包含的信息进行筛选。例如，图 5.21 中，在快捷菜单中选择"文本筛选器"→"开头是"命令，将弹出"自定义筛选"对话框，在对话框的文本框中输入自定义的筛选条件，如输入"2"，然后单击"确定"按钮，则可以筛选出以"2"开头的"课程号"的成绩。

对于复杂条件的筛选，还可使用"排序和筛选"组的"高级"下拉按钮 🖫 来完成。

筛选只是有选择性地显示记录，并不是真正清除那些不符合筛选条件的记录，用户在筛选完毕后，往往还要取消筛选，还原显示所有记录。取消筛选可通过"排序和筛选"组的"取消筛选"按钮 ▼ 来完成，或在进行筛选的字段上单击字段名右端的"筛选"下拉按钮 ⚲，然后从下拉列表中选择"从×××清除筛选器"命令即可。

5.2.6 创建查询

在数据库中，很大一部分工作是对数据进行统计、计算和检索。虽然在单个表中通过筛选、排序、浏览等操作可以帮助用户完成这些工作，但是在多个表中进行计算和检索时，上述操作就显得无能为力了。此时，用户需要使用查询来完成工作。查询可以回答简单问题、执行计算、合并不同表中的数据，甚至可以添加、更改或删除表数据。

1．利用查询向导建立查询

查询向导可创建 4 类查询：简单查询、交叉表查询、查找重复项查询和查找不匹配项查询。

以"交叉表查询向导"为例，首先指定哪个表或查询含有交叉表查询所需的字段，这里选择前面例子中的"学生信息表"，下一步需要指定用哪些字段的值作为行标题。

利用查询向导
建立查询

假定此查询的功能是计算不同籍贯的学生在每个学院的入学成绩的平均值，则行标题可指定为"籍贯"，如图 5.22 所示。下一步用同样的方法指定用哪些字段的值作为列标题，假设指定"学院"作为交叉表查询的列标题。接下来弹出的对话框要求确定每个列和行的交叉点计算出什么数字，如图 5.23 所示，这里选择"入学成绩"字段，计算函数为"平均"，然后单击"下一步"按钮。

图 5.22　指定交叉表查询行标题

图 5.23　指定交叉点计算值

接下来指定创建查询的名称为"籍贯-入学成绩平均值"，即完成了查询创建。查询结果如图

5.24 所示，其中的第二列"总计 入学成绩"是各行小计，即对某个籍贯的所有学院的学生的入学成绩进行求平均值运算。

图 5.24　交叉表查询结果

2. 利用查询设计建立查询

首先打开图 5.14 所示的"显示表"对话框，假定选择"学生信息表"，会打开查询设计视图，如图 5.25 所示，视图的上半部分显示的是表及其字段，下半部分显示的是查询的设计条件。

利用查询设计
建立查询

图 5.25　查询设计视图

用户可通过视图下半部分的"字段"行选择相应的字段，通过"表"行选择某一个表（进行多表查询时会有多个表供用户选择，单表查询时就一个表），通过"排序"行设置根据某个字段进行排序，通过"显示"行设置字段是否显示，通过"条件"行设置查询的条件，有多个条件时，写在同一行上就是"与"关系，写在不同行上就表示"或"关系。图 5.26 所示表示查询性别为"男"且入学成绩高于 610 分的学生信息（显示的字段包括姓名、性别、学院、入学成绩），查询结果可通过单击"查询工具-设计"选项卡→"结果"组→"运行"按钮查看，也可通过单击"开始"选项卡→"视图"组→"视图"→"数据表视图"/"SQL 视图"/"设计视图"来查看某个视图。图 5.26 对应的查询结果的数据表视图如图 5.27 所示。

图 5.26　查询条件的设置

图 5.27　查询结果的数据表视图

当把视图切换为 SQL 视图时，可以看到图 5.26 对应的 SQL 语句：

```
SELECT 学生信息表.学号，学生信息表.姓名，学生信息表.性别，学生信息表.学院，学生信息表.入学成绩
FROM 学生信息表
WHERE (((学生信息表.性别)="男") AND ((学生信息表.入学成绩)>610));
```

以上讲解了单表查询，在实际应用中用户还要在多表之间建立查询，以及设置更复杂的查询条件，如创建 SQL 查询等。

5.2.7　创建窗体

窗体为数据的输入、修改和查看提供了一种灵活简便的方式，用户可以使用窗体来控制对数据的访问，如显示哪些字段或数据行。Access 窗体不使用任何代码就可以绑定数据，而且该数据可以是来自表、查询或 SQL 语句的。在一个数据库系统开发完成以后，对数据库的所有操作都是在窗体中完成的，它是用户和 Access 应用程序之间的主要接口。

窗体作为 Access 数据库的重要组成部分，起着联系数据库与用户的桥梁作用。以窗体作为输入界面时，它可以接受用户的输入，判定其有效性、合理性，并具有一定的响应消息执行功能。以窗体作为输出界面时，它可以输出一些记录集中的文字、图形、图像，还可以播放声音、动画，实现数据库中的多媒体数据处理。

新建窗体可通过"创建"选项卡的"窗体"组来完成，如图 5.28 所示。

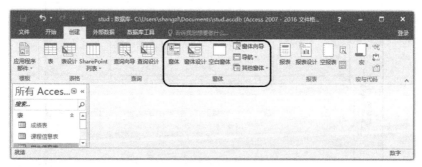

图 5.28　"窗体"组

Access 的窗体有 3 种视图：设计视图、窗体视图、布局视图。设计视图用来创建和修改设计对象（窗体）；窗体视图供用户输入、修改和查看完整数据，可显示图片、命令按钮、OLE 对象等；布局视图主要用于对窗体中的控件进行预览和布局操作（外观与窗体视图类似，但不能进行数据的输入和修改操作）。

5.2.8　创建报表

报表是以打印格式呈现用户数据的一种有效方式。设计报表时，应先考虑数据的来源，再考虑数据在页面上的显示格式。

创建报表可使用"创建"选项卡的"报表"组来完成，如图 5.29 所示。

图 5.29 "报表"组

"报表"组中有 5 个按钮："报表""报表设计""空报表""报表向导""标签"。

（1）单击"报表"按钮，Access 会以当前选定的数据（表、查询、窗体均可）为基础，立即生成报表而不向用户提示任何信息。报表将显示基础表或查询中的所有字段，用户可以迅速查看基础数据，可以保存报表，也可以直接打印报表。如果 Access 所创建的报表不是用户最终需要的完美报表，则可以通过布局视图或设计视图进行修改。

（2）单击"报表设计"按钮，可先设计报表布局和格式，再引入数据源，这种创建报表方式适合在对版面设计有较高要求时使用。

（3）单击"空报表"按钮，可从头生成报表。这是计划只在报表上放置很少几个字段时使用的一种快捷的报表生成方式。

（4）单击"报表向导"按钮，可选择在报表上显示哪些字段，还可以指定数据的分组和排序方式。如果用户事先指定了表与查询之间的关系，则可以使用来自多个表的字段。

（5）"标签"按钮适用于创建页面尺寸较小、只需容纳所需标签的报表。

报表创建完成后，可以使用"报表布局工具-格式"选项卡和"报表布局工具-排列"选项卡进行字体、格式、数据分类和汇总、网格线、控件布局等的详细设计，最终通过"报表布局工具-页面设置"选项卡进行页面布局和打印设置，之后就可以打印报表了。

习题 5

一、简答题

1. 简述数据库、数据库管理系统、数据库系统的概念。
2. 简述关系模型中关系、元组、属性、码的概念。

二、填空题

1. 数据模型所描述的内容包括_____、_____和_____3 个部分。
2. Access 2016 的基本功能有_____、_____、_____、_____、_____、和_____。

三、操作题

练习创建表 5.2 所示结构的数据表，其中"学号"是主键，并创建查询，显示所有出生日期晚于"2000-1-1"且入学成绩在 600 分以上的学生信息。对该查询设计报表并打印。

表 5.2 "学生信息"表字段属性

字段名称	学号	姓名	班级	出生日期	入学成绩	籍贯	照片
类型	短文本	短文本	短文本	日期/时间	数字	短文本	OLE 对象
大小	9	10			整型	50	
格式				短日期	常规数字		
验证规则	>"201501000"				>=520		
验证文本	"必须是15级新生"				"成绩不过线"		
必填字段	是	是	否	否	否	否	否
允许空串	否	否	是			是	
索引	有（无重复）	有(有重复)	有（有重复）	无	无	无	无

了解 MySQL

习题参考答案

第**6**章 计算机网络和信息安全

本章首先介绍计算机网络的定义及其发展，网络的组成、功能与分类，以及网络协议和体系结构；然后对网络的硬件组成、常见的网络设备和局域网技术、Internet 的基础知识及 WWW 服务、文件传输、搜索引擎等应用进行介绍；接着阐述信息安全的概念，介绍几种常用的信息安全技术，如密码技术、认证技术、访问控制技术、防火墙技术和云安全技术；随后介绍计算机病毒和黑客的概念、特点、危害以及防范方法；最后介绍知识产权的概念及特点、著作权人享有的权利、网络道德及相关法律法规。

【知识要点】
- 计算机网络的基本概念。
- 计算机网络的组成、功能与分类。
- 网络协议和体系结构。
- 计算机网络的硬件组成。
- Internet 的基础知识和应用。
- 信息安全的基本概念。
- 计算机病毒与黑客的防范。
- 软件知识产权。
- 网络道德及相关法律法规。

章首导读

6.1 计算机网络概述

6.1.1 计算机网络的定义

计算机网络是指将地理位置不同的具有独立功能的多台计算机及其外部设备，通过通信线路连接起来，在网络操作系统、网络管理软件及网络协议的管理和协调下，实现资源共享和信息传递的计算机系统。

在理解计算机网络定义的时候，要掌握以下 3 个特征。

（1）自主。计算机之间没有主从关系，所有计算机都是平等独立的。

（2）互连。计算机之间由传输介质相连，并且能够互相交换信息。

（3）集合。网络是计算机的群体。

6.1.2 计算机网络的发展

计算机网络经历了一个从简单到复杂、从地区到全球的发展过程。其发展过程大致可概括为 4 个阶段：计算机技术与通信技术相结合的初级计算机网络；具有网络体系结构与协议的计算机网络；

连网与互连标准化的计算机网络；互连、高速、智能化、移动化和全球化的计算机网络。

计算机网络发展史

1．计算机技术与通信技术相结合的初级计算机网络

在第一阶段，计算机技术与通信技术相结合，形成了初级的计算机网络模型。这一阶段的网络严格说来仍然是多用户系统的变种，是由一台中央主计算机连接大量的地理位置分散的终端。例如，1963 年投入使用的飞机订票系统 SABRE-1 就是由一台计算机和全美范围内 2 000 多个终端组成的飞机订票系统，终端请求通过通信线路汇集到一台中心计算机进行集中处理，从而实现了计算机技术与通信技术的结合。

2．具有网络体系结构与协议的计算机网络

这一阶段人们在初级计算机网络的基础上实现了网络体系结构与协议。数据处理主机和数据通信主机分工协作，提供网络通信、保障网络连通，实现了网络数据和网络硬件设备共享。这一阶段的里程碑是美国国防部的阿帕网（Advanced Research Project Agency Network，ARPAnet）。人们通常认为它就是网络的起源，同时也是 Internet 的起源。

3．连网与互连标准化的计算机网络

这一阶段人们主要解决了计算机连网与互连标准化的问题，特别是国际标准化组织（International Organization for Standardization，ISO）提出的开放系统互连参考模型（Open System Interconnect Reference Model，OSI/RM），极大地促进了计算机网络技术的发展。此阶段最具有代表性的系统是 1985 年美国国家科学基金会的 NSFnet。

4．互连、高速、智能化、移动化和全球化的计算机网络

自 20 世纪 90 年代末至今，随着大规模集成电路技术和计算机技术的成熟，局域网、广域网和移动通信技术得到了迅速发展。计算机网络向着互连、高速、智能化、移动化和全球化方向发展，电子商务、电子支付等新应用也得到普及，实现了全球化的广泛应用。此阶段最具有代表性的系统是 Internet。

6.1.3 计算机网络的组成

计算机网络由 3 部分组成：网络硬件、传输介质（通信线路）和网络软件，如图 6.1 所示。

图 6.1 计算机网络的组成

1．网络硬件

网络硬件包括客户机、服务器、网卡和网络互连设备。

（1）客户机指用户上网使用的计算机，也可理解为网络工作站、节点机、主机。

（2）服务器是提供某种网络服务的计算机，由运算功能强大的计算机担任。

（3）网卡即网络适配器，是计算机与传输介质相连接的接口设备。

（4）网络互连设备包括集线器、中继器、网桥、交换机、路由器、网关等。

2. 传输介质

物理传输介质是计算机网络最基本的组成部分，任何信息的传输都离不开它。传输介质分为有线传输介质和无线传输介质两种。

有线传输介质包括双绞线、同轴电缆、光纤等；无线传输介质就是自由空间。

3. 网络软件

网络软件是在计算机网络环境中，用于支持数据通信和各种网络活动的软件。网络软件由网络协议、网络操作系统、网络管理软件和网络应用软件4部分组成。

（1）网络协议。网络协议是指连入网络的计算机必须遵守的一组规则和约定，以保证数据传送与资源共享能顺利完成。

（2）网络操作系统。网络操作系统可控制、管理、协调网络上的计算机，使之能方便有效地共享网络上的硬件、软件资源，是为网络用户提供所需的各种服务的软件和有关规程的集合。

（3）网络管理软件。网络管理软件的功能是对网络中大多数参数进行测量与控制，以保证用户安全、可靠、正常地得到网络服务，使网络性能得到优化。

（4）网络应用软件。网络应用软件就是使用户能够在网络中使用相应功能的一些工具软件。

6.1.4　计算机网络的分类

计算机网络种类繁多，性能各不相同。根据不同的分类原则，计算机网络有不同的分类方法。

1. 按照网络的地理范围分类

将计算机网络按照其覆盖的地理范围进行分类，可以很好地反映不同类型网络的技术特征。按地理范围，计算机网络可以分为局域网、城域网和广域网。

（1）局域网。局域网（Local Area Network，LAN）是最常见、应用最广的一种网络。所谓局域网，就是在一个局部的地理范围内（如一个学校、工厂或机关），一般是方圆几千米以内，将各种计算机、外部设备和数据库等互相连接起来组成的计算机网络，用于连接个人计算机、工作站和各类外围设备以实现资源共享和信息交换。它的特点是分布距离近、传输速率高、连接费用低、数据传输可靠、误码率低等。

（2）城域网。城域网（Metropolitan Area Network，MAN）的分布范围介于局域网和广域网之间，这种网络的连接距离为10km～100km。MAN与LAN相比，扩展的距离更长，连接的计算机数量更多，在地理范围上它可以说是LAN的延伸。在一个大型城市中，一个MAN通常连接多个LAN。

（3）广域网。广域网（Wide Area Network，WAN）也称远程网，它的连网设备分布范围广，一般从几千米到几千千米。广域网是通过一组复杂的分组交换设备和通信线路将各主机与通信子网连接起来的，因此，网络涉及的范围可以是市、地区、省、国家，乃至全球。

2. 按照网络的拓扑结构分类

抛开网络中的具体设备，把网络中的计算机等设备抽象为点，把网络中的传输介质抽象为线，这样从拓扑学的角度去看计算机网络，就看到了由点和线组成的几何图形，从而抽象出了网络系统的具体结构，即网络的拓扑结构。计算机网络常常采用的基本拓扑结构有总线型结构、环形结构、星形结构。具体介绍见6.3节。

6.1.5 计算机网络体系结构和 TCP/IP

1. 计算机网络体系结构

OSI 与 TCP/IP
体系结构的比较

1974 年，IBM 公司公布了世界上第一个计算机网络体系结构（System Network Architecture，SNA），凡是遵循 SNA 的网络设备都可以很方便地进行互连。1977 年 3 月，国际标准化组织（ISO）的技术委员会 TC97 成立了一个新的技术分委会 SC16 专门研究"开放系统互连"，并于 1983 年提出了 OSI/RM。OSI/RM 采用三级抽象：参考模型（即体系结构）、服务定义、协议规范（即协议规格说明），自上而下逐步求精。OSI/RM 并不是一般的工业标准，而是一个制定标准用的概念性框架。

经过各国专家的反复研究，OSI/RM 采用了表 6.1 所示的 7 个层次。

表 6.1　OSI/RM 的 7 个层次

层号	名称	主要功能
7	应用层	作为用户应用进程的接口，负责用户信息的语义表示，并在两个通信者之间进行语义匹配。它不仅要完成应用进程所需要的信息交换和远程操作，还要作为互相作用的应用进程的用户代理来实现一些为进行语义上有意义的信息交换所必需的功能
6	表示层	对源站点内部的数据结构进行编码，形成适合于传输的比特流，到了目的站再进行解码，转换成用户所要求的格式并保持数据的意义不变。该层主要用于数据格式转换
5	会话层	提供一个面向用户的连接服务。它给会话用户之间的对话和活动提供组织和同步所必需的手段，以便控制和管理数据传输，主要用于会话的管理和数据传输的同步
4	传输层	从端到端经网络透明地传送报文，完成端到端通信链路的建立、维护和管理
3	网络层	分组传送、路由选择和流量控制，主要用于实现端到端通信系统中间节点的路由选择
2	数据链路层	通过一些数据链路层协议和链路控制规程，在不太可靠的物理链路上实现可靠的数据传输
1	物理层	实现相邻计算机节点之间比特流的透明传送，尽可能屏蔽掉具体的传输介质和物理设备的差异

它们由低到高分别是物理层、数据链路层、网络层、传输层、会话层、表示层、应用层。每层实现一定的功能，每层都直接为其上层提供服务，并且所有层次都互相支持。第 4 层到第 7 层主要负责互操作性，第 1 层到第 3 层则用于创建两个网络设备间的物理连接。

2. TCP/IP

OSI/RM 是理想的概念性框架，在实际网络中并没有完全被采用。目前最常用的是传输控制协议/互联网协议（Transmission Control Protocol/Internet Protocol，TCP/IP），它是当前异种网络通信使用的唯一协议体系，其使用范围极广，既可用于局域网，又可用于广域网，许多厂商的计算机操作系统和网络操作系统产品都采用或含有 TCP/IP。TCP/IP 已成为目前事实上的国际标准和工业标准。TCP/IP 也是一个分层的网络协议，它简化了 OSI/RM 的七层模型，没有表示层和会话层，并且把数据链路层和物理层合并为网络接口层。TCP/IP 从下到上分为网络接口层、网际层、传输层、应用层 4 个层次。

6.2　计算机网络硬件

6.2.1　网络传输介质

网络传输介质连接网络设备，也是信号传输的载体。常用的传输介质有双绞线、同轴电缆、光纤（见图 6.2），以及无线电波等。

计算机网络传输介质和交换设备

同轴电缆　　双绞线

光纤

图 6.2　几种传输介质的外观

1. 双绞线

双绞线（Twisted Pair）是一种常见的传输介质，它由两条相互绝缘并扭绞在一起的铜线组成，两根线绞在一起是为了防止其电磁感应在邻近线对中产生干扰信号。现行双绞线电缆一般包含 4 对双绞线，如图 6.3 所示。计算机网络使用 1-2、3-6 两组线对来发送和接收数据。双绞线接头为具有国际标准的 RJ-45 插头（见图 6.4）和插座。双绞线分为屏蔽双绞线（Shielded Twisted Pair，STP）和非屏蔽双绞线（Unshielded Twisted Pair，UTP）。

外壳　　双绞线

图 6.3　双绞线电缆的内部结构

图 6.4　RJ-45 插头

2. 同轴电缆

同轴电缆（Coaxial）以单根铜导线为内导体，外裹一层绝缘材料，外覆密集网状导体，最外面是一层保护性塑料。根据直径的不同，同轴电缆分为粗缆和细缆，如图 6.5 所示。同轴电缆比双绞线具有更大的带宽和更好的噪声抑制特性。

内导体　绝缘层　外导体　保护套
传输速率及吞吐量：10Mbit/s～100Mbit/s
每个节点的平均价格：便宜
电缆最大长度：500m（中等）　　BMC连接器

绝缘层　　内导体
外导体
保护套

BNC
连接器

（a）粗缆结构图　　　　　　　　　　　（b）细缆结构图

图 6.5　同轴电缆结构图

3. 光纤

光纤（Fiber Optic）是利用内部全反射原理来传导光束的传输介质，有单模和多模之分。单模光纤多用于通信业，多模光纤多用于网络布线系统。

实用的光纤是比人的头发丝稍粗的玻璃丝，通信用光纤的外径一般为 125μm～140 μm。我们一般所说的光纤是由纤芯和包层组成的，纤芯完成信号的传输，包层与纤芯的折射率不同，它将光信号封闭在纤芯中传输。工程中一般将多条光纤固定在一起构成光缆，如图 6.6 所示。与同轴电缆比较，光纤可提供极宽的频带且功率损耗小、传输距离长（2km 以上）、传输速率高（可达数千 Mbit/s）、抗干扰性强（不会受到电子监听），是构建安全网络的理想选择。

图 6.6　光缆结构图

4. 无线通信与信道

无线通信（Wireless Communication）是利用电磁波信号可以在自由空间中传播的特性进行信息传输的一种通信方式。无线信道是对无线通信中发送端和接收端之间通路的一种形象比喻，对电磁波而言，它从发送端传送到接收端，其间并没有一个有形的连接，它的传播路径也可能不止一条，为了形象地描述发送端与接收端之间的数据传输，可以想象二者之间有一条看不见的道路，我们通常把这条道路称为信道。目前流行的无线通信技术有蓝牙、ZigBee、UWB、Infrared（IR）、RFID、UMTS/3GPP/HSDPA、WiMAX、Wi-Fi 等。现在使用较多的移动通信技术有 GSM、ISM、3G、4G 和 5G 等。

5. 微波传输和卫星传输

微波传输和卫星传输都属于无线通信方式。其均以自由空间为传输介质，连网方式较为灵活，适合应用在不易布线、覆盖面积大的场景。通过一些硬件的支持，微波通信和卫星传输可实现点对点或点对多点的数据通信和语音通信。具体的通信方式如图 6.7 和图 6.8 所示。

图 6.7　微波通信　　　　　　　　　　图 6.8　卫星通信

6.2.2　网卡

网卡（Network Interface Card，NIC）也称网络适配器或网络接口卡，在局域网中用于将用户计算机与网络相连。大多数局域网采用以太网卡，如 ISA 网卡、PCI 网卡、PCMCIA 卡（常用于笔记本电脑）、USB 网卡等。各种网卡的外观如图 6.9 所示。

图 6.9　各种网卡的外观

网卡是一块插在微机 I/O 槽中，发出和接收不同的信息帧、计算帧检验序列、执行编码译码转换等以实现微机通信的集成电路卡。

6.2.3　交换机

交换机是一种用于转发电（光）信号的网络设备。它可以为接入交换机的任意两个网络节点提供独享的电信号通路。最常见的交换机是以太网交换机。其他常见的交换机还有电话语音交换机、光纤交换机等。

从设计理念上讲，交换机只有两种：一种是机箱式交换机（也称作模块化交换机），另一种是独立式固定配置交换机。

（1）机箱式交换机：最大的优点就是具有很强的可扩展性，它能提供一系列扩展模块，如吉比特以太网模块、光纤分布式数据接口（Fiber Distributed Data Interface，FDDI）模块、异步传输模式（Asynchronous Transfer Mode，ATM）模块、快速以太网模块、令牌环模块等，所以能够将具有不同协议、不同拓扑结构的网络连接起来；最大的缺点是价格昂贵。机箱式交换机一般是作为骨干交换机来使用的。

（2）独立式固定配置交换机：一般具有固定端口的配置，如图 6.10 所示。独立式固定配置交换机的可扩充性不如机箱式交换机，但成本低得多。

图 6.10　独立式固定配置交换机

6.2.4　路由器

路由器（Router）是工作在 OSI/RM 第 3 层（网络层）上、具有连接不同类型网络的能力并能够选择数据传送路径的网络设备，如图 6.11 所示。路由器有 3 个特征：工作在网络层上；能够连接不同类型的网络；具有路径选择能力。

1．路由器工作在网络层上

路由器是工作在第 3 层的网络设备，这样说有些难以理解。为此先来介绍一下集线器和交换机，集线器工作在第 1 层（物理层），它没有智能处理能力，对它来说，数据只是电流而已。当

图 6.11　路由器

一个端口的电流传到集线器中时，它只是简单地将电流传送到其他端口，至于其他端口连接的计算机接收不接收这些数据，它就不管了。交换机工作在第 2 层（数据链路层），它要比集线器智能一些，对它来说，网络上的数据就是媒体存取控制（Media Access Control，MAC）地址的集合，它能分辨出帧中的源 MAC 地址和目的 MAC 地址，因此可以在任意两个端口间建立联系。

2．路由器能连接不同类型的网络

常见的集线器和交换机都是用于连接以太网的，但是如果想将两种类型的网络连接起来，如以太网与 ATM 网，集线器和交换机就派不上用场了。路由器能够连接不同类型的局域网和广域网，如以太网、ATM 网、FDDI 网、令牌环网等。不同类型的网络，其传送的数据单元——帧（Frame）的格式和大小是不同的，就像公路运输是以汽车为单位装载货物，而铁路运输是以车皮为单位装载货物一样，从公路运输改为铁路运输，必须把货物从汽车上移到火车车皮里。网络中的数据也是如此，数据从一种类型的网络传输至另一种类型的网络，必须进行帧格式转换。路由器就有这种能力，而交换机和集线器就没有这种能力。

3．路由器具有路径选择能力

在互联网中，从一个节点到另一个节点，可能有许多路径，路由器选择通畅快捷的近路，会大大提高通信速度，减轻网络系统通信负荷，节约网络系统资源，这是集线器和交换机所不具备的性能。

6.3 计算机局域网

6.3.1 局域网概述

20 世纪 70 年代末以来，微机由于价格不断下降而获得了日益广泛的应用，这就促使计算机局域网技术得到了飞速发展，并在计算机网络中占据非常重要的地位。

1．局域网的特点

局域网最主要的特点是，网络为一个单位所拥有，且地理范围和站点数目均有限。在局域网刚刚出现时，局域网比广域网具有更高的传输速率、较低的时延和误码率。但随着光纤技术在广域网中普遍使用，现在的广域网也具有很高的传输速率和很低的误码率。

一台工作在多用户系统下的小型计算机，也基本上可以完成局域网所能做的工作，二者相比，局域网具有以下一些优点。

① 能方便地共享外部设备、主机、软件及数据，从一个站点可访问全网。

② 便于系统的扩展和逐渐演变，各设备的位置可灵活调整和改变。

③ 提高了系统的可靠性、可用性和残存性。

2．局域网拓扑结构

网络拓扑结构是指一个网络中各个节点互连构成的几何形状。局域网拓扑结构通常是指局域网的通信链路和工作节点在物理上连接在一起的布线结构，常见的有 3 种：总线型拓扑结构、星形拓扑结构和环形拓扑结构。

计算机网络的
拓扑结构

（1）总线型拓扑结构

所有节点都通过相应硬件接口连接到一条无源公共总线上，任何一个节点发出的信息都可沿着总线传输，并被总线上其他任何一个节点接收。信息的传输方向是从发送点向两端扩散，因此，这是一种广播式结构。总线型拓扑结构的优点是安装简单，易于扩充，可靠性高，一个节点损坏不会影响整个网络工作；缺点是一次只能让一个端用户发送数据，其他端用户必须等到获得发送权才能发送数据，介质访问获取机制较复杂。总线型拓扑结构如图 6.12 所示。

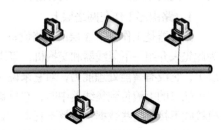

图 6.12　总线型拓扑结构示意图

（2）星形拓扑结构

星形拓扑结构也称为辐射网，它将一个节点作为中心节点，该节点与其他节点之间均有线路连接。具有 N 个节点的星形拓扑结构至少需要 N−1 条通信链路。星形拓扑结构的中心节点就是转接交换中心，其余 N−1 个节点间的相互通信都要经过中心节点。中心节点可以是主机或集线器，该设备的交换能力和可靠性会影响网内所有用户。星形拓扑结构的优点：利用中心节点可方便地提供服务和重新配置网络；单个节点的故障只影响一个设备，不会影响全网，容易检测和隔离故障，便于维护；任何一条通信链路只涉及中心节点和另一个节点，因此介质访问控制的方法很简单，访问协议也十分简单。星形拓扑结构的缺点：每个节点都直接与中心节点相连，需要大量电缆，因此费用较高；如果中心节点产生故障，则全网不能工作，所以对中心节点的可靠性和冗余度要求很高，中心节点通常采用双机热备份来提高系统的可靠性。星形拓扑结构如图 6.13 所示。

（3）环形拓扑结构

环形拓扑结构中的各节点通过有源接口连接到一条闭合的环形通信线路，是点对点结构，每个节点拓扑发送的数据按环路设计的流向流动。为了提高可靠性，可采用双环或多环等冗余措施。目前的环形拓扑结构采用了一种多路访问部件 MAU（Media Access Unit，媒体访问单元），当某个节点发生故障时，MAU 可以自动隔离故障点，这也使可靠性得到了提高。环形拓扑结构的优点是实时性好，信息吞吐量大，网络的周长可达 200km，节点可达几百个。但因环路是封闭的，所以扩充不便。IBM 公司于 1985 年率先推出了令牌环网，目前的 FDDI 网络就使用了这种结构。环形拓扑结构如图 6.14 所示。

图 6.13　星形拓扑结构示意图

图 6.14　环形拓扑结构示意图

6.3.2　带冲突检测的载波监听多路访问协议

在总线型拓扑结构和环形拓扑结构中，网络上的设备必须共享通信线路，为解决同一时间几个设备争用传输介质的问题，需要有某种访问控制方式，以便协调各设备访问介质的顺序。带冲突检测的载波监听多路访问（Carrier Sense Multiple Access with Collision Detection，CSMA/CD）协议是一种介质访问控制技术，也就是计算机访问网络的控制方式。

局域网的介质访问控制包括两个方面的内容：一是确定网络中的每个节点发送信息的最佳时刻；二是确定如何对公用传输介质进行访问，并加以利用和控制。常用的局域网介质访问控制方法主要有 3 种：CSMA/CD、令牌环（Token Ring）和令牌总线（Token Bus）。后两种已经逐渐退出历史舞台。

6.3.3　以太网

以太网（Ethernet）是最早出现的局域网，最初由美国施乐（Xerox）公司研制，当时其传输速率只有 2.94Mbit/s。1981 年，施乐公司与数字设备公司（Digital Equipment Corporation，DEC）及英特尔（Intel）公司合作，联合提出了以太网规约，即 DIX 1.0 规范。后来以太网的标准由电气电子工程师学会（Institute of Electrical and Electronics Engineers，IEEE）来制定，DIX 1.0 就成了 IEEE 802.3

标准的基础。IEEE 802.3 标准是 IEEE 802 系列中的一个标准，由于它是从以太网规约 DIX 1.0 演变而来的，所以又被叫作以太网标准。

6.4 Internet 及其应用

6.4.1 Internet 概述

因特网技术与应用

1．什么是 Internet

Internet（因特网）采用 TCP/IP 作为共同的通信协议，将世界范围内许许多多的计算机网络连接在一起。用户只要与 Internet 相连，就能主动地利用这些网络资源，还能以各种方式和其他 Internet 用户交流信息。但 Internet 又远远超出一个提供丰富信息的服务机构的范畴。它更像一个面对公众的自由松散的社会团体，一方面有许多人通过 Internet 进行信息交流和资源共享，另一方面又有许多人和机构将时间及精力投入 Internet 中进行开发、运用和服务。Internet 深入社会生活的各个角落，成了人们生活中不可缺少的部分。

2．Internet 的起源和发展

Internet 是由美国国防部高级研究计划署于 1969 年 12 月建立的实验性网络 ARPAnet 发展演化而来的。ARPAnet 是全世界第一个分组交换网，是一个实验性的计算机网，用于军事目的。其设计要求是支持军事活动，特别是研究如何建立网络才能承受如核战争那样的破坏或其他灾害性破坏，当网络的一部分（某些主机或部分通信线路）受损时，整个网络应该仍然能够正常工作。ARPAnet 模型为网络设计提供了一种思想：网络的组成部分可以是不可靠的，当从源计算机向目标计算机发送信息时，应该对承担通信任务的计算机而不是对网络本身赋予一种责任——保证把信息完整无误地送达目的地。这种思想始终体现在之后计算机网络协议的设计以及 Internet 的发展过程中。

Internet 的真正发展是从 NSFnet 的建立开始的。最初，美国国家科学基金会（National Science Foundation，NSF）曾试图用 ARPAnet 作为 NSFnet 的通信干线，但这个方案没有取得成功。20 世纪 80 年代是网络技术取得巨大进展的一个时期，那段时期不仅大量涌现出由以太网电缆和工作站组成的局域网，而且奠定了建立大规模广域网的技术基础。1986 年，NSF 把在全国建立的五大超级计算机中心用通信干线连接起来，组成全国科学技术网 NSFnet，后来，NSFnet 作为 Internet 的基础，实现了同其他网络的连接。NSFnet 连接了全美上百万台计算机，拥有几百万用户，是 Internet 主要的成员网。Internet 这个名称是在 MILnet（由 ARPAnet 分离出来）实现和 NSFnet 的连接后出现的。此后，美国其他联邦部门的计算机网相继并入 Internet，如能源科学网 ESnet、航天技术网 NASAnet、商业网 COMnet 等。

3．Internet 在我国的发展

我国是第 71 个以国家级网的形式加入 Internet 的国家。

Internet 在我国的发展历程可以大致分为 3 个阶段。

（1）第一阶段为 1986—1993 年，研究试验阶段。在此期间，我国一些科研部门和高等院校开始研究 Internet 连网技术，并开展了科研课题和科技合作工作。这个阶段的网络应用仅限于小范围内的电子邮件服务，而且仅为少数高等院校、研究机构提供电子邮件服务。

（2）第二阶段为 1994—1996 年，起步阶段。1994 年 4 月，中国国家计算机与网络设施（The National Computing and Networking Facility of China，NCFC，也称中关村教育与科研示范网络）与 Internet 相连。用户通过中国公用计算机互联网（ChinaNet）或中国教育和科研计算机网（CERNet）都可与 Internet 相连。当时，用户只要有一台计算机、一部调制解调器和一部国内直拨电话就能与 Internet 相连。之

后，ChinaNet、CERNet、CSTNet、ChinaGBNet 等多个 Internet 项目在全国范围内相继启动，Internet 开始进入公众生活，并在我国得到了迅速发展。

（3）第三阶段为 1997 年至今，快速增长阶段。国内 Internet 用户在 1997 年以后基本保持每半年翻一番的增长速度。中国互联网络信息中心（China Internet Network Information Center，CNNIC）发布的第 53 次《中国互联网络发展状况统计报告》显示，截至 2023 年 12 月，我国网民规模达 10.92 亿人，较 2022 年 12 月新增网民 2480 万人，互联网普及率达 77.5%。

6.4.2　Internet 的接入

Internet 是"网络的网络"，它允许用户访问任何连入其中的计算机，但如果要访问其他计算机，首先要把计算机系统连接到 Internet 上。用户计算机系统接入 Internet 的方式可以分为有线接入和无线接入，简单介绍如下。

1．有线接入

有线接入主要分为电话交换网接入、有线电视网接入、光纤接入、局域网接入、电力线接入。

2．无线接入

无线接入主要分为无线局域网接入、无线自组织网接入、移动通信网接入等。

6.4.3　IP 地址与 MAC 地址

1．网络 IP 地址

由于网际互连技术是将不同物理网络的技术统一起来的高层软件技术，因此在统一的过程中，我们首先要解决的就是地址的统一问题。

IP 协议和 IP 地址

TCP/IP 对物理地址的统一是通过上层软件完成的，确切地说，是在网际层中完成的。IP 提供一种在 Internet 中通用的地址格式，并在统一管理下进行地址分配，保证一个地址对应网络中的一台主机，使物理地址的差异被网际层所屏蔽。网际层所用到的地址就是人们通常所说的 IP 地址。

IP 地址是一种层次型地址，携带关于对象位置的信息。它所要处理的对象比广域网要庞杂得多，无结构的地址是不能担此重任的。Internet 在概念上分为 3 个层次，如图 6.15 所示，IP 地址正是对此结构的反映。Internet 是由许多网络组成的，每个网络中都有许多主机，因此必须分别为网络主机加上标识，以示区别。

图 6.15　Internet 在概念上的 3 个层次

IP 地址是一个 32 位的二进制数，是将计算机连接到 Internet 的网际协议地址。作为 Internet 主机的一种数字型标识，IP 地址一般用以点隔开的十进制数表示，如 168.160.66.119。IP 地址由网络标识（Netid）和主机标识（Hostid）两部分组成，网络标识用来区分 Internet 上互连的各个网络，主机标识用来区分同一网络上的不同计算机（即主机）。

IP 地址由 4 部分数字组成，每部分数字都不大于 255，各部分之间用小数点隔开。例如，某 IP 地址用二进制表示为 11001010 11000100 00000100 01101010，用十进制表示为 202.196.4.106。

IP 地址通常分为以下三大类。

（1）A 类。二进制 IP 地址的前 8 位为网络标识，其中第 1 位为"0"，后 24 位为主机标识。其有效范围为 1.0.0.1～126.255.255.254。A 类地址的网络在全世界仅有 126 个，每个网络可接入的主机数为 $2^8 \times 2^8 \times 2^8 - 2 = 16777214$ 个，所以 A 类地址通常供大型网络使用。

（2）B 类。二进制 IP 地址的前 16 位为网络标识，其中第 1 位为"1"，第 2 位为"0"，后 16 位为主机标识。其有效范围为 128.0.0.1～191.255.255.254。该类网络全球共有 $2^6 \times 2^8 = 16384$ 个，每个网络可连接的主机数为 $2^8 \times (2^8 - 2) = 65024$ 个，所以 B 类地址通常供中型网络使用。

（3）C 类。二进制 IP 地址的前 24 位为网络标识，其中第 1 位为"1"，第 2 位为"1"，第 3 位为"0"，后 8 位为主机标识。其有效范围为 192.0.0.1～223.255.255.254。该类网络全球共有 $2^5 \times 2^8 \times 2^8 = 2097152$ 个。每个网络可连接的主机数为 254 台，所以 C 类地址通常供小型网络使用。

2．子网掩码

从 IP 地址的结构可知，IP 地址由网络标识和主机标识两部分组成。因此，IP 地址中具有相同网络标识的主机应该位于同一网络内，同一网络内的所有主机的 IP 地址中网络标识部分应该相同。在 A 类、B 类或 C 类网络中，具有相同网络标识的所有主机构成一个网络。

通常一个网络本身并不只是一个大的局域网，它可能是由许多小的局域网组成的。因此，为了维持原有局域网的划分，便于网络的管理，允许将 A 类、B 类或 C 类网络进一步划分成若干个相对独立的子网。A 类、B 类或 C 类网络可通过 IP 地址中的网络标识部分来区分。在划分子网时，将网络标识部分进行扩展，占用主机标识的部分数据位。在子网中，为识别其网络标识与主机标识，引入新的概念：子网掩码（Subnet Mask）。

二进制子网掩码的长度也是 32 位，其表示方法与 IP 地址的表示方法一致。其特点是，32 个二进制位可以分为两部分，第一部分全部为"1"，第二部分则全部为"0"。子网掩码的作用在于，利用它可以区分 IP 地址中的网络标识与主机标识。其操作过程为，将 32 位的 IP 地址与子网掩码进行二进制的逻辑与操作，得到的便是网络标识。例如，IP 地址为 166.111.80.16，子网掩码为 255.255.128.0，则该 IP 地址的网络标识为 166.111.0.0，而 IP 地址 166.111.129.32 子网掩码为 255.255.128.0，则该 IP 地址的网络标识为 166.111.128.0，原本属于一个 B 类网络的两台主机被划分到两个子网。由 A 类、B 类、C 类地址的定义可知，它们具有默认的子网掩码。A 类地址的子网掩码为 255.0.0.0，B 类地址的子网掩码为 255.255.0.0，而 C 类地址的子网掩码为 255.255.255.0。

3．IP 地址的申请组织及获取方法

IP 地址必须由国际组织统一分配。A 类为最高级别的 IP 地址。

（1）国际网络信息中心（Network Information Center，NIC）负责分配 A 类 IP 地址，有权重新刷新 IP 地址。

（2）分配 B 类 IP 地址的国际组织有互联网网络信息中心（Internet Network Information Center，InterNIC）、亚太网络信息中心（Asia Pacific Network Information Center，APNIC）和欧洲网络信息中心（European Network Information Center，ENIC）。ENIC 负责欧洲地区，InterNIC 负责北美地区，APNIC 负责亚太地区（设在日本东京大学）。我国被分配了 B 类地址。

（3）C 类地址由各国或地区的网管中心负责分配。

4．MAC 地址

在局域网中，硬件地址又称为物理地址或 MAC 地址（因为这种地址用在 MAC 帧中）。

在所有计算机系统的设计中，标识系统的设计（Identification System）是一个核心问题。在标识系统中，地址就是识别某个系统的一个非常重要的标识符。

严格地讲，标识应当与系统的所在地无关。这就像每一个人的名字一样，不随所处的地点而改变。但是 802 标准为局域网规定了一种 48 位的全球 MAC 地址（一般简称为"地址"），即局域网上的每一台计算机所插入的网卡上固化在 ROM 中的地址。

5．IP 地址耗尽

IP 是 Internet 的核心协议。现在使用的 IP（即 IPv4）是在 20 世纪 70 年代末设计的。无论从计

算机本身的发展还是从 Internet 的规模和网络传输速率来看，现在 IPv4 都已不适用了，最主要的问题就是 32 位的 IP 地址不够用。

要解决 IP 地址耗尽的问题，可以采用以下 3 个措施。

（1）采用无类别域间路由选择（Classless Inter-Domain Routing，CIDR），使 IP 地址的分配更加合理。

（2）采用网络地址转换（Network Address Translation，NAT）方法，可节省许多全球 IP 地址。

（3）采用具有更大地址空间的新版本的 IP，即 IPv6。

上述前两个措施的采用使 IP 地址耗尽推后了一些时日，但不能从根本上解决 IP 地址即将耗尽的问题。因此，治本的方法是上述第 3 个措施。

及早开始向 IPv6 过渡的好处是，有更多的时间来规划平滑过渡，有更多的时间培养 IPv6 的专门人才，服务比较便宜。

6. IPv4 向 IPv6 的过渡

由于现在整个 Internet 上使用 IPv4 的路由器太多，因此"规定一个日期，从这一天起所有的路由器一律改用 IPv6"显然是不可行的。向 IPv6 过渡只能采用逐步演进的办法，同时，还必须使新安装的 IPv6 系统能够向下兼容，也就是说，IPv6 系统必须能够接收和转发 IPv4 分组，并且能够为 IPv4 分组选择路由。

6.4.4　WWW 服务

1. WWW 服务概述

万维网（World Wide Web，WWW）也称为"环球网""环球信息网"。WWW 服务是一个基于超文本（Hypertext）方式的信息浏览服务，它为用户提供了一个可以轻松驾驭的图形用户界面，以查阅 Internet 上的文档。这些文档与它们之间的链接一起构成了一个庞大的信息网，称为 WWW。

现在 WWW 服务是 Internet 上最主要的应用，人们通常所说的上网、看网页一般就是指使用 WWW 服务。WWW 技术最早是在 1991 年由欧洲核子研究组织的物理学家提出的，它可以通过超链接将位于 Internet 上不同地点的数据信息有机地结合在一起。

2. WWW 的工作原理

WWW 中的信息资源主要由一篇篇的 Web 文档（或称 Web 页）为基本元素构成。这些 Web 页采用超文本的格式，即可以含有指向其他 Web 页或自身内部特定位置的超链接（简称链接）。

用户从 WWW 服务器获取一个文件后，需要在自己的屏幕上将它正确无误地显示出来。由于将文件放入 WWW 服务器的人并不知道将来阅读这个文件的人到底会使用哪种类型的计算机或终端，因此为了保证每个人在屏幕上都能读到正确显示的文件，就必须以一种各类型的计算机或终端都能"看懂"的方式来描述文件，于是就产生了超文本标记语言（Hyper Text Markup Language，HTML）。

3. WWW 服务器

WWW 服务器指任何运行 Web 服务器软件、提供 WWW 服务的计算机。从理论上来说，这台计算机应该有非常快的处理速度、巨大的硬盘和大容量的内存，但是，一切的前提就是它能够运行 Web 服务器软件。

对用户来说，有不同品牌的 Web 服务器软件可供选择，除了 FrontPage 包括的 Personal Web Server（个人网页服务器），微软还提供了另外一种 Web 服务器软件，名为 Internet Information Server（因特网信息服务器，IIS）。

4. WWW 的应用

WWW 服务是 Internet 上发展最快、最吸引人的服务。WWW 的主要功能是提供信息以供查询，不仅图文并茂，而且范围广、速度快，所以 WWW 可以应用于人类生活、工作的各种领域。最突出的有以下几个方面。

（1）交流科研进展情况。这是 WWW 最早的应用。

（2）宣传。企业、学校、科研院所、商店、政府部门都可以通过 Web 页介绍自己。许多人也拥有自己的主页，向全世界介绍自己。

（3）介绍产品与技术。厂商可通过 Web 页介绍新产品、新技术，并提供售后服务。

（4）远程教学。Internet 流行之前的远程教学方式主要是广播、电视。有了 Internet，在一间教室安装摄像机，全世界的人都可以听到该教师的讲课。另外，学生和教师即使不同时连网，学生仍可以通过 Internet 获取自己感兴趣的课程内容。

（5）新闻发布。各大报纸、杂志，以及体育、科技等机构，都可以通过 WWW 发布最新消息。例如，彗星与木星碰撞的照片，就由世界各地的天文观测中心及时通过 WWW 发布了出去。世界杯足球赛、奥运会等体育赛事，都会通过 WWW 发布相关的图文动态信息。

（6）文化传播。世界各大博物馆、艺术馆、美术馆、动物园、自然保护区和旅游景点会在 WWW 上分享资源。

（7）休闲娱乐。人们可以通过 WWW 交朋友、下棋、打牌、看电影，使业余生活更加多姿多彩。

5．WWW 浏览器

在 Internet 上发展最快、使用最多的是 WWW 浏览服务。在众多浏览器软件中，常用的 WWW 浏览器有 Edge、Chrome、Firefox、Safari 等。

6.4.5　域名系统

1．什么是域名

前面讲到的 IP 地址，是 Internet 上互连的若干主机互相通信时，用于区分和识别不同主机的数字型标识，这种数字型标识对上网的广大用户而言是有很大的缺陷的，它既无简明的含义，又不容易被用户很快记住。因此，为解决这个问题，人们又规定了一种字符型标识，我们称之为域名（Domain Name）。如同每个人的姓名和每个单位的名称，域名是 Internet 上互连的若干主机（或称网站）的名称。广大网络用户能够很方便地用域名访问 Internet 上自己感兴趣的网站。

2．为什么要注册域名

Internet 已经为越来越多的人所认识，电子商务、网上销售、网络广告已成为大家关注的热点。但是，要想在网上建立服务器发布信息，就必须先注册自己的域名，只有有了自己的域名才能让别人访问到自己。所以，域名注册是在 Internet 上提供任何服务的基础。同时，考虑到域名的唯一性，尽早注册是十分必要的。

域名又称 Internet 地址，一般是由一组用点分隔的字符串组成的，组成域名的各个部分常称为子域名（Subdomain），它们表明了不同的组织级别，从左往右可不断增加，类似通信地址一样从广泛的区域到具体的区域。理解域名的方法是从右向左来看各个子域名，最右边的子域名称为顶级域名，它是对主机最一般的描述。越往左，子域名越具有特定的含义。通常从右到左的各子域名分别代表不同国家或地区、组织类型、组织名称、分组织名称和主机名。

以 jx.jsjx.zzut.edu.cn 为例，顶级域名"cn"代表中国，第二个子域名"edu"表明这台主机属于教育机构，"zzut"具体指明是郑州工程技术学院，其余的子域名指出了这是计算机系（jsjx）的一台名为"jx"的主机。注意，Internet 地址不得含有任何空格，而且 Internet 地址不区分大小写字母，但作为一般的原则，在使用 Internet 地址时，最好全用小写字母。

顶级域名可以分成两大类，一类是组织性顶级域名，另一类是地理性顶级域名。

组织性顶级域名用于说明拥有并对 Internet 主机负责的组织类型。组织性顶级域名流行于国际性 Internet 产生之前，主要在美国国内使用。随着 Internet 扩展到世界各地，地理性顶级域名便产生了，它仅用两个字母的缩写形式来表示某个国家或地区。表 6.2 所示为组织性顶级域名和地理性顶级域名的例子。如果一个 Internet 地址的顶级域名不是地理性顶级域名，那么该地址一定是美国国内的 Internet 地址，换句话讲，Internet 地址的地理性顶级域名的默认值是美国，即表 6.2 中的 us 顶级域名通常没有必要使用。

表 6.2 组织性顶级域名和地理性顶级域名

组织性顶级域名		地理性顶级域名			
域名	含义	域名	含义	域名	含义
com	商业组织	au	澳大利亚	it	意大利
edu	教育机构	ca	加拿大	jp	日本
gov	政府机构	cn	中国	sg	新加坡
int	国际性组织	de	德国	uk	英国
mil	军队	fr	法国	us	美国
net	网络技术组织	in	印度	br	巴西
org	非营利性组织	kr	韩国	ru	俄罗斯

为保证 Internet 上的 IP 地址和域名的唯一性，避免导致网络地址的混乱，用户需要占用 IP 地址或域名时，必须通过电子邮件向网络信息中心提出申请。

我国网络的顶级域名为 cn，二级域名分为组织类型域名和行政区域名。我国由中国教育和科研计算机网（CERNet）受理二级域名 edu 下的三级域名注册申请，中国互联网络信息中心（CNNIC）受理其余二级域名下的三级域名注册申请。

我国常见的组织类型二级域名如表 6.3 所示。我国行政区二级域名共 34 个，如表 6.4 所示。

表 6.3 组织类型二级域名

域名	含义
ac	科研机构
com	工、商、金融等企业
edu	教育机构
gov	政府部门
net	接入 Internet 的信息中心和运行中心
org	非营利性组织

表 6.4 行政区二级域名

域名	含义	域名	含义	域名	含义	域名	含义	域名	含义
bj	北京	jl	吉林	sd	山东	sc	四川	nx	宁夏
sh	上海	hl	黑龙江	ha	河南	gz	贵州	xj	新疆
tj	天津	js	江苏	hb	湖北	yn	云南	nm	内蒙古
cq	重庆	zj	浙江	hn	湖南	xz	西藏	tw	台湾
he	河北	ah	安徽	gd	广东	sn	陕西	hk	香港
sx	山西	fj	福建	gx	广西	gs	甘肃	mo	澳门
ln	辽宁	jx	江西	hi	海南	qh	青海		

3．网络域名注册

在我国申请注册三级域名的用户首先必须遵守国家关于使用 Internet 的各种规定和法律法规，其次必须拥有独立法人资格。在申请域名时，各单位的三级域名原则上采用其单位的中文拼音或英文缩写，com 域下每个公司只能登记一个域名。用户申请三级域名需要遵守的规则如下。

（1）在域名中，不区分英文字母的大小写。

（2）遵照域名命名的全部共同规则。

（3）三级域名用字母（A～Z，a～z，大小写等价）、数字（0～9）和连接符（–）组成，长度不得超过 20 个字符。

（4）不得使用或限制使用以下名称。

① 注册域名中含有 "CHINA" "CHINESE" "CN" "NATIONAL" 等，必须经国家有关部门（指部级以上单位）正式批准。

② 公众知晓的其他国家或者地区名称、外国地名、国际组织名称不得使用。

③ 县级以上（含县级）行政区划名称的全称或者缩写，需要相关县级以上（含县级）人民政府正式批准。

④ 行业名称或者商品的通用名称不得使用。

⑤ 他人已在中国注册过的企业名称或者商标名称不得使用。

⑥ 对国家、社会或者公共利益有损害的名称不得使用。

经国家有关部门（指部级以上单位）正式批准和相关县级以上（含县级）人民政府正式批准是指，相关机构要出具书面文件表示同意某单位注册某域名。例如，要申请 beijing.com.cn 域名，则需要提供北京市人民政府的批文。

国内用户注册域名，应向中国互联网络信息中心提出申请，该中心是由国家主管部门批准的提供因特网域名注册服务的唯一合法机构。

6.4.6 电子邮件

电子邮件（E-mail）是 Internet 上应用较为广泛的一项服务，通过网络的电子邮件系统，用户可以用非常低廉的价格（不管发送到哪里，都只需负担网费）、非常快的速度（几秒之内可以发送到世界上任何用户指定的目的地），与世界上任何一个角落的网络用户进行联系。这些电子邮件可以是文字、图像、声音等各种文件。正是由于电子邮件使用简易、投递迅速、收费低廉、易于保存、全球畅通无阻，因此其得到了广泛的应用。电子邮件使人们的交流方式发生了极大的改变。

6.4.7 文件传输

文件传输是指把文件通过网络从一个计算机系统复制到另一个计算机系统的过程。在 Internet 中，实现这一功能的是文件传输协议（File Transfer Protocol，FTP）。像大多数的 Internet 服务一样，FTP 也采用客户机/服务器模式，用户使用一个 FTP 客户端程序时，就和远程主机上的服务器程序相连了。若用户输入一个命令，要求服务器传送一个指定的文件，服务器就会响应该命令，并传送这个文件。用户的客户端程序接收这个文件，并把它存入用户指定的目录。从远程计算机复制文件到自己的计算机上，可称为"下载"（Download）文件；从自己的计算机复制文件到远程计算机上，可称为"上传"（Upload）文件。使用 FTP 程序时，用户应输入 FTP 命令和想要连接的远程主机的地址。一旦程序开始运行并出现提示符 "ftp"，就可以输入命令了，如查询远程主机上的文档等。远程登录是指本地计算机通过网络连接到远端的另一台计算机上，作为这台远程主机的终端，本地计算机可以使用远程计算机上对外开放的全部资源，也可以查询数据库、检索资料或利用远程计算机完成大量的计算工作。

在实现文件传输时，需要使用 FTP 程序。常用的 WWW 浏览器一般带有 FTP 程序模块。用户可在浏览器窗口的地址栏中输入远程主机的 IP 地址或域名，浏览器将自动调用 FTP 程序。例如，要访问 IP 地址为 172.20.33.25 的服务器，可在地址栏输入 ftp://172.20.33.25。若连接成功，输入账号和口令后，浏览器窗口就会显示出该服务器上的文件夹和文件名列表。

如果想从服务器下载文件，可先找到需要的文件，用鼠标右键单击其文件名，在弹出的快捷菜单中选择"目标地点另存为"命令，设置路径后，下载就开始了。

文件上传对服务器而言是"写入"，这就涉及使用权限的问题了。若上传的文件需要传送到 FTP 服务器上指定的文件夹，这时可用鼠标右键单击文件夹名，在弹出的快捷菜单中选择"属性"命令，打开"FTP 属性"对话框，从中可以查看自己是否具有"写入"权限。

用户若没有账号，就不能正式使用 FTP，但可以匿名使用 FTP。匿名 FTP 允许没有账号和口令的用户以 anonymous（匿名）或 FTP 特殊名来访问远程计算机。当然，这样会受很大的限制。匿名用户一般只能获取文件，不能在远程计算机上建立文件或修改已存在的文件，可以复制的文件也有限。当用户以 anonymous 或 FTP 特殊名登录后，FTP 接受以任何字符串作为口令，但一般要求用电子邮件的地址作为口令，这样服务器的管理员能知道谁在使用，当需要时就可及时联系了。

6.5 搜索引擎

搜索引擎是根据用户需求与一定算法，运用特定策略从互联网检索出指定信息反馈给用户的一门检索技术。搜索引擎依托于多种技术（如网络爬虫技术、检索排序技术、网页处理技术、大数据处理技术、自然语言处理技术等）为信息检索用户提供快速、高相关性的信息服务。搜索引擎技术的核心模块一般包括爬虫、索引、检索和排序等，同时可添加其他一系列辅助模块，为用户创造更好的网络使用环境。

6.5.1 搜索引擎的发展历程

搜索引擎是伴随互联网的发展而产生和发展的，互联网已成为人们学习、工作和生活中不可缺少的平台，几乎每个人上网都会使用搜索引擎。搜索引擎大致经历了四代的发展。

1．第一代搜索引擎

1994 年，第一代真正基于互联网的搜索引擎 Lycos 诞生，它以人工分类目录为主，代表厂商是 Yahoo!，特点是人工分类存放网站的各种目录，用户通过多种方式寻找网站，现在也还有这种方式存在。

2．第二代搜索引擎

随着网络应用技术的发展，用户开始希望对内容进行查找，出现了第二代搜索引擎，也就是利用关键字来查询，它建立在网页链接分析技术的基础上，使用关键字对网页进行搜索，能够覆盖互联网的大量网页内容，该技术可以在分析网页的重要性后，将重要的结果呈现给用户。

3．第三代搜索引擎

随着网络信息的迅速增加，用户希望能快速并且准确地查找到自己所要的信息，因此出现了第三代搜索引擎。相比前两代，第三代搜索引擎更加注重个性化、专业化、智能化，使用自动聚类、分类等人工智能技术，采用区域智能识别及内容分析技术，利用人工介入，实现技术和人工的完美结合，增强了搜索引擎的查询能力。第三代搜索引擎的代表是 Google，它以宽广的信息覆盖和优秀的搜索性能为发展搜索引擎技术开创了崭新的局面。

4．第四代搜索引擎

随着信息多元化的快速发展，通用搜索引擎在目前的硬件条件下要得到互联网上比较全面的信息是不太可能的，这时，用户就需要数据全面、更新及时、分类细致的面向主题搜索引擎，这种搜索引擎采用特征提取和文本智能化等策略，相比前三代搜索引擎更准确有效，被称为第四代搜索引擎。

6.5.2 搜索引擎的分类

搜索引擎大致可分为全文搜索引擎、元搜索引擎、垂直搜索引擎、目录搜索引擎和智能搜索引擎，它们各有特点并适用于不同的搜索环境。全文搜索引擎利用爬虫程序抓取互联网上所有相关文章予以索引，元搜索引擎基于多个搜索引擎结果进行整合处理实现二次搜索，垂直搜索引擎对某一特定行业内数据进行快速检索，目录搜索引擎依赖人工收集处理数据并将其置于分类目录链接下，智能搜索引擎是结合了人工智能技术的新一代搜索引擎。

1．全文搜索引擎

一般网络用户适合采用全文搜索引擎。使用这种搜索引擎方便、简捷，并容易获得所有相关信息。但搜索到的信息过于庞杂，因此，用户需要逐一浏览并甄别出所需信息。尤其在用户没有明确检索意图情况下，这种搜索引擎非常有效。

2．元搜索引擎

元搜索引擎适用于广泛、准确地收集信息。不同的全文搜索引擎由于其性能和信息反馈能力差异，导致其各有利弊。元搜索引擎的出现恰恰解决了这个问题，有利于各基本搜索引擎间的优势互补。而且其搜索方式有利于对基本搜索方式进行全局控制，引导全文搜索引擎的持续改善。

3．垂直搜索引擎

垂直搜索引擎适用于有明确搜索意图情况下进行检索。例如，用户购买机票、火车票、汽车票时，或想要浏览网络视频资源时，都可以直接选用行业内专用搜索引擎，以准确、迅速获得相关信息。

4．目录搜索引擎

目录搜索引擎是网站内部常用的检索方式。其旨在对网站内信息整合处理并分目录呈现给用户，但其缺点在于用户需要预先了解本网站的内容，并熟悉其主要模块构成。总之，目录搜索方式的适应范围非常有限，且需要较高的人工成本来支持维护。

5．智能搜索引擎

智能搜索引擎设计追求的目标是根据用户的请求，从可以获得的网络资源中检索出对用户最有价值的信息。与普通搜索引擎所不同的是，它能集各个搜索引擎的搜索结果于一体，使用户在使用时更加方便。

6.5.3 搜索引擎的功能模块

搜索引擎中各关键功能模块功能简介如下。

1．爬虫

从互联网爬取原始网页数据，存储于文档知识库服务器。

2．文档知识库服务器

存储原始网页数据，通常是分布式 Key-Value 数据库，能根据 URL/UID 快速获取网页内容。

3．索引

读取原始网页数据，解析网页，抽取有效字段，生成索引数据。索引数据的生成方式通常是增量的、分块/分片的，并会进行索引合并、优化和删除。生成的索引数据通常包括字典数据、倒排表、正排表、文档属性等。生成的索引存储于索引服务器。

4. 索引服务器

存储索引数据，主要是倒排表，通常是分块、分片存储，并支持增量更新和删除。数据内容量非常大时，还根据类别、主题、时间、网页质量划分数据分区和分布，以更好地服务在线查询。

5. 检索

读取倒排表索引，响应前端查询请求，返回相关文档列表数据。

6. 排序

对检索器返回的文档列表进行排序，基于文档和查询的相关性、文档的链接权重等属性。

7. 链接分析

收集各网页的链接数据和锚文本（Anchor Text），以此计算各网页链接评分，最终会作为网页属性参与返回结果排序。

8. 网页去重

提取各网页的相关特征属性，计算相似网页组，提供离线索引和在线查询的去重服务。

9. 网页反垃圾

收集各网页和网站历史信息，提取垃圾网页特征，从而对在线索引中的网页进行判定，去除垃圾网页。

10. 查询分析

分析用户查询，生成结构化查询请求，指派到相应的类别、主题数据服务器进行查询。

11. 页面描述/摘要

为检索和排序完成的网页列表提供相应的描述和摘要。

12. 前端

接受用户请求，分发至相应服务器，返回查询结果。

6.5.4 搜索引擎关键技术

搜索引擎工作流程主要有数据采集、数据预处理、数据处理、结果展示等阶段，在各工作阶段分别使用了网络爬虫、中文分词、大数据处理、数据挖掘等技术。

网络爬虫也被称为蜘蛛或者网络机器人，它是搜索引擎抓取系统的重要组成部分。网络爬虫根据相应的规则，以某些站点作为起始站点通过各页面上的超链接遍历整个互联网，利用 URL 引用根据广度优先遍历策略从一个 HTML 文档爬行到另一个 HTML 文档来抓取信息。

中文分词是中文搜索引擎中一个相当关键的技术，在创建索引之前需要将中文内容合理地进行分词。中文分词是文本挖掘的基础，对于输入的一段中文，成功地进行中文分词，可以达到计算机自动识别语句含义的效果。

大数据处理技术是通过运用大数据处理计算框架，对数据进行分布式计算。由于互联网数据量相当庞大，因此需要利用大数据处理技术来提高数据处理的效率。在搜索引擎中，大数据处理技术主要用来执行对网页重要度进行打分等数据计算。

数据挖掘就是从海量的数据中采用自动或半自动的建模算法，寻找隐藏在数据中的信息，是从数据库中发现知识的过程。数据挖掘一般和计算机科学相关，并通过机器学习、模式识别、统计学等方法来实现知识挖掘。

6.5.5 搜索引擎的发展趋势

1. 社会化搜索

社交网络平台和应用占据了互联网的主流，社交网络平台强调用户之间的联系和交互，这对传统的搜索技术提出了新的挑战。

传统搜索技术强调搜索结果和用户需求的相关性，社会化搜索除了相关性，还额外增加了一个维度，即搜索结果的可信赖性。对于某个搜索，使用传统搜索技术得到的搜索结果可能成千上万，但处于用户社交网络内的其他用户发布的信息、点评或验证过的信息更容易信赖，这是与用户的心理密切相关的。社会化搜索为用户提供更准确、更值得信任的搜索结果。

2．实时搜索

人们对搜索引擎的实时性要求日益增高，这也是搜索引擎未来的一个发展方向。

实时搜索最突出的特点是时效性强，越来越多的突发事件被及时发布在微博上，实时搜索核心强调的就是"快"，用户发布的信息第一时间能被搜索引擎搜索到。不过在国内，实时搜索由于各方面的原因无法普及使用，如 Google 的实时搜索是被重置的，百度也没有明显的实时搜索入口。

3．移动搜索

随着智能手机的快速发展，基于手机的移动设备搜索日益流行，但移动设备有很大的局限性，比如屏幕太小、可显示的区域不多、计算资源能力有限、打开网页速度很慢、手机输入烦琐等问题都需要解决。

4．个性化搜索

个性化搜索的核心是根据用户的网络行为，建立一套准确的个人兴趣模型。而建立这样一套模型，就要全民收集与用户相关的信息，包括用户搜索历史、点击记录、浏览过的网页、用户 E-mail 信息、收藏夹信息、用户发布过的信息、博客、微博等内容。比较常见的是从这些信息中提取出关键词及其权重。为不同用户提供个性化的搜索结果，是搜索引擎总的发展趋势，但现有技术有很多问题，比如个人隐私的泄露，而且用户的兴趣会不断变化，太依赖历史信息，可能无法反映用户的兴趣变化。

5．地理位置感知搜索

目前，很多手机已经有卫星定位的应用了，这是基于地理位置感知的搜索，而且可以通过陀螺仪等设备感知用户的朝向，基于这种信息，具体可以为用户提供准确的地理位置服务以及相关搜索服务。

6．跨语言搜索

如何将中文的用户查询翻译为英文查询，目前主流的方法有机器翻译、双语词典查询和双语语料挖掘。对一个全球性的搜索引擎来说，具备跨语言搜索功能是必然的发展趋势，而其基本的技术方案一般是采用查询翻译加上网页的机器翻译这两种技术手段。

7．多媒体搜索

多媒体形式除了文字，还包括图片、音频、视频等。多媒体搜索比纯文本搜索要复杂许多，一般多媒体搜索包含 4 个主要步骤：多媒体特征提取、多媒体数据流分割、多媒体数据分类和多媒体数据搜索引擎。

8．情境搜索

所谓情境搜索，就是能够感知人与人所处的环境，针对"此时此地此人"来建立模型，试图理解用户查询的目的，根本目标还是要理解人的信息需求。

6.5.6　常用搜索引擎

常用的搜索引擎有百度、搜狗搜索、360 搜索、微软必应等。

1．百度

百度（见图 6.16）是国内较大的中文搜索引擎，2000 年创立于北京。"百度"二字源于宋朝词人辛弃疾的《青玉案》"众里寻他千百度"，象征着百度对中文信息检索技术的追求。

图 6.16　百度

2. 搜狗搜索

搜狗搜索（见图6.17）是搜狐公司于2004年推出的互动式搜索引擎，经历了多年的发展，搜狗搜索的检索技术已相当成熟，在中文搜索引擎中占有一席之地。特别是在2013年宣布与腾讯搜搜合并后，其覆盖人群进一步扩大，成为中文搜索引擎的后起之秀，市场占有率达12%。

图 6.17　搜狗搜索

3. 360 搜索

360公司于2013年推出了自有搜索引擎360搜索（见图6.18），凭借巨大的浏览器安装率，360搜索自上线之日起即获得相当可观的市场占有率。360 搜索主要包括新闻搜索、网页搜索、微博搜索、视频搜索、MP3搜索、图片搜索、地图搜索、问答搜索、购物搜索等，通过互联网信息的及时获取和主动呈现，为广大用户提供实用和便利的搜索服务。

图 6.18　360 搜索

4. 微软必应

微软必应（Microsoft Bing，见图6.19）是微软公司于2009年推出的搜索引擎，是用以取代Live Search 的全新搜索引擎。作为贴近中国用户的全球搜索引擎，微软必应提供了美观、高质量、国际化的中英文搜索服务。

图 6.19　微软必应

计算机网络和信息安全　第6章

文献检索

FTP工具软件的
使用

6.6 信息安全概述及技术

计算机信息系统是指由计算机及其配套设备（含网络）构成的，并按照一定的应用目标和规则对信息进行处理的人机系统。信息已成为社会发展的重要战略资源、决策资源；信息化水平已成为衡量一个国家现代化程度和综合国力的重要指标。信息技术正以前所未有的速度发展，给人们的生活和工作带来极大的便利，但人们在享受网络信息所带来的高效率的同时，也面临严重的信息安全威胁。信息安全已成为世界性的现实问题，信息安全与国家安全、民族兴衰和战争胜负息息相关。

6.6.1 信息安全

信息安全是指保护信息和信息系统不被未经授权访问、使用、修改，不因偶然或恶意的原因遭到泄露、中断和破坏，为信息和信息系统提供保密性、完整性、可用性、可控性和不可否认性，保证一个国家的社会信息化状态和信息技术体系不受外部威胁与侵害。

6.6.2 OSI 信息安全体系结构

ISO 7498 标准是目前国际上普遍遵循的计算机信息系统互连标准。1989 年，ISO 颁布了该标准的第二部分，即 ISO 7498-2 标准，并首次确定了开放系统互连参考模型（OSI/RM）的信息安全体系结构。我国将其作为 GB/T 9387.2—1995 标准。它包括了五大类安全服务以及提供这些服务所需要的八大类安全机制。ISO 7498-2 标准确定的五大类安全服务分别是鉴别、访问控制、数据保密性、数据完整性、不可否认性。ISO 7498-2 标准确定的八大类安全机制分别是加密、数据签名机制、访问控制机制、数据完整性机制、鉴别交换机制、业务填充机制、路由控制机制、公证机制。

6.6.3 信息安全技术

计算机网络具有连接形式多样性、终端分布不均匀性和网络的开放性、互连性等特征，致使网络易受黑客、恶意软件和其他不轨行为的攻击。如何通过技术手段来保障网络信息的安全是一个非常重要的问题。下面介绍几种常用的信息安全技术：密码技术、认证技术、访问控制技术、防火墙技术和云安全技术。

1. 密码技术

设置密码是实现信息安全的重要手段，它包含加密和解密两方面：加密就是利用密码技术将信息隐藏起来，从而起到保护信息安全的作用；解密就是恢复数据和信息本来面目的过程。加密和解密过程共同组成了密码系统，其核心是加解密算法和密钥。密钥是一个用于密码算法的秘密参数，通常只有通信者拥有。

加密技术

2. 认证技术

认证就是对证据进行辨认、核实、鉴别，以建立某种信任关系。在通信中，它会涉及两个方面：一是提供证据或标识；二是对这些证据或标识的有效性加以辨认、核实、鉴别。

（1）数字签名。数字签名是数字世界中的一种信息认证技术，是公开密钥密码技术的一种应用。它根据某种协议来产生一个反映被签署文件的特征和签署人特征的签名，以保证文件的真实性和有效性的，同时也可用来核实接收者是否有伪造、篡改行为。

（2）身份验证。身份识别或身份标识是指用户向系统提供身份证据。身份认证是系统核实用户提供的身份标识是否有效的过程。在信息系统中，身份认证实际上是决定用户对请求的资源获得存储权和使用权的过程。身份识别和身份认证统称为身份验证。

3. 访问控制技术

访问控制是对信息系统资源的访问范围以及方式进行限制。它是建立在身份验证之上的操作权限控制。身份验证解决了访问者是否合法的问题，但并非身份合法就什么都可以做，还要规定不同的访问者分别可以访问哪些资源，以及对这些可以访问的资源用什么方式（读、写、执行、删除等）访问。

4. 防火墙技术

防火墙是设置在可信任的内部网和不可信任的外部网之间的一道屏障，使一个网络不受来自另一个网络的攻击，实质上是一种隔离技术。防火墙的主要用途就是控制对受保护网络（即网点）的往返访问。防火墙同意一些"人"和"数据"访问，同时把不同意的"拒之门外"，这样能最大限度地防止黑客访问，阻止他们对网络进行非法操作。

防火墙技术

5. 云安全技术

云计算是互联网技术的又一次重大突破。紧随云计算、云存储之后，云安全（Cloud Security）应运而生。云安全技术是指云服务提供商为用户提供更加专业和完善的访问控制、攻击防范、数据备份和安全审计等安全功能，并通过统一的安全保障措施和策略对云端 IT 系统进行安全升级和加固，从而提高用户系统和数据的安全水平的技术。针对互联网的主要威胁正在由计算机病毒转向恶意程序及木马的情况，云安全技术通过网状的大量客户端对网络中软件异常行为的监测，获取互联网中木马、恶意程序的最新信息，并传送到服务器进行自动分析和处理，再把病毒和木马的解决方案分发到每一个客户端，以识别和查杀病毒，使整个互联网变成一个巨大的"杀毒软件"，参与者越多，每个参与者就越安全，整个互联网也就会更安全。

6.7 计算机病毒与黑客的防范

6.7.1 计算机病毒及其防范

1. 计算机病毒的概念

计算机病毒是指具有自我复制能力的计算机程序，它能影响计算机软件、硬件的正常运行，破坏数据的正确性与完整性。《中华人民共和国计算机信息系统安全保护条例》对计算机病毒的定义是："计算机病毒，是指编制或者在计算机程序中插入的破坏计算机功能或者毁坏数据，影响计算机使用，并能自我复制的一组计算机指令或者程序代码。"

计算机病毒及其防范

2. 计算机病毒的传播途径

传染性是计算机病毒最基本的特性。计算机病毒主要是通过文件的复制、文件的传送等方式传播的，文件的复制与文件的传送需要传播介质，计算机病毒的主要传播介质是 U 盘、光盘和网络。

现代通信技术使数据、文件、电子邮件等可以通过网络在各个计算机间高速传输。当然这也为计算机病毒的传播提供了"高速公路"，现在网络已经成为计算机病毒的主要传播途径。

随着 Internet 的不断发展，计算机病毒也出现了一种新的趋势。不法分子制作的个人网页，不仅直接提供了下载大批计算机病毒活样本的便利途径，还提供制作计算机病毒的工具、向导、程序等，使没有编程基础和经验的人制造新病毒成为可能。

3．计算机病毒的特点

根据对计算机病毒的产生、传播和破坏行为的分析，计算机病毒具有以下几个主要特点。

（1）破坏性。任何病毒只要侵入系统，都会对系统及应用程序产生不同程度的影响。轻者会降低计算机工作效率，占用系统资源；重者会对数据造成不可挽回的破坏，甚至导致系统崩溃。

（2）传染性。病毒通过各种渠道从已被感染的计算机扩散到未被感染的计算机。只要一台计算机染毒，若不及时处理，病毒就会从这台计算机上迅速扩散。当这台计算机与其他计算机进行数据交换或通过网络接触时，病毒将会继续传染。

（3）潜伏性。某些病毒可长期隐藏在系统中，只有在满足特定条件时才启动其破坏模块，这样它才能广泛传播。例如，"黑色星期五"病毒会在逢 13 日的星期五发作。

（4）隐蔽性。病毒一般是具有很高编程技巧、短小精悍的程序，通常附在正常程序中或磁盘较隐蔽的地方，也有个别的以隐含文件形式出现，目的是不让用户发现它的存在。

（5）不可预见性。从对病毒的检测方面来看，病毒还具有不可预见性。而病毒的制作技术也在不断提高，病毒相较于反病毒软件总是超前的。

4．杀毒软件

杀毒软件具有在线监控功能，可在操作系统启动之后自动运行，时刻监控系统工作。病毒同杀毒软件的关系就像矛和盾，总是在进行较量。

6.7.2　网络黑客及其防范

1．网络黑客的概念

20 世纪 60 年代到 70 年代，"黑客"（Hacker）一词极富褒义，主要是指那些善于思考、奉公守法的计算机爱好者。从事黑客活动意味着对计算机的最大潜力进行自由探索。现在黑客使用的侵入计算机系统的基本技巧，如"破解口令""走后门"及安放"特洛伊木马"等，都是在这一时期发明的。现在的"黑客"是指恶意破解商业软件、恶意入侵他人计算机、恶意入侵网站的人，又称为"骇客"，本质上指的是非法闯入别人计算机系统/软件的人。

黑客介绍

2．网络黑客的防范

对网络黑客的防范措施如下。

（1）屏蔽可疑 IP 地址。这种方式见效最快，网络管理员一旦发现可疑的 IP 地址申请访问，可以通过防火墙屏蔽相应的 IP 地址，这样黑客就无法再连接到服务器了。但这种方法也有缺点，例如，很多黑客使用动态 IP 地址，一个 IP 地址被屏蔽，只要更换其他 IP 地址，就可以进攻服务器，而且高级黑客有可能会伪造 IP 地址，导致正常用户的地址被误屏蔽。

（2）过滤信息包。通过编写防火墙规则，可以让系统知道什么样的信息包可以进入，什么样的应该丢弃。这样，黑客发送的攻击性信息包经过防火墙时，就会被丢弃，从而防止了黑客的进攻。

（3）修改系统协议。针对恶意的漏洞扫描，网络管理员可以修改服务器的相关协议。例如，漏洞扫描根据文件申请的返回值判断文件是否存在，这个数值如果是 200，表示文件在服务器上，如果是 404，表示服务器上没有相应的文件，如果管理员修改返回数值或屏蔽 404，漏洞扫描就没有用武之地了。

（4）经常升级系统版本。任何一个版本的系统发布之后，一旦其中的问题暴露出来，黑客就会蜂拥而至。管理员在维护系统时，可经常浏览安全站点，找到系统的新版本或者补丁程序进行安装，以保证系统中的漏洞在被黑客发现之前已经修补上，从而保证服务器的安全。

（5）安装必要的安全软件。用户还应在计算机中安装并使用必要的杀毒软件和防火墙，在上网时打开它们，这样即便有黑客进攻，用户的安全也是有一定保障的。

（6）不要回陌生人的邮件。有些黑客会冒充某些正规网站发电子邮件给用户，要求输入用户名与密码等个人信息，如果按邮件的提示操作，用户的个人信息就进入了黑客的邮箱。所以不要随便回陌生人的邮件，即使对方说得再动听、再诱人也不要上当。

（7）做好浏览器的安全设置。ActiveX 控件和 Applets 控件有较强的功能，但也存在被人利用的隐患。网页中的恶意代码往往会利用这些控件编写的小程序，只要用户打开网页，恶意代码就会被运行。所以要通过浏览器安全设置禁止这些恶意代码的运行。

6.8 知识产权

计算机软件是人类知识、智慧和创造性劳动的结晶，它指的是计算机程序及有关文档。计算机程序是指为了得到某种结果而可以由计算机等具有信息处理能力的装置执行的代码化指令序列，或者可以被自动转换成代码化指令序列的符号化指令序列或符号化语句序列。同一计算机程序的源程序和目标程序可视为同一作品。

软件产业是知识和资金密集型新兴产业。软件开发具有开发工作量大、周期长，而生产（复制）容易、费用低等特点，因此，长期以来，软件的知识产权经常得不到尊重，软件的真正价值经常得不到承认，靠非法窃取他人软件而牟取商业利益成了信息产业中投机者的一条捷径。因此，软件知识产权保护已成为亟待解决的一个社会问题，软件的知识产权得到保护是软件产业健康发展的重要保障。

1．知识产权的概念

知识产权又称为智力成果产权和智慧财产权，是指对智力活动创造的精神财富所享有的权利。知识产权不同于动产和不动产等有形物的产权，它是生产力发展到一定阶段后，才在法律中作为一种财产权利出现的。计算机软件是人类知识、经验、智慧和创造性劳动的结晶，是一种典型的由人的智力活动创造的"知识产品"。一般软件的知识产权指的是计算机软件的版权。

知识产权的概念

2．知识产权组织及法律

1967 年世界知识产权组织在瑞典斯德哥尔摩成立。1980 年我国正式加入了该组织。

1990 年 9 月，我国颁布了《中华人民共和国著作权法》，确定了计算机软件为保护的对象。1991 年 6 月，我国颁布了《计算机软件保护条例》。这个条例是我国第一部专门针对计算机软件保护的法律法规，它标志着我国计算机软件的保护已走上法制化的轨道。

3．知识产权的特点

知识产权的主要特点包括：无形性，即被保护对象是无形的；专有性，即未经知识产权人的同意，除法律有规定的情况外，他人不得占有或使用该项智力成果；地域性，即法律保护知识产权存在有效地区范围；时间性，即法律保护知识产权存在有效期限，到期即会丧失效力。

4．计算机软件受著作权法保护

计算机软件的体现形式是程序和文件，它们是受著作权法保护的。一个软件必须在其创作出来后固定在某种有形物体（如纸、磁盘、光盘等）上，能被他人感知、传播、复制的情况下，才享有著作权保护。

著作权法的基本原则是，只保护作品的表现，而不保护作品中所体现的思想、概念。目前人们通常一致认为：软件的功能、目标、应用属于思想、概念，不受著作权法的保护；而软件的程序代码是表现，应受著作权法的保护。

5．著作权人享有的权利

根据我国著作权法的规定，作品著作权人（或版权人）享有的专有权利中，与计算机软件紧密相关的有以下几项。

（1）发表权：决定作品是否公之于众的权利。

（2）署名权：表明作者身份，在作品上署名的权利。

（3）修改权：修改或者授权他人修改作品的权利。

（4）保护作品完整权：保护作品不受歪曲、篡改的权利。

6.9 网络道德与相关法规

随着 Internet 的普及，人类社会信息化的程度正在迅速提高。计算机在国民经济、科学文化、国家安全和社会生活的各个领域中，正得到日益广泛的应用。为保证"计算机安全与计算机应用同步发展"，打造网络空间命运共同体，我们要做好网络道德教育、法律法规教育，这是计算机信息系统安全教育的重要内容。

6.9.1 遵守规范，文明用网

网络道德，是指以善恶为标准，根据社会舆论、内心信念和传统习惯来评价人们的上网行为，调节网络时空中人与人之间以及个人与社会之间关系的行为规范。违反网络道德的不文明行为时有发生，网络行为和其他社会行为一样，需要遵守一定的规范和原则。国内外一些计算机和网络组织制定了一系列相应的规则和协议。在这些规则和协议中，比较有影响的是美国计算机伦理学会为计算机伦理学所制定的 10 条戒律，也可以说是计算机行为规范。它是一个计算机用户在任何网络系统中都应该遵守的最基本的行为准则。具体内容如下。

（1）不用计算机去伤害别人。

（2）不干扰别人的计算机工作。

（3）不窥探别人的文件。

（4）不用计算机进行偷窃。

（5）不用计算机作伪证。

（6）不使用或复制你没有付钱的软件。

（7）不未经许可而使用别人的计算机资源。

（8）不盗用别人的智力成果。

（9）考虑你所编的程序的社会后果。

（10）以深思熟虑和慎重的方式来使用计算机。

6.9.2 我国信息安全的相关法律法规

所有的社会行为都需要法律法规来规范和约束。随着 Internet 的发展，我国关于信息安全的法律法规相继出台。

1．我国现行的信息安全法律体系框架

（1）一般性法律法规。这类法律法规是指《中华人民共和国宪法》《中华人民共和国国家安全

法》《中华人民共和国著作权法》《中华人民共和国保守国家秘密法》等。这些法律法规并没有专门对网络行为进行规定，但是，它们所规范和约束的行为包括了危害信息网络安全的行为。

（2）定义和惩罚网络犯罪的法律法规。这类法律法规包括《中华人民共和国刑法》《全国人民代表大会常务委员会关于维护互联网安全的决定》等。其中《中华人民共和国刑法》也属于一般性法律法规，这里特指其中用于定义和惩罚网络犯罪的法律规定。

（3）直接针对计算机信息网络安全的法律法规。这类法律法规主要有《中华人民共和国网络安全法》《中华人民共和国计算机信息系统安全保护条例》《中华人民共和国计算机信息网络国际联网管理暂行规定》《计算机信息网络国际联网安全保护管理办法》《计算机软件保护条例》等。

（4）具体的、规范的信息网络安全技术和安全管理方面的法规。这类法规主要有《商用密码管理条例》《计算机病毒防治管理办法》《计算机信息系统保密管理暂行规定》《计算机信息系统国际联网保密管理规定》《电子出版物出版管理规定》《金融机构计算机信息系统安全保护工作暂行规定》等。

2. 信息安全法律法规的特点

（1）体系性。网络改变了人们的生活观念、生活态度、生活方式等，同时也导致涌现出病毒、黑客、网络犯罪等新事物。传统的法律体系变得越来越难以适应网络技术发展的需要，在保障信息网络安全方面也显得力不从心。因此，构建一个有效、自成一体、结构严谨、内在和谐统一的新的法律体系来规范网络社会，就显得十分必要了。

（2）开放性。信息网络技术在不断发展，信息安全问题层出不穷，信息安全法律法规应全面体现和把握信息网络的基本特点，保持开放，及时修订，以适应不断发展的信息网络技术问题和不断涌现的信息安全问题。

（3）兼容性。信息安全法律法规不能脱离传统的法律原则和法律规范，大多数传统的基本法律原则和规范对信息安全仍然适用。同时，从维护法律体系的统一性、完整性和相对稳定性来看，信息安全法律法规也应当与传统的法律体系保持良好的兼容性。

（4）可操作性。网络是一个数字化的社会，许多概念、规则难以被常人准确把握，因此，信息安全法律法规应当对一些专业术语、难以确定的问题、容易引起争议的问题等做出解释，使其更具可操作性。

习题 6

简答题

1. 解释下列名词：
（1）TCP/IP；（2）IP 地址；（3）URL；（4）域名；（5）网关。

2. 简述 Internet 的发展史。Internet 提供哪些服务？接入 Internet 有哪几种方式？

3. 什么是 WWW？什么是 FTP？

4. IP 地址和域名的作用是什么？

5. Web 服务器使用什么协议？简述 Web 服务程序和 Web 浏览器的基本作用。

6. 什么是计算机网络？它主要涉及哪几方面的技术？其主要功能是什么？

7. 从网络的地理范围来看，计算机网络该如何分类？

8. 常用的 Internet 连接方式是什么？

9. 什么是网络的拓扑结构？常用的网络拓扑结构有哪几种？

10. 简述网络适配器的功能、作用及组成。

11. 搜索信息时，如何选择搜索引擎？

12. 信息安全的含义是什么？

13. 简述 ISO 7498-2 标准确定的五大类安全服务和八大类安全机制。

14. 信息安全技术有哪些？

15. 什么是计算机病毒？

16. 计算机病毒的特点是什么？

17. 什么是知识产权？它有哪些特点？

18. 软件著作权人享有什么权利？

19. 计算机行为规范的具体内容是什么？

习题参考答案

第7章 数据结构与算法

本章将从数据结构的基本概念开始，由浅入深地介绍数据结构、算法的基本概念、常用算法、程序设计等。通过本章的学习，读者应了解程序设计的基本控制结构，并对程序设计的基本方法和步骤有初步的认识。

【知识要点】

- 数据结构的概念和描述方法。
- 算法的基本概念。
- 常用算法。
- 结构化程序设计的基本原则。
- 程序设计的概念。
- 程序设计的基本控制结构和基本方法。
- 常用程序设计语言。

章首导读

7.1 数据结构

数据结构是指计算机存储、组织数据的方式。

7.1.1 数据结构概述

数据结构有两个要素：一是数据元素的集合，通常记为 d；二是 d 中的关系，也就是数据元素之间的关系，通常记为 s。一个数据结构可以表示为

```
b=(d,s)
```

式中，b 表示数据结构，s 反映 d 中各数据元素之间的关系。数据结构研究的对象是数据的逻辑结构和数据的物理结构。

数据结构的基本
概念

1．数据的逻辑结构

数据的逻辑结构反映数据元素之间的逻辑关系，是从操作对象抽象出来的数据模型，与它们在计算机中的实际存储位置无关。

例如，若把一年四季看作一个数据结构，则可将其表示为

```
b=(d,s)
d={春季,夏季,秋季,冬季}
s={(春季,夏季),(夏季,秋季),(秋季,冬季),(冬季,春季)}
```

此数据结构有 4 个数据元素，分别是 4 个季节；数据元素之间的关系是，春季后面是夏季，夏季后面是秋季，秋季后面是冬季，冬季后面是春季。

根据数据结构中各数据元素之间关系的复杂程度，一般将数据结构分为两大类型：线性结构和

非线性结构。

2. 数据的物理结构

数据的物理结构是指数据在计算机内的存储形式。由于数据元素在计算机内存储的位置关系可能与逻辑关系不同，因此为了表示存放在计算机内的各数据元素之间的逻辑关系，在数据的物理结构中，不仅要存放各数据元素的信息，还要存放各数据元素之间的前驱和后继的关系信息。

数据的一种逻辑结构根据需要可以表示成多种物理结构。常用的物理结构有顺序存储结构、链式存储结构。

7.1.2 数组

数组是由相同数据类型的元素组成的一个有序序列。数组名表示整个数组，组成数组的各个元素称为数组分量；用于区分数组的各个元素的数字编号称为索引。

1. 一维数组

一维数组是最简单的数组，只有一个索引，其逻辑结构是线性表。要使用一维数组，需要经过定义、初始化和引用等过程。在 C 语言中，"int a[5];"表示定义了含有 5 个整型元素的一维数组 a，该数组的逻辑结构如图 7.1 所示。

图 7.1 数组 a 的逻辑结构

2. 二维数组

与一维数组对应，二维数组有两个索引，分别表示行、列信息。在 C 语言中，"int b[3][3];"表示定义了由 3 行、3 列共 9 个整型元素组成的二维数组 b。不同的程序设计语言对二维数组的物理存储是不一样的，分为以行序为主的存放（即按行的顺序—行—行地存放）和以列序为主的存放（即按列的顺序—列—列地存放）。图 7.2 所示为数组 b 的逻辑结构。

b[0][0]	b[0][1]	b[0][2]
b[1][0]	b[1][1]	b[1][2]
b[2][0]	b[2][1]	b[2][2]

图 7.2 数组 b 的逻辑结构

在此，做个形象的比喻。若把一本书上的字看作数据，可以这样简单理解：一个元素对应书上的一个字，一维数组对应书上的一行字（由若干字组成），索引表示此行的第几个字；二维数组对应书上某一页的字（由若干行字组成），2 个索引分别表示第几行第几列；进一步理解，三维数组表示一本书的字（由若干页组成），3 个索引分别表示页号、行号和列号。

7.1.3 链表

在链式存储结构中，每个节点由两部分组成：一部分用于存放数据元素的值，称为数据域；另一部分用于存放指针，称为指针域。其中，指针用于指向该节点的前一个或后一个节点。链表主要分为单链表和双向链表。

1. 单链表

单链表仅有一个数据域和一个指针域。单链表的节点结构如图 7.3 所示。

图 7.3 单链表的节点结构

在图 7.3 中，数据域 data 存放节点值；指针域 next 存放节点的直接后继地址（位置）。链表通过每个节点的指针域将线性表的 n 个节点按其逻辑关系链接在一起。多个节点通过指针域链接后形成的单链表如图 7.4 所示。

图 7.4 单链表示例

2．双向链表

某些应用对线性链表中的每个节点设置两个指针：一个称为左指针，用以指向其前驱节点；另一个称为右指针，用以指向其后继节点。这样的链表称为双向链表，其节点结构如图 7.5 所示。

图 7.5 双向链表的节点结构

在图 7.5 中，数据域 data 存放节点值；指针域 prior 存放节点的直接前驱地址（位置）；指针域 next 存放节点的直接后继地址（位置）。多个节点通过指针域链接后形成的双向链表如图 7.6 所示。

图 7.6 双向链表示例

在线性链表中，各节点的存储空间可以是不连续的，且各元素的存储顺序可以同逻辑顺序不一致。在线性链表中进行插入与删除操作，不需要移动链表中的元素。

7.1.4 栈

1．栈的基本概念

栈是一种特殊的线性表，是限定只在一端进行插入和删除的线性表，如图 7.7 所示。栈的一端是封闭的，既不允许插入元素，也不允许删除元素；另一端是开口的，允许插入和删除元素。我们通常称可插入、删除元素的一端为栈顶，另一端为栈底。当栈中没有元素时，该栈为空栈。栈顶元素总是最后被插入的元素，从而也是最先被删除的元素；栈底元素总是最先被插入的元素，从而也是最后被删除的元素。

栈是按照"先进后出"或"后进先出"的原则来组织数据的。例如，枪械的子弹匣就可以用来形象地表示栈结构：子弹匣的一端是完全封闭的，最后被压入子弹匣的子弹总是最先被弹出，而最先被压入的子弹最后才能被弹出。

图 7.7 栈

2．栈的基本运算

栈的基本运算有 3 种：入栈、退栈和读栈顶元素。

（1）入栈：在栈顶位置插入一个新元素。

（2）退栈：取出栈顶元素并赋给一个指定的变量。

（3）读栈顶元素：将栈顶元素赋给一个指定的变量。

7.1.5 队列

队列是只允许在一端进行删除、在另一端进行插入的顺序表。我们通常将允许删除的一端称为队头，允许插入的一端称为队尾。

队列需要用两个指针进行管理：一个是队头指针，指向队头元素；另一个是队尾指针，指向下一个入队元素。队列如图7.8所示。每次在队尾插入一个元素时，队尾指针增1；每次在队头删除一个元素时，队头指针增1。随着插入和删除操作的进行，队列元素的个数不断变化，队列所占的存储空间也在变动。

图 7.8 队列

7.1.6 树和二叉树

1. 树的定义

树是由 n（$n \geqslant 0$）个节点组成的一个具有层次关系的集合。把它叫作"树"，是因为它看起来像一棵倒挂的树，也就是说它是根朝上而叶朝下的，如图7.9所示。

任意一棵非空树是由根节点（图7.9中的A节点）和若干棵子树构成的，由一个集合及在该集合上定义的关系组成。集合中的元素称为树的节点，所定义的关系称为父子关系。父子关系使树的节点之间呈现层次结构。这种层次结构中有一个节点具有特殊的地位，这个节点称为该树的根节点，或者称为树根。

2. 树的基本概念

根节点：在树结构中，没有前驱节点的节点只有一个，即树根，在树中位于最上层，如图7.9中的A节点。

父节点：在树结构中，每一个节点只有一个前驱节点，称为该节点的父节点。例如，图7.9中的B节点是F节点的父节点。

子节点：每一个节点可以有多个后继节点，称为该节点的子节点。例如，图7.9中的E节点和F节点是B节点的子节点，H节点是F节点的子节点。

叶子节点：没有后继节点的节点称为叶子节点。例如，图7.9中的C节点、E节点、H节点、G节点均为叶子节点。

图 7.9 树

度：在树结构中，一个节点所拥有的子节点的个数称为该节点的度，所有节点中最大的度称为树的度。图7.9中，根节点A的度为3，节点B的度为2，叶子节点C的度为0，因此，该树的度为3。

深度：定义一棵树的根节点所在的层次为1，其他节点所在的层次等于其父节点所在的层次加1。树的最大层次称为树的深度。图7.9中，根节点A在第1层，节点B、C、D在第2层，节点E、F、G在第3层，节点H在第4层，因此该树的深度为4。

子树：在树结构中，以某一个子节点为根构成的树称为该节点的一棵子树。图7.9中，B子树包含节点 B、E、F、H。

3．二叉树

二叉树的基本
概念

在二叉树中，每一个节点的度最大为 2，即所有子树（左子树或右子树）也均为二叉树。另外，二叉树中的每个节点的子树被明显地分为左子树和右子树。在二叉树中，一个节点可以只有左子树，也可以只有右子树，如图 7.10 所示。

图 7.10　二叉树

二叉树具有以下 4 个性质。

性质 1：在二叉树的第 k 层上，最多有 2^{k-1}（$k \geq 1$）个节点。

性质 2：深度为 m 的二叉树最多有 2^m-1 个节点。

性质 3：在任意一棵二叉树中，度为 0 的节点（即叶子节点）总是比度为 2 的节点多一个。

性质 4：具有 n 个节点的二叉树，其深度至少为[$\log_2 n$]+1，其中[$\log_2 n$]表示取 $\log_2 n$ 的整数部分。

根据二叉树中节点的情况，可将二叉树分为满二叉树和完全二叉树。根据遍历二叉树中节点的顺序，可将二叉树遍历分为前序遍历、中序遍历和后序遍历。

7.1.7　图

1．图的定义

图的基本概念

图是由顶点的有穷非空集合和顶点之间边的集合组成的。图中每一条边的两个顶点互为邻接点。如果图中的每条边是有方向的，则称该图为有向图，如图 7.11 所示。有向图中的边也称为弧，为顶点的有序对，通常用尖括号表示。如果图中的每条边是没有方向的，则称该图为无向图，如图 7.12 所示。无向图中的边均为顶点的无序对，通常用圆括号表示。

图 7.11　有向图 G1

图 7.12　无向图 G2

在有向图中，以顶点 V 为起点的有向边数称为顶点 V 的出度，以顶点 V 为终点的有向边数称为顶点 V 的入度，顶点 V 的度等于出度和入度之和。例如，在图 7.11 所示的有向图 G1 中，顶点 A 的入度是 2，出度是 1，度是 3。在无向图中，顶点 V 的度等于同顶点 V 相关联的边的数目。例如，在图 7.12 所示的无向图 G2 中，顶点 C 的度是 3。

在图中，从顶点 V_1 到顶点 V_k 所经过的顶点序列 $V_1, V_2, V_3, \cdots, V_k$ 称为两点之间的路径。在有向图 G1 中，从顶点 D 到顶点 A 的路径只有 DA，在无向图 G2 中，从顶点 A 到顶点 E 的路径有 4 条，分别是 ADE、ADCE、ABCE、ABCDE。

2. 图的遍历

图的遍历是指从图中某一顶点出发访问图中的每一个顶点，且每个顶点仅被访问一次。图的数据结构比树复杂，图的任一顶点都可能和其余顶点相邻接，所以在访问某个顶点之后，可能顺着某条边又访问到了已访问过的顶点。在图的遍历过程中，为了防止同一个顶点被访问多次，必须记下每个访问过的顶点。图的遍历方法有两种：一种是深度优先搜索（Depth-First Search，DFS）遍历，另一种是广度优先搜索（Breadth-First Search，BFS）遍历。

7.2 算法概述

算法是一组明确步骤的有序集合，它产生结果并在有限时间内终止。广义地讲，算法就是为解决问题而采取的方法和步骤。随着计算机的出现，算法被广泛地应用于计算机的问题求解中，被认为是程序设计的精髓。

7.2.1 算法的概念

算法是一组有穷的步骤，规定了解决某一特定类型问题的一系列运算，是对解题方案准确与完整的描述。设计算法，一般要经过设计、确认、分析、编码、测试、调试、计时等阶段。

学习算法要从以下 5 个方面入手。

（1）设计算法。算法设计工作是不可能完全自动化的，我们应学习和了解已经被实践证明有用的一些基本的算法设计方法，这些基本的设计方法不仅适用于计算机科学，而且适用于电气工程、运筹学等领域。

（2）描述算法。算法的描述有多种形式，如自然语言和算法语言，各自有适用的环境和特点。

（3）确认算法。确认算法的目的是使人们确信这一算法能够正确无误地工作，即该算法具有可计算性。正确的算法用计算机语言表示后构成计算机程序，计算机程序在计算机上运行，得到算法运算的结果。

（4）分析算法。分析算法是对一个算法需要多少计算时间和存储空间进行定量的分析，以预测这一算法适合在什么样的环境中运行，继而对解决同一问题的不同算法的有效性做出比较。

（5）验证算法。要判断用计算机语言表示的算法是否可计算、是否有效合理，需要对程序进行测试，即验证算法。测试程序的工作主要包括调试代码和制作时空分布图。

7.2.2 算法的特征

算法应该具有以下 5 个重要的特征。

（1）确定性：算法的每一步运算必须有确定的意义，即运算所执行的动作应该是无歧义的，并且目的是明确的。

（2）可行性：算法中有待实现的运算应该是基本运算，每种运算至少理论上能由人用纸和笔在有限的时间内完成。

（3）输入：一个算法可能有多个输入，它们在算法运算开始之前给出算法所需数据的初值，这些输入取自特定的对象集合。

（4）输出：作为算法运算的结果，一个算法会产生一个或多个输出，输出是同输入有某种特定关系的量。

（5）有穷性：一个算法应在执行有限步运算后终止。

7.2.3 算法的描述

算法是对解题方法的精确描述。描述算法的工具对算法的质量有很大的影响。

1. 自然语言

自然语言就是我们日常使用的语言，如中文和英文。用自然语言描述的算法通俗易懂，但是文字冗长，准确性不佳，容易产生歧义。因此，一般不建议用自然语言来描述算法。

2. 伪代码

伪代码不是一种真实存在的程序设计语言。使用伪代码的目的是使被描述的算法更容易以任何一种程序设计语言来实现。它可能会综合使用多种程序设计语言的语法、保留字，甚至会用到自然语言。伪代码必须结构清晰、可读性好，并且类似自然语言。

【例 7-1】描述"将两个数按照从大到小的顺序输出"的算法。

用伪代码描述如下。

```
Begin:
    Input("输入数据");A          //输入原始数据 A
    Input("输入数据");B          //输入原始数据 B
    If (A>B)
        Print A,B               //输出 A,B
    Else
        Print B,A               //输出 B,A
End
```

3. 流程图

流程图是一种传统的算法描述，它用几何形状的框来代表各种不同性质的操作，用流向线来指示算法的执行方向。流程图的常用符号如表 7.1 所示。由于流程图由各种各样的框组成，因此它也被叫作框图。流程图简单、直观、形象，算法逻辑一目了然，便于理解，应用广泛。特别是在早期阶段，人们只有通过流程图才能简明地描述算法，流程图成为程序员们交流的重要手段。直到结构化的程序设计语言出现，程序员对流程图的依赖才有所降低。

表 7.1　流程图的常用符号

符号	符号名称	含义
⬭	起止框	表示算法的开始或结束
▱	输入输出框	表示输入输出操作
▭	处理框	表示对框内的内容进行处理
◇	判断框	表示对框内的条件进行判断
↓ →	流向线	表示算法的流动方向
○	连接点	表示两个具有相同标记的点相连

4. N–S 结构图

N–S 结构图是美国的两位学者艾克·纳西（Ike Nassi）和本·施耐德曼（Ben Schneiderman）提出的。他们认为，既然任何算法都是由顺序结构、选择（分支）结构和循环结构 3 种基本程序结构组成的，那么各基本程序结构内部的流程线就是多余的。N–S 结构图用一个大矩形框来表示算法，它是算法的一种结构化描述方法，适合于结构化程序设计。将两个数按从大到小的顺序输出的流程图如图 7.13 所示，N–S 结构图如图 7.14 所示。

图 7.13　将两个数按从大到小的顺序输出的流程图　　图 7.14　将两个数按从大到小的顺序输出的 N-S 结构图

一般我们设计的算法只给出了处理的步骤，对"输入原始数据"和"输出计算结果"并不做详细的说明。但是，在开始编程前，一定要对如何输入"原始数据"、以什么方式输入"原始数据"和将"计算结果"输出到什么地方、以什么方式输出"计算结果"提出明确的要求。

7.3　常用算法

算法是程序设计的精髓。算法代表用计算机解一类问题的精确、有效的方法和步骤，即计算机解题的过程。在这个过程中，无论是形成解题思路还是编写程序，都是在实施某种算法。前者是推理实现的算法，后者是操作实现的算法。因此，算法设计与实现是计算思维训练的重要抓手。

7.3.1　累加求和算法

累加求和是程序设计中常见的问题，如求某单位所有职工的工资总和、某门课程所有学生的成绩总和等。

累加求和算法的一般做法如下。

定义一个变量 s（往往初值为 0）作为累加器使用，再定义一个变量用来保存加数。一般累加求和算法中的加数都是有规律可循的，可结合循环程序来实现。

【例 7-2】求 1+2+3+…+100 的累加和。

设累加器 s 专门存放累加的结果，初值为 0，加数用变量 t 表示。

当 t=1 时，s 的值应为 0+1=1，即 s=0+1=s+t（执行操作 s=s+t）。

当 t=2 时，s 的值应为 1+2=3，即 s=1+2=s+t（执行操作 s=s+t）。

当 t=3 时，s 的值应为 3+3=6，即 s=3+3=s+t（执行操作 s=s+t）。

当 t=4 时，s 的值应为 6+4=10，即 s=6+4=s+t（执行操作 s=s+t）。

……

当 t=100 时，s=s+100=1+2+3+…+99+100=5050（执行操作 s=s+t）。

不难看出，t 的值从 1 变化到 100 的过程中，累加器均执行同一个操作 s=s+t，s=s+t 的操作共执行了 100 次。

此类问题求解的基本步骤可以概括如下。

① 定义代表和的变量 s，定义代表第 n 项的变量 t。

② 令 s=0。

③ 构建循环体，一般情况下为 s=s+t。

④ 构建循环条件，根据具体的问题，选用相应的循环语句。

⑤ 输出累加和 s 的值。

7.3.2 连乘求积算法

连乘求积算法和累加求和算法的思想类似，只不过一个做乘法，一个做加法。

连乘算法的一般做法如下。

设一个变量 p，作为累乘器使用，初值一般为 1；设一个变量 k 用来保存每次需要乘的乘数，在循环体中执行 p=p*k 即可。

【例 7-3】求 10！=1×2×3×⋯×10 的结果。

设累乘器 p，初值为 1，设变量 k 存放乘数。

当 k=1 时，p=p×k=1×1=1。

当 k=2 时，p=p×k=1×2=2。

当 k=3 时，p=p×k=2×3=6。

……

当 k=10 时，p=p×k=1×2×3×⋯×9×10。

因此，在 k 的值从 1 变化到 10 的过程中，累乘器均执行同一个操作 p=p*k。

此类问题求解的基本步骤可以概括如下。

① 定义代表乘积的变量 p，定义代表第 n 项的变量 k。

② 令 p=1。

③ 构建循环体，一般情况下为 p=p*k。

④ 构建循环条件，根据具体的问题，选用相应的循环语句。

⑤ 输出乘积 p 的值。

7.3.3 求最值算法

求最值即求最大值或最小值，该类问题属于比较问题，比较是我们在生活中经常做的事情。

例如，找出班上语文成绩最好的同学、年龄最大的同学，找出若干件商品中价格最低的商品等。求最值通常采用的方法是两两比较。

在 N 个数中求最大值和最小值的思路：定义一个变量，假设为 max，用来存放最大值，再定义一个变量，假设为 min，用来存放最小值。

一般先将 N 个数中的第 1 个数赋予 max 和 min 作为初始值，然后将剩下的每个数分别同 max、min 比较——如果比 max 大，将该数赋予 max；如果比 min 小，将该数赋予 min。也就是说，让 max 中总是存放当前的最大值，让 min 中总是存放当前的最小值，这样当所有数都比较完时，在 max 中存放的就是最大值，在 min 中存放的就是最小值。

此类问题求解的基本步骤可以概括如下。

① 定义 x 代表 N 个数中的一个数。

② 定义一个存放最大值的变量 max，定义一个存放最小值的变量 min。

③ 分别令 max=所有数据中的第 1 个数，min=所有数据中的第 1 个数。

④ 构建循环体，然后将 x 与 max 比较，如果 x 比 max 大，令 max=x；将 x 与 min 比较，如果 x 比 min 小，令 min=x。

⑤ 构建循环条件，根据具体的问题，选用相应的循环语句。

⑥ 输出 max 和 min 的值。

7.3.4 排序算法

排序算法

所谓排序，就是将相同数据类型的记录序列调整为按照元素关键字有序（递增或递减）排列的记录序列。例如，将学生记录按学号排序、上体育课时按照身高从高到低排队、考试成绩从高分到低分排列、电话簿中的联系人姓名按照字母表顺序排列、电子邮件列表按照日期排序等。

排序算法就是将记录按照要求进行排列的方法。当数据不多时，排序比较简单，有时手工就可以处理。但如果排序对象数据量庞大，排序就成了一件非常重要且费时的事情。考虑到各个领域中数据的各种限制和规范，要得到一个满足实际需求的优秀排序算法，得经过大量的推理和分析。在大量数据处理方面，一个优秀的排序算法可以节约大量的资源。

常用的排序算法有冒泡法排序。

冒泡法排序的算法描述如下。

第 1 趟排序对全部 n 个记录 R[1],R[2],…,R[n] 自左向右顺次两两比较，如果 R[k] 大于 R[k+1]（其中，k=1,2,…,n-1），则交换两者内容，第 1 趟排序完成后 R[n] 成为序列中的最大记录。

第 2 趟排序对序列前 n-1 个记录采用同样的比较和交换方法，第 2 趟排序完成后 R[n-1] 成为序列中仅比 R[n] 小的次大的记录。

第 3 趟排序对序列前 n-2 个记录采用同样的处理方法。

如此做下去，最多做 n-1 趟排序，整个序列就排序完成了。

假设有一个包含 4 个元素的数组 R，索引从 1 开始，现将其用冒泡法进行由小到大的排序。排序的执行过程如下（下画线部分表示要执行交换的两个数组元素，每次都是在相邻两个元素之间进行比较）。

原始数据		44、33、25、19
R[1]，R[2]，R[3]，R[4]	第 1 趟	<u>44、33</u>、25、19
		33、<u>44、25</u>、19
		33、25、<u>44、19</u>
		33、25、19、44
R[1]，R[2]，R[3]	第 2 趟	<u>33、25</u>、19
		25、<u>33、19</u>
		25、19、33
R[1]，R[2]	第 3 趟	<u>25、19</u>
		19、25
排序后的数据		19、25、33、44

定义数组 r 存放待排序的 n 个数，冒泡法排序的基本步骤如下。

① 定义变量 i 表示比较的趟数，定义变量 j 表示每一趟比较的次数，定义变量 temp 作为交换时的临时变量。

② 利用循环把 n 个数赋给数组元素。

③ i=0。

④ 构建循环体（控制趟数，共 n-1 趟）。

- j=0。
- 构建循环体（控制每一趟比较的次数，从 0 变化到 n-1-i）。
- 将 r[j] 和 r[j+1] 比较，如果 r[j] 比 r[j+1] 大，令 r[j] 与 r[j+1] 互换值，即 temp= r[j]，r[j]= r[j+1]，

r[j+1]=temp。

⑤ 构建循环条件，根据具体的问题，选用相应的循环语句。

⑥ 利用循环输出排序后的数组元素。

7.3.5 查找算法

查找也称为检索，是在较大的数据集中找出或定位某些数据的过程，即在大量的信息中寻找特定的信息元素。在计算机中进行查找的方法是根据表中的记录的组织结构确定的，被用于查找的数据元素的属性一般称为关键字。

顺序查找也称为线性查找，是一种最简单的查找方法，可用于有序列表，也可用于无序列表。

其基本思想是，从查找表（线性表）的一端开始顺序扫描，依次将扫描到的节点关键字同给定值 key 相比较，如果当前扫描到的节点关键字同 key 相等，则查找成功，如果扫描结束还没有找到关键字等于 key 的节点，则查找失败。

假设目标数据有 100 个，这些数据是无序的，存放在一维数组 R[1],…,R[100]中。现要求查找这些数据里有没有值为 key 的数据元素，如果找到，就给出其所在的位置，如果没有找到，则给出相应提示信息。算法描述如下。

```
SqSearch(key)
    设初始查找位置 k 为 1;
    当 k≤100 且 R[k]≠key 时          //位置向后移动，直到找到或 k 越界
        k=k+1;
    如果 k≤100,
        return k;                    //返回数据元素所在的位置
    否则
        return 0;                    //没有找到，返回 0
```

7.3.6 统计算法

统计算法一般用于特定值问题求解。

【例 7-4】输入一串字符，统计其中的字母个数、数字个数和其他字符的个数。

分析：要统计满足指定要求的字符个数，应定义相应变量作为计数器，初值为 0，每找到符合条件的字符，将指定计数器的值加 1。

本题需要定义 3 个计数器 n1、n2、n3，分别统计字母、数字和其他字符的个数，初值均为 0。对字符串中的字符逐个判断：如果是字母，n1 执行加 1 操作；如果是数字，n2 加 1；否则 n3 加 1。

归纳出此类问题求解的基本步骤如下。

① 定义代表所有统计要求的计数器变量（有几项统计要求，就有几个计数器变量）。

② 令所有计数器变量的初值为 0。

③ 构建循环体，当满足指定的计数要求时，就将相应的计数器的值加 1（执行类似于 n=n+1 的操作）。

④ 构建循环条件，根据具体的问题，选用相应的循环语句。

⑤ 输出所有计数器的值。

7.4 程序设计

简单地说，程序可以看作对一系列动作的执行过程的描述。随着计算机的出现和普及，"程序"已经成了计算机领域的专有名词。计算机程序是指为了得到某种结果而由计算机等具有信息处理能

力的装置执行的代码化指令序列。也可以这样说，程序就是由一条条代码组成的，这样的一条条代码各自代表不同的指令，这些指令结合起来，组成了一个完整的工作系统。

由于程序为计算机规定了计算（或操作）的步骤，因此为了更好地使用计算机，就必须了解程序的几个性质。

目的性：程序必须有一个明确的目的。

分步性：程序给出了解决问题的步骤。

有限性：解决问题的步骤必须是有限的。如果有无穷多个步骤，那么在计算机上就无法实现。

可操作性：程序总是实施各种操作于某些对象的，它必须是可操作的。

有序性：解决问题的步骤不是杂乱无章地堆积在一起，而是要按一定顺序排列。这是程序最重要的性质。

7.4.1 程序设计的概念

程序设计的概念

目前的冯·诺依曼计算机还不能直接接受任务，而只能按照人们事先确定的方案，执行人们规定好的操作步骤。那么要让计算机处理一个问题（程序设计），需要经过哪些步骤呢？

（1）分析问题，确定解决方案。一个实际问题被提出后，我们应首先对以下问题做详细的分析：需要提供哪些原始数据，需要对其进行什么处理，在处理时需要有什么样的硬件和软件环境，需要以什么样的格式输出哪些结果。在以上分析的基础上，才能确定相应的处理方案。

（2）建立数学模型。在对问题全面理解后，需要建立数学模型，这是把问题向计算机语境转化的第一步。建立数学模型是把要处理的问题数学化、公式化。

（3）确定算法（算法设计）。建立数学模型以后，许多情况下还不能直接进行程序设计，需要先确定适合计算机运算的算法。一般要优先选择逻辑简单、运算速度快、精度高的算法用于程序设计；此外，还要考虑内存空间占用合理、编程容易等特点。

（4）编写源程序。要让计算机完成某项工作，必须将已设计好的操作步骤以由若干条指令组成的程序的形式书写出来，让计算机按程序的要求一步一步地执行。

（5）程序调试。程序调试就是为了发现和纠正程序中可能出现的错误，它是程序设计中非常重要的一步。没有经过调试的程序，很难保证没有错误，就是非常熟练的程序员也不能保证这一点，因此，程序调试是不可缺少的。

（6）整理资料。程序编写、调试结束以后，为了使用户能够了解程序的具体功能、掌握程序的操作方法，有利于以后程序的修改、阅读和交流，必须将程序设计的各个阶段形成的资料和有关说明整理成程序说明书。其内容应该包括：程序名称、完成任务的具体要求、给定的原始数据、使用的算法、程序的流程图、源程序清单、程序的调试及运行结果、程序的操作说明、程序的运行环境要求等。程序说明书是整个程序设计的技术报告，用户应该按照程序说明书的要求将程序投入运行，并依据程序说明书对程序的技术性能和质量做出评价。

在程序设计过程中，上述一些步骤可能有反复。如果发现程序有错，就要逐步向前排查错误，修改程序，情况严重时可能需要重新分析问题和重新确定算法。

7.4.2 结构化程序设计的基本原则

人们从多年的软件开发经验中发现，任何复杂的算法，都可以由顺序结构、选择（分支）结构和循环结构这3种基本结构组成，因此，我们在构造解决问题的具体方法和步骤的时候，也仅以这3种基本结构作为"建筑单元"，基本结构可以相互包含，但不允许交叉，不允许从一个结构直接转到另一个结构的内部。这样的算法由 3 种基本结构组成，就像用模块构建的一样，结构清晰，易于验证正确性，易于纠错。这种方法就是结构化方法，遵循这种方法的程序设计，就是结构化程序设计。

模块化是实现结构化程序设计的一种基本思路或设计策略。模块化的目的是降低程序复杂度，使程序设计、调试和维护等操作简单化。事实上，模块本身也是结构化程序设计的必然产物。当今，模块化也为其他软件开发的工程化方法所采用，并不为结构化程序设计所独家占有。

模块：把要开发的一个较大规模的软件，依照功能需要，采用一定的方法（如结构化方法）划分成一些较小的部分，这些较小的部分就称为模块，也称为功能模块。

模块化设计：以模块为设计对象，用适当的方法和工具对模块外部（各有关模块之间）与模块内部（各成分之间）的逻辑关系进行确切的描述，称为模块化设计。

结构化程序设计由迪科斯彻在 1969 年提出，这种方法以模块化设计为中心，将待开发的软件系统划分为若干个独立模块，使每一个模块的设计工作变得单纯而明确，为设计一些较大的软件打下了良好的基础。

结构化程序设计方法的基本原则可以概括为"自顶向下，逐步求精，模块化，限制使用 goto 语句"。

（1）自顶向下。设计程序时，应先考虑总体，后考虑细节；先考虑全局目标，后考虑局部目标。也就是说，应首先把一个复杂的大问题分解为若干相对独立的小问题。如果小问题仍较复杂，则可以再把这些小问题继续分解成若干子问题。这样不断地分解，直到小问题或子问题简单到能够直接用程序的 3 种基本结构表达为止。

（2）逐步求精。对于复杂问题，应设计一些子目标来过渡，逐步细化。

（3）模块化。一个复杂问题，肯定是由若干个简单问题构成的。模块化就是把程序要实现的总目标分解为子目标，再进一步分解为具体的小目标。每一个小目标叫作一个模块。针对每一个小目标或子目标编写出功能相对独立的程序块，最后统一组装，这样，对一个复杂问题的求解就变成了对若干个简单问题的求解。在分解时，要注意模块内部的内聚度和模块之间的耦合度。

（4）限制使用 goto 语句。goto 语句是有害的，程序的质量与 goto 语句的数量成反比，应该在所有的高级语言中限制 goto 语句的使用。

7.4.3　程序设计的基本结构

结构化程序设计提出了顺序结构、选择（分支）结构和循环结构 3 种基本结构。一个程序无论大小都可以由这 3 种基本结构搭建而成。

1．顺序结构

顺序结构要求程序中的各个操作按照它们出现的先后顺序执行。这种结构的特点是，程序从入口开始，按顺序执行所有操作，直到出口。顺序结构是一种简单的程序设计结构，也是最基本、最常用的结构，其流程图和 N-S 结构图如图 7.15 所示。

2．选择（分支）结构

选择（分支）结构是指程序中的操作出现了分支，需要根据某一特定的条件选择其中一个分支执行，包括两路选择结构和多路选择结构。其特点是，根据所给定的选择条件的真（条件成立，常用 Y 或 True 表示）与假（条件不成立，常用 N 或 False 表示），来决定执行某一分支的

图 7.15　顺序结构的流程图和 N-S 结构图

数据结构与算法　第 7 章

相应操作，并且任何情况下都有"无论分支多寡，必择其一；纵然分支众多，仅选其一"的特性。

（1）两路选择结构

两路选择结构根据结构入口处的条件来决定下一步的程序流向。如果条件为真则执行语句组 1，否则执行语句组 2。值得注意的是，在两个分支中只能选择一个且必须选择一个执行，但不论选择了哪一个分支执行，最后都一定到达结构的出口处。其流程图和 N-S 结构图如图 7.16 所示（实际使用过程中可能会遇到只有一个分支有执行语句的情况，此时最好将执行语句放在条件为真的分支中）。

图 7.16　两路选择结构的流程图和 N-S 结构图

（2）多路选择结构

多路选择结构是指程序流程中有多个分支，程序流向将根据条件确定。如果条件 1 为真，则执行语句组 1；如果条件 2 为真，则执行语句组 2；如果条件 n 为真，则执行语句组 n。如果所有分支的条件都不满足，则执行语句组 $n+1$（该分支可以省略）。总之要根据条件选择多个分支之一执行。不论选择了哪一个分支，最后都要到达同一个出口。多路选择结构的流程图和 N-S 结构图如图 7.17 所示。

图 7.17　多路选择结构的流程图和 N-S 结构图

3．循环结构

所谓循环，是指一个客观事物在其发展过程中，从某一环节开始有规律地反复经历相似的若干环节的现象。循环的主要环节具有"同处同构"的性质，即它们"出现位置相同，构造本质相同"。

程序设计中的循环结构，是指从某处开始有规律地反复执行某一语句块的现象，我们称重复执行的语句块为循环体。

下面介绍两种循环结构："当"型循环结构和"直到"型循环结构。

①"当"型循环结构先判断条件，当满足给定的条件时执行循环体，并且在循环终端自动返回

循环入口；如果条件不满足，则退出循环直接到达流程出口处。"当"型循环结构的流程图和 N–S 结构图如图 7.18 所示。

②"直到"型循环结构从结构入口处直接执行循环体，在循环终端判断条件，如果条件不满足，则返回入口处继续执行循环体，直到条件为真时才退出循环到达流程出口处。"直到"型循环结构的流程图和 N–S 结构图如图 7.19 所示。

（a）流程图　　　　　（b）N-S结构图　　　　　（a）流程图　　　　　（b）N-S结构图

图 7.18　"当"型循环结构的流程图和 N–S 结构图　　图 7.19　"直到"型循环结构的流程图和 N–S 结构图

7.4.4　程序设计语言简介

1. 机器语言

微机的"大脑"是一块被称为 CPU 的集成电路，而被称为 CPU 的这块集成电路只能识别由"0"和"1"组成的二进制码。因此，早期人们使用计算机时，编写的就是以二进制码表示的机器指令，也就是说要写出由"0"和"1"组成的指令序列交由计算机执行。由二进制码组成的规定计算机动作的符号叫作计算机指令，这些指令的集合就是机器语言。

机器语言与计算机硬件关系密切。由于机器语言是计算机硬件唯一可以直接识别的语言，因此机器语言的执行速度最快。使用机器语言是十分痛苦的，因为组成机器语言的符号是"0"和"1"，使用时烦琐、费时，在程序有错需要修改时更是如此。而且，由于每台计算机的指令系统往往各不相同，因此，在一台计算机上执行的程序，无法换到另一台计算机上执行，必须另行编写，造成了工作的重复。

2. 汇编语言

为了解决使用机器语言编程的困难，人们发明了汇编语言：用简洁的英文字母、符号串来替代具有特定含义的二进制码。例如，用"ADD"表示"加"，用"MOV"表示"移动"等。这样一来，人们就很容易读懂并理解程序在干什么，纠错及维护都变得方便了。由于汇编语言用"助记符"代替操作码，用"地址符号"或"标号"代替地址码，也就是用"符号"代替了机器语言的二进制码，所以汇编语言也被称为符号语言。汇编语言在形式上用了人们熟悉的英文字母和十进制数，因而方便了记忆和使用。

但是，由于计算机只能识别"0"和"1"，而汇编语言中使用的是助记符，因此用汇编语言编制的程序被输入计算机后，不能像用机器语言编写的程序一样直接被识别和执行，必须由预先放入计算机中的程序加工和翻译，才能变成可被计算机识别和处理的二进制码。这种起翻译作用的程序叫作汇编程序。

3. 高级语言

从最初与计算机交流的痛苦经历中，人们意识到，应该设计一种接近数学语言或自然语言，同时又不依赖计算机硬件，编出的程序能在所有计算机上通用的语言。1954 年，第一个完全脱离硬件的高级语言——FORTRAN 问世了。几十年来，有几百种高级语言出现，有重要意义的有几十种，

数据结构与算法　第 7 章

其中影响较大、使用较普遍的有 C、C#、Visual C++、Visual Basic、.NET、Delphi、Java、ASP、Python、R 语言等。

用高级语言编写程序的过程称为编码，编写出来的程序叫源代码（或源程序）。

用高级语言编写的程序需要被翻译成目标程序（即机器语言程序）才能被计算机执行。将高级语言翻译为机器语言的方式主要有两种：解释方式和编译方式。

（1）解释方式：让计算机运行解释程序，解释程序逐句取出源程序中的语句，对其进行解释执行，输入数据，产生结果。解释方式的主要优点是交互性好，调试程序时，程序员能一边执行一边直接改错，能较快得到一个正确的程序；缺点是逐句解释执行，整体运行速度慢。

（2）编译方式：先运行编译程序，将源程序全部翻译为计算机可直接执行的二进制程序（称为目标程序），然后让计算机执行目标程序，输入数据，产生结果。编译方式的主要优点是计算机运行目标程序快，缺点是修改源程序后必须重新编译以产生新的目标程序。

习题 7

一、选择题

1. 为解决某一特定问题而设计的指令序列称为（　　　）。

  A. 文档　　　　　　　　B. 语言　　　　　　　　C. 程序　　　　　　　　D. 系统

2. 结构化程序设计中的 3 种基本结构是（　　　）。

  A. 选择结构、循环结构和嵌套结构

  B. 顺序结构、选择结构和循环结构

  C. 选择结构、循环结构和模块结构

  D. 顺序结构、递归结构和循环结构

3. 编制一个好的程序首先要确保它的正确性和可靠性，除此以外，人们通常会更注重源程序的（　　　）。

  A. 易使用性、易维护性和效率　　　　　　B. 易使用性、易维护性和易移植性

  C. 易理解性、易测试性和易修改性　　　　D. 易理解性、安全性和效率

4. 编制程序时，应强调良好的编程风格，如选择标识符时应考虑（　　　）。

  A. 名字长度越短越好，以减少源程序的输入量

  B. 多个变量共用一个名字，以减少变量名的数目

  C. 选择含义明确的名字，以正确提示所代表的实体

  D. 尽量用关键字作为名字，以使名字标准化

二、简答题

1. 什么是程序？什么是程序设计？程序设计包含哪几个方面？

2. 在程序设计中应该注意哪些基本原则？

3. 机器语言、汇编语言、高级语言有什么不同？

习题参考答案

第**8**章 Python 语言

本章将从 Python 语言概述开始，介绍 Python IDLE（Integrated Development and Learning Environment，集成开发和学习环境）的安装、Python 语法基础、Python 控制语句、Python 语言的数据结构以及 Python 的标准库和第三方库的使用等知识。通过本章的学习，读者将对 Python 语言有初步认识，能够使用 Python 语言编写程序，解决实际问题。通过对标准库和第三方库的学习，读者还能够了解 Python 语言强大的功能，为后续解决学习、工作中的问题打下基础。

【知识要点】

- Python 语法基础。
- 简单数据类型。
- 标准输入输出。
- Python 控制语句。
- Python 数据结构。
- 标准库和第三方库。

章首导读

8.1 Python 语言概述

Python 是一种面向对象的解释型计算机程序设计语言，由荷兰人吉多·范罗苏姆（Guido van Rossum）于 1989 年提出，第一个公开发行版发行于 1991 年。

Python 语言非常优秀，其解释器的全部代码都是开源的，用户可以到其官网下载。Python 软件基金会（Python Software Foundation，PSF）则致力于更好地推进并保护 Python 语言的开放性。

Python 语言介绍

Python 是一个结合了解释性、编译性、互动性和面向对象的高层次脚本语言。Python 语言具有很强的可读性，相比其他语言更常使用英文关键字，更少使用标点符号，具有比其他语言更有特色的语法结构。其特色之一是强制用空白符（White Space）作为语句缩进。

由于 Python 语言的简洁性、易读性以及可扩展性，用 Python 进行科学计算以及应用开发的研究机构日益增多，越来越多的大学用 Python 语言讲授程序设计课程。众多开源的科学计算库都提供了 Python 的调用接口，如计算机视觉库 OpenCV、三维可视化库 VTK、医学图像处理库 ITK。而 Python 专用的科学计算扩展库就更多了，例如，3 个十分经典的科学计算扩展库 NumPy、SciPy 和 Matplotlib，它们分别为 Python 提供了快速数组处理、数值运算以及绘图功能。因此，Python 语言及其众多的扩展库所构成的开发环境十分适合工程技术人员和科研人员处理实验数据、制作图表，甚至开发科学计算应用程序。

8.2 Python 的安装

Python 是开源软件，Python 解释器可以由网络获得。在其官网的下载页面单击 "Download" 链接，打开的页面会显示所有与版本相关的文件。在"Files"列表中选择与个人使用的计算机操作系统和微处理器相匹配的文件下载即可。以 64 位 Windows 操作系统、Python 3.10.0 版本为例，可选择"Windows x86–64 executable installer"。下载完成后，运行该文件，安装界面如图 8.1 所示。首先选中"Add Python 3.10 to PATH"复选框，将 Python 添加到环境路径，然后单击"Install Now"即可开始安装。安装成功界面如图 8.2 所示。

图 8.1　安装界面

图 8.2　安装成功界面

在"开始"菜单里选择"Python 3.10"，打开图 8.3 所示的列表。在这个列表中列出了已安装的程序组件。选择"IDLE（Python 3.10 64–bit）"命令即可打开 Python 的交互环境，如图 8.4 所示。

图 8.3　Python 程序列表

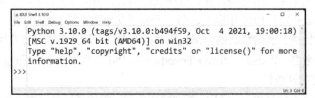

图 8.4　通过 IDLE 打开 Python 的交互环境

">>>"是 Python 语句的输入提示符，在这个符号之后就可以输入 Python 语句了。

在">>>"符号之后输入 quit() 或 exit()，即可退出 Python 的交互环境。

在">>>"符号之后输入代码 print("Hello World! ")，按<Enter>键即可运行第一个小程序，如图 8.5 所示。

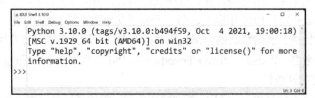

图 8.5　运行"Hello World! "程序

Python 的交互环境可以即时反馈，输入一行代码后按<Enter>键，即可得到运行结果。

8.3 Python 语法基础

要想掌握一门程序设计语言，首先应了解该语言的基本语法和语义规范，Python 语言虽然不像其他计算机语言有丰富的语法格式，但有自己独树一帜的特色语法。本节将首先介绍 Python 的语法特点；然后介绍 Python 的变量数据类型、数据类型转换；最后介绍运算符、表达式和运算符优先级，引领读者熟悉 Python 的语法基础。

8.3.1 Python 的语法特点

1. 注释规则

Python 的注释有单行注释和多行注释两种形式。

（1）单行注释

单行注释以#开头，例如：

```
# 这是一个单行注释
```

（2）多行注释

多行注释用 3 个单引号（'''）或双引号（"""）将注释语句括起来，例如：

```
'''
这是一个 Python 多行注释，
不被计算机执行。
'''
"""
这是一个 Python 多行注释，
不被计算机执行。
"""
```

2. 语句换行

如果一个语句太长，全部写在一行会显得很不美观。使用反斜杠（\）可以实现长语句的换行，例如：

```
x = "社会主义核心价值观: \
富强、民主、文明、和谐、\
自由、平等、公正、法治、\
爱国、敬业、诚信、友善。"
```

▶**注意:**

行末的反斜杠（\）之后不能添加注释。

以圆括号()、方括号[]或花括号{}括起来的语句，分行不必使用反斜杠。

3. 一行写多个语句

Python 允许将多个语句写在同一行上，语句之间用分号隔开，例如：

```
a=10; b=20; print(a+b)
```

4. 代码块

缩进位置相同的一组语句形成一个代码块。例如，在下面的示例代码中，"if True:"下面的两行代码就构成了一个代码块。

```
if True:
    print ("结果:")
    print ("True")
```

5. 缩进分层

Python 与其他语言最大的区别就是，Python 的代码块不使用花括号 {} 来控制类、函数以及其他逻辑判断。Python 的一大特色就是利用缩进来写模块。缩进是可变的，但是代码块必须有相同的缩进距离。缩进可以使用 Tab 键。

【例 8-1】正确缩进的代码块。

```
if True:
    print ("结果:")
    print ("True")
else:
    print ("结果:")
    print ("False")
```

运行结果：

```
结果
True
```

【例 8-2】错误缩进的代码块。

```
if True:
    print ("结果:")
print ("True")
else:
    print ("结果:")
    print ("False")
```

运行结果如图 8.6 所示。

图 8.6　例 8-2 运行结果

Python 中的缩进表示语句之间的包含关系，缩进相同的语句为同级语句。在例 8-2 中，if 语句和 else 语句为条件语句中的同级语句，else 语句不能单独存在，必须与 if 语句搭配，但因第 3 行语句没有缩进，导致 else 语句不具备语法意义，为无效语句。

6. 模块

Python 中的模块分为内置模块和非内置模块。内置模块不需要手动导入，启动 Python 时系统会自动导入，任何程序都可以直接使用它们。非内置模块以文件的形式存在于 Python 的安装目录中，使用前需要导入。导入模块的语法格式如下：

```
import [模块名]
```

例如，导入数学模块，具体代码如下：

```
import math        #导入数学模块
```

8.3.2　变量和常量

1. 变量

在 Python 中，使用变量前必须为其赋值，赋值后该变量才会被创建。等号（=）用来给变量赋值。语法格式如下。

```
变量名 = 变量中存储的值
```
例如：
```
age = 36
color = "红色"
```
在 Python 中定义变量不需要指定数据类型，变量的数据类型由它所指向的内存中的对象类型来决定。在 Python 中，同一个变量可以被反复赋值，而且可以是不同数据类型的值，在这一点上，Python 和 C、C++、Java 等程序设计语言有很大的区别。例如：
```
age = 36     #age 是整型对象
age = "ABC"  #age 变成字符串对象
```
Python 允许同时为多个变量赋值，例如：
```
x = y = z = 100
```
Python 还允许同时为多个变量赋予不同数据类型的值，例如：
```
name, age = "张三", 100
```
Python 还允许变量相互赋值，例如：
```
name_a = "张三"
Name_b = name_a
```

▶注意：

　　Python 中的变量不需要声明，但要求每个变量在使用前必须赋值。如果使用没有被赋值的变量，则程序运行会出错。

2．常量

所谓常量就是值不能改变的量，例如，我们常用的数学常数 π 就是一个常量。在 Python 中，我们通常用全部大写的变量名表示常量：
```
PI = 3.14159265359
```

▶注意：

　　事实上 PI 仍然是一个变量，Python 根本没有任何机制保证 PI 的值不会被改变。因此，用全部大写的变量名表示常量只是一个习惯，实际上 PI 的值是可以改变的。

8.3.3　标识符与关键字

1．标识符

在现实生活中，人们常用一些符号或词语来标记事物。例如，每种手机都有一个品牌标识，每种水果都有一个名称标识。同理，若希望在程序中标识一些事物（对象），开发人员也需要自定义一些符号和名称，这些符号和名称就是标识符。

Python 的标识符可以包含字母（A~Z、a~z）、数字（0~9）及下画线（_），但有以下几个方面的限制。

（1）标识符必须以字母或下画线开头，并且中间不能有空格。

（2）Python 的标识符有大小写之分，例如，NAME 与 name 是不同的标识符。

（3）关键字不可以当作标识符，例如，if 不能作为标识符。

（4）在 Python 3 中，汉字也可以出现在标识符中，例如，"路人甲""路人乙"都是合法的标识符。

2．关键字

在 Python 中，一些被赋予特定的含义并具有专门用途的字符串称为关键字。开发人员不能定义和关键字相同的标识符。

我们可以使用以下命令来查看 Python 的关键字：

```
>>>import keyword
>>>keyword.kwlist
```

运行结果如图 8.7 所示。

图 8.7 Python 中的关键字

8.3.4 运算符与表达式

运算符是用于执行各种操作的特殊符号，如算术运算符、比较运算符、逻辑运算符、位运算符等。表达式是由运算符和操作数（变量、常量或函数调用）组成的代码片段，用于计算某个值。掌握 Python 中的运算符和表达式的用法，对于编写高效、简洁的代码非常重要。

1．算术运算符

算术运算符用于执行基本的数学运算，如加法、减法、乘法、除法等。Python 中常用的算术运算符如表 8.1 所示。

表 8.1 算术运算符

运算符	描述
+	加法
−	减法
*	乘法
/	除法（浮点数结果）
//	整除（整数结果）
%	取余（模运算）
**	幂运算（指数运算）

【例 8-3】算术运算示例。

程序如下：

```
x = 10
y = 3
print(x + y)      #输出: 13
print(x - y)      #输出: 7
print(x * y)      #输出: 30
print(x / y)      #输出: 3.3333333333333335
print(x // y)     #输出: 3
print(x % y)      #输出: 1
print(x ** y)     #输出: 1000
```

2．比较运算符

比较运算符用于比较两个值的大小。比较运算符返回一个布尔值（True 或 False）。Python 中常用的比较运算符如表 8.2 所示。

表 8.2　比较运算符

运算符	描述
==	等于
!=	不等于
<	小于
>	大于
<=	小于等于
>=	大于等于

【例 8-4】比较运算示例。

程序如下：

```
x = 10
y = 3
print(x == y)        #输出：False
print(x != y)        #输出：True
print(x < y)         #输出：False
print(x > y)         #输出：True
print(x <= y)        #输出：False
print(x >= y)        #输出：True
```

3．逻辑运算符

逻辑运算符用于组合布尔表达式，以实现更复杂的条件判断。Python 中常用的逻辑运算符如下。

and：逻辑与。

or：逻辑或。

not：逻辑非。

逻辑运算规则如表 8.3 所示。

表 8.3　逻辑运算规则

a	b	a and b	a or b	not a
False	True	False	True	True
False	False	False	False	True
True	True	True	True	False
True	False	False	True	False

4．其他运算符

Python 还提供了一些其他类型的运算符，如成员运算符（in、not in）和身份运算符（is、is not）。成员运算符用于检查一个值是否在某个容器（如列表、元组、集合、字典等）中。身份运算符用于比较对象是否具有相同的内存地址。

【例 8-5】成员运算示例。

程序如下：

```
alist = [1,2,3,4,5]
print(3 in alist)        #输出：True
print(6 in alist)        #输出：False
```

【例8-6】 身份运算示例。

程序如下：

```
x = [1,2,3]
y = [1,2,3]
z = x

print(x is y)        #输出: False
print(x is not y)    #输出: True
print(x is z)        #输出: True
```

8.4 简单数据类型

计算机通常会对表示信息的数据进行分类，以便对数据进行准确的处理。下面介绍在 Python 中使用的简单数据类型。

数字和字符串

8.4.1 数字类型

Python 支持 int（整型）、float（浮点型）、complex（复数类型）和 bool（布尔型）4 种数字类型。

1. int（整型）

整型与数学中的整数概念相同。Python 可将整数用十进制、二进制、八进制和十六进制表示。默认情况下，整数用十进制表示。二进制整数以 0b 开头，八进制整数以 0o 开头，十六进制整数以 0x 开头。Python 在语法上没有对整数的取值范围进行限制，整数的实际取值范围取决于运行 Python 的计算机内存。

在编写代码时可以进行很大的数据的运算，例如：

```
>>> 123456789874144786*4556514447741411456
562532646733316307512399084543068416
>>> pow(2,1000)
10715086071862673209484250490600018105614048117055336074437503883703510511249361224931983788156958581275946729175531468251871452856923140435984577574698574803934567774824230985421074605062371141877954182153046474983581941267398767559165543946077062914571119647768654216766042983165262438683720566808069376
```

其中 pow(2,1000) 表示 2 的 1000 次方。

2. float（浮点型）

浮点型是带有小数点的数，为了和整数区别，小数部分可以是 0，如 2.4、0.3、1.0。

▶**说明：**

我们也可以使用科学记数法表示数据，格式为 \<a\>e\<b\>，其含义为 $a*10^b$，例如：

2.78e2 表示的是 $2.78×10^2$=278；

0.123e2 表示的是 $0.123×10^2$=12.3；

3.15e−2 表示的是 $3.15×10^{-2}$=0.0315。

3. complex（复数类型）

复数类型可表示为 a+bj，其中 a 为实部，b 为虚部，j 为后缀（也可以写为 J）。例如：

```
1.5 + 0.5j
2J
2 + 1e100j
3.14e - 10j
```

我们可以使用 real 与 imag 属性分别取出复数的实数和虚数部分，例如：

```
>>> a = 2.5 + 1.7j
>>> a.real
2.5
>>> a.imag
1.7
```

4．bool（布尔型）

布尔型的值只有 True 和 False，表示真和假。如果对布尔值进行数值运算，True 会被当作整数 1，False 会被当作整数 0。例如：

```
>>> True == 1
True
>>> False == 0
True
```

在 Python 中，每一个对象天生具有布尔值，以下对象的布尔值都是 False：

（1）为 0 的数字，包括 0、0.0、0 + 0（i/J）；

（2）空字符串''或""；

（3）表示空值的 None；

（4）空集合，包括空元组()、空序列[]、空字典{}；

（5）False。

除了上述对象，其他对象的布尔值都是 True。

Python 内置函数中，与数值运算相关的函数如表 8.4 所示。

表 8.4　Python 内置数值运算函数

函数	功能
abs(x)	求 x 的绝对值
pow(x,y)	求 x 的 y 次幂
max(x1,x2,···,xn)	求 x1 到 xn 中的最大值
min(x1,x2,···,xn)	求 x1 到 xn 中的最小值
round(x)	对 x 进行四舍五入运算，结果为整数

8.4.2　字符串类型

字符串是 Python 中常用的一种数据类型，可以使用单引号、双引号和三引号来标识字符串。

1．标识字符串

（1）用单引号标识字符串。

（2）用双引号标识字符串。

（3）用三引号（'''或者"""）标识字符串。

三引号相比单引号和双引号有一个特殊的功能，它能够标识一个多行的字符串，而且该多行字符串中的换行、缩进等格式都会原封不动地保留。例如：

```
>>> x=3
>>> y='3'
>>> x
3
>>> y
'3'
>>> '''
春眠不觉晓，
```

处处闻啼鸟。
夜来风雨声,
花落知多少。
'''
'\n春眠不觉晓, \n处处闻啼鸟。\n夜来风雨声, \n花落知多少。\n'

2. 转义字符

Python 中的转义字符以反斜杠(\)为前缀。转义字符的意义就是避免字符出现二义性,二义性是所有程序设计语言都不允许的。Python 中常用的转义字符如表 8.5 所示。

表 8.5　Python 中常用的转义字符

转义字符	描述	转义字符	描述
\\	反斜杠符号	\n	换行
\'	单引号	\t	横向制表符
\"	双引号	\r	回车
\f	换页	\b	退格(Backspace)

3. 字符串索引

在 Python 中,字符串类型的数据自带索引功能,且分为正向索引和反向索引。如图 8.8 所示,将字符串"PYTHON"设为 s,则 s[4]='O', s[-2]也是'O'。

正向索引:

0	1	2	3	4	5
P	Y	T	H	O	N

反向索引:　-6　　-5　　-4　　-3　　-2　　-1

图 8.8　字符串索引示意图

4. 字符串基本操作

与数字类型数据相似,字符串类型数据也可以进行运算。字符串基本操作如表 8.6 所示。

表 8.6　字符串基本操作

操作	功能
x+y	连接字符串 x 和 y
x*n	将字符串 x 复制 n 次
str[i]	得到字符串中的第 i+1 个字符
str[n:m]	从字符串中获得从 n 到 m(不包括 m)的子字符串
x in y	判断字符串 x 是否存在于字符串 y 中,是则返回 True,否则返回 False

在 Python 的交互环境中,示例如下:

```
>>> x='程序设计'
>>> y='is interesting!'
>>> x+y
'程序设计is interesting!'
>>> x*4
'程序设计程序设计程序设计程序设计'
>>> x[2]
'设'
>>> y[2:5]
'in'
```

【例8-7】回文字符串的判断。

程序如下：

```
rs=input("请输入一个字符串：")
if rs==rs[::-1]:
    print('True')
else:
    print('False')
```

8.5 标准输入输出

通过键盘输入数据，在屏幕上显示结果，称为标准输入输出。

8.5.1 标准输入函数

Python 内置的 input() 函数用于接收用户通过键盘输入的字符串。input()函数的基本语法格式如下：

```
input([prompt])
```

其中，prompt 是可选参数，用于提示需要输入什么样的数据。在用户输入数据并且按<Enter>键后，input ()函数就会返回字符串对象。使用 input()函数时通常需要一个变量来接收用户输入的数据，示例如下：

```
name = input("请输入一个景区的名字：")
```

8.5.2 标准输出函数

Python 内置的 print () 函数用于输出数据。print ()函数的基本语法格式如下：

```
print(value,...,sep=' ',end='\n')
```

value 表示输出对象，后面的省略号表示可以列出多个输出对象，以逗号隔开。sep 用于设置多个输出对象之间的分隔符，默认为一个空格。end 表示输出数据的结束符号，默认为换行符。例如：

```
print("我最喜欢的城市是","北京",sep=',')
print("我最喜欢的城市是","北京",end='$')
```

【例8-8】从键盘输入圆的半径的值，计算圆的周长和面积。

程序如下：

```
r=eval(input('请输入圆的半径：'))      #输入部分：变量 r 代表圆的半径
l=2*3.14*r                           #计算部分：变量 l 代表圆的周长
s=3.14*r*r                           #计算部分：变量 s 代表圆的面积
print('圆的周长是：{:.2f}'.format(l))   #输出部分：输出周长
print('圆的面积是：{:.2f}'.format(s))   #输出部分：输出面积
```

在语句 print('圆的周长是：{:.2f}'.format(l))中，花括号相当于卡槽，将 format 后面括号里的内容填入花括号所在的位置。在花括号中的 ":.2f" 表示对 format 后面括号里的数据进行保留两位小数的处理。

程序编写完成后，先保存。按<Ctrl+S>组合键即可打开保存对话框，设置好保存位置和文件名后，就可以将程序以文件的形式保存在计算机上。Python 程序文件的扩展名为 py。

保存完成后，按<F5>键即可运行程序。

8.6 Python 控制语句

除了按照书写的顺序依次执行程序中的语句，还可以用某些特定语句来控制程序执行方向，这就是控制语句。Python 控制语句包括选择语句、循环语句和跳转语句。

8.6.1 选择语句

分支结构范例

1. 单分支语句

在 Python 中，单分支语句的基本语法格式如下：

```
if <条件>:
    <语句块>
```

若条件成立，则执行语句块；否则跳过分支结构。

【例 8-9】如果购物金额超过 1 万元，那么超出的部分打九折，并显示实际付款金额。

程序如下：

```
money=eval(input('请输入金额: '))
if money>10000:
    money=10000+(money-10000)*0.9
print('实际金额是:{:.2f}'.format(money))
```

2. 双分支语句

双分支语句的基本语法格式如下：

```
if <条件>:
    <语句块1>
else :
    <语句块2>
```

条件成立时，执行语句块 1；条件不成立时，执行语句块 2。

【例 8-10】求分段函数的值：

$$y = \begin{cases} x+3 \times x & x \geqslant 0 \\ 2 \times x \times x - 13 & x < 0 \end{cases}$$

程序如下：

```
x=eval(input('请输入x的值: '))
if x>=0:
    y=x+3*x
else:
    y=2*x*x-13
print('y={:.0f}'.format(y))
```

3. 多分支语句

多分支语句的基本语法格式如下：

```
if <条件>:
    <语句块1>
elif <条件2>:
    <语句块2>
...
else:
    <语句块N>
```

Python 会依次判断条件，并执行第一个结果为 True 的条件下的语句块。else 是可选语句，如果没有条件成立，则执行 else 后面的语句块。

【例 8-11】根据成绩（百分制，0～100），求出相应的等级（A、B、C、D、E）。其中，90～100 分为 A；80～89 分为 B；70～79 分为 C；60～69 分为 D；0～59 分为 E。

程序如下：

```
score=eval(input('请输入成绩: '))
if score>=90:                 #请注意条件之间的关系
    grade='A'
```

```
elif score>=80:
    grade='B'
elif score>=70:
    grade='C'
elif score>=60:
    grade='D'
else:
    grade='E'
print('成绩等级为: '+grade)
```

8.6.2 循环语句

在 Python 中，循环语句有遍历循环和无限循环两种。

1. 遍历循环: for 语句

如果循环次数确定，编程时可以使用 for 语句。基本语法格式如下:

```
for <循环变量> in <遍历结构>:
    <循环体>
```

Python 循环
语句

在 Python 中 for 语句的循环次数是由遍历结构中的元素个数确定的。遍历循环从遍历结构中逐一提取元素赋值给循环变量，然后对提取的每个元素执行一次循环体。遍历结构可以是字符串、文件、range()函数等。

【例 8-12】编写一个程序，求 1~100 这 100 个自然数的和。

程序如下:

```
s=0
for i in range(101):
    s=s+i
print(s)
```

在这个程序中，range(101)表示了遍历结构是 1~100 的自然数。若要表示 1~20 的自然数，可以写为 range(21)（最后一个数取不到）。

【例 8-13】字符串遍历。

程序如下:

```
for s in "程序设计":
    print('循环进行中: '+s)
else:
    print('循环结束')
```

在这个遍历循环中，遍历结构为字符串，因此循环变量 s 依次取得字符串中的每一个字符然后输出。

2. 无限循环: while 语句

大多数实际问题无法使用遍历循环解决，而需要根据某些特定的条件执行循环语句，这种循环称为无限循环。基本语法格式如下:

```
while <条件>:
    <循环体>
```

在 while 语句中，条件成立时，执行循环体，条件不成立时，跳过 while 语句，执行后面与之同级的语句。

【例 8-14】求下面级数中奇数项的部分和 s，在求和时，以第一个大于 8888 的奇数项为末项。计算并输出部分和 s 与求和用到的奇数项总项数。

$s = 1!+2!+3!+4!+\cdots+n!+\cdots$

程序如下:

```
s=1                    #s 为部分和
```

```
n=1                     #n 为项号
total=1                 #total 为奇数项的个数
t=1                     #t 为单项的值
while t<8888:
    n=n+2
    t=t*(n-1)*n
    s=s+t
    total=total+1
print(total)
print(s)
```

8.6.3　跳转语句

1．break 语句

在 Python 中，break 语句用于强行跳出当前循环，也就是说，如果 break 语句出现在嵌套循环的内层时，它用于跳出当前的一层循环。

【例 8-15】使用 while 嵌套循环输出 2～10 的素数。

程序如下：

```
i=2
while i<=10:
    j=2
    while j<=(i/2):
        if i%j==0:
            break
        j=j+1
    if j>(i/2):
        print("%d 是素数" %i)
    i=i+1
```

运行结果：

```
2 是素数
3 是素数
5 是素数
7 是素数
```

2．continue 语句

continue 语句用于跳出当次循环进入下一次循环，也就是说，程序运行到 continue 语句时，会停止执行循环体剩余的语句，然后回到循环开始处继续执行下一次循环。

【例 8-16】输出 1～10 所有不能被 3 整除的自然数。

程序如下：

```
print("1 到 10 中不能被 3 整除的自然数有：")
for i in range(1,11):
    if i%3==0:
        continue
    print(i,end=",")
```

运行结果：

```
1 到 10 中不能被 3 整除的自然数有：
1,2,4,5,7,8,10
```

8.7　Python 数据结构

Python 中有 4 种内建的数据结构，分别是列表（List）、元组（Tuple）、字典（Dictionary）、集合（Set）。

8.7.1　列表

在处理单个数据的时候，使用变量是非常方便的。但如果遇到有组织、有关联的成批数据，变量的使用就显得捉襟见肘了。在其他程序设计语言中，处理这样的成批数据一般会使用数组，但是数组要求所有元素的数据类型是一致的。由于 Python 并没有对数据类型进行严格划分，因此 Python 中没有数组，而是采用了更为强大的列表。

列表是包含 0 个或多个对象引用的有序序列，使用方括号[]括起来，没有长度限制。列表的内容和长度都是可变的。

1．列表的创建

（1）使用方括号创建

将元素放在一对方括号内并用逗号隔开，再把此列表赋值给一个变量，就可以通过变量来引用该列表。

▶**注意：**

　如果方括号内为空，则表示创建一个空的列表，如 L=[]。

示例如下：

```
L1 = ['Adam', 95.5, 'Lisa', 85, 'Bart', 59]
print(L1)
```

运行结果：

```
['Adam', 95.5, 'Lisa', 85, 'Bart', 59]
```

（2）使用构造函数创建

Python 提供了 list()构造函数，可以用来创建列表，语法格式如下：

```
变量 = list([可迭代对象])
```

以上格式表示创建一个列表并赋值给变量，参数是可迭代对象。方括号表示参数是可选项，如果没有该参数，list()会创建一个空的列表给变量。

示例如下：

```
L2 = list([1, "red" ,2, "green" ,3, "blue"])
print(L2)
```

运行结果：

```
[1, 'red', 2, 'green', 3, 'blue']
```

2．列表的基本操作

（1）访问列表元素

① 正数索引

列表中的元素是有顺序的，因此可以通过索引来访问元素。列表的索引是从 0 开始的，如果一个列表长度为 n，那么它的索引是从 0 到 $n-1$。语法格式如下：

```
变量 = 列表名[索引]
```

示例如下：

```
L5 = ['Adam', 'Lisa','Bart']
s = L5[0]
print(s)
```

运行结果：

```
Adam
```

② 负数索引

列表可以通过负数索引来进行倒序访问，索引-1 表示倒数第一个元素，-2 表示倒数第二个元素，以此类推，如果列表的长度是 n，那么第一个元素的索引是-n。

示例如下：

```
L5 = ['Adam', 'Lisa','Bart']
s = L5[-1]
print(s)
```

运行结果：

```
Bart
```

③ 索引变量

列表元素的索引是可以直接像变量一样使用的，称为索引变量，可以对其进行读取、写入以及计算等操作。我们可以用索引变量直接修改列表中的某一个元素。

示例如下：

```
nums = [1, 2, 3, 4, 5]
nums[0] = nums[1] + nums[-1]
print(nums)
```

运行结果：

```
[7, 2, 3, 4, 5]
```

（2）列表的遍历

列表的遍历就是对列表中的每一个元素都做一次访问，可以使用循环来实现。使用 for 循环实现列表遍历的语法格式如下：

```
for 循环变量 in 列表名
    print(循环变量)
```

示例如下：

```
L5 = ['Adam', 'Lisa', 'Bart']
for s in L5:
    print(s)
```

运行结果：

```
Adam
Lisa
Bart
```

3．列表的相关方法

列表是一个类，一旦一个列表被创建就构造了一个列表对象，我们可以使用该列表对象调用类的成员方法，也就是可以用列表名调用列表的相关方法。语法格式如下：

```
列表名.方法名(参数)
```

（1）list.append()方法：该方法在列表的末尾添加元素 x。

示例如下：

```
L1 = ["red", "green", "blue"]
L1.append('black')
print(L1)
```

运行结果：

```
['red', 'green', 'blue', 'black']
```

（2）list.insert()方法：该方法在列表的索引 i 处插入一个元素 x。

示例如下：

```
L2 = ['Adam', 'Lisa', 'Bart']
L2.insert(1, 'Joan')
print(L2)
```

运行结果：

```
['Adam', 'Joan', 'Lisa', 'Bart']
```

（3）list.extend()方法：该方法将列表的所有元素添加到"列表名"对应的原列表的末尾。

示例如下：

```
L1 = ["red", "green", "blue"]
L2 = ['Adam', 'Lisa', 'Bart']
```

```
L1.extend(L2)
print(L1)
print(L2)
```
运行结果：
```
['red', 'green', 'blue', 'Adam', 'Lisa', 'Bart']
['Adam', 'Lisa', 'Bart']
```
（4）list.remove()方法：该方法用于删除列表中第一个与 x 匹配的元素。如果列表中没有与 x 匹配的元素，程序会报错。

示例如下：
```
L1 = ["red", "green", "blue"]
L1.remove("red")
print(L1)
```
运行结果：
```
['green', 'blue']
```
（5）list.sort()方法：该方法用于对列表元素进行排序，如果指定 key 的值，则可以按照指定的方式进行排序。

示例如下：
```
L1 = ["red", "green", "blue"]
L1.sort(key = len)
print(L1)
```
运行结果：
```
['red', 'blue', 'green']
```
示例中参数 key=len 的含义是按照每个元素的长度进行排序，因此，运行结果是按照字符串的长度升序排列的。

8.7.2　元组

元组是 Python 中另一种有序序列，使用圆括号()将元素括起来。元组与列表非常相似，不同的是元组是不可变序列，元组一旦创建完成，就不能对元素进行修改。

1. 元组的创建

（1）使用圆括号创建

创建一个空元组可以直接用()。但是，如果创建含有一个元素的元组，则需要在元素后面加逗号。

示例如下：
```
T1 =()
print(T1)
T2 = ('张三')
print(T2)
T3 = ('张三',)
print(T3)
```
运行结果：
```
()
张三
('张三',)
```
（2）使用构造函数创建

Python 提供了 tuple()构造函数，可以用来创建元组，语法格式如下：
```
变量 = tuple([可迭代对象])
```
以上格式表示创建一个元组并赋值给变量，参数是可迭代对象。方括号表示参数是可选项，如果没有该参数，tuple()会创建一个空的元组给变量。

示例如下：
```
T1 = tuple("green")
```

```
print(T1)
T2 = tuple([1,"red", 2,"green"])
print(T2)
T3 = tuple()
print(T3)
```
运行结果:
```
('g','r','e','e','n')
(1,'red',2,'green')
()
```

2．元组的访问与遍历

元组也有索引访问、元组遍历等基本操作，这些操作与列表十分相似，不再重复介绍。

【例8-17】元组的访问与遍历。

程序如下:
```
T1 = ('张三','李四','王五')
print("用while循环遍历输出元组如下: ")
i=0
while i < len(T1):
    print(T1[i])
    i = i+1
```
运行结果:
```
用while循环遍历输出元组如下:
张三
李四
王五
```

3．元组的相关方法

由于元组是不可变序列，元组一旦定义就不允许增加、删除和修改元素，因此tuple类没有提供append()、insert()和remove()等修改元素的方法。

元组的常用方法有以下两个。

（1）tuple.index()方法用于查找元素在元组中的索引。

（2）tuple.count()方法用来统计元素在元组中出现的次数。

示例如下:
```
T1 = ('张三','李四','王五','小明','张三','小花','李四','张三')
print('用index方法查找元素"张三"位置是: ',end='')
print(T1.index('张三'))
print('用count方法统计元素"张三"出现的次数是: ',end='')
print(T1.count('张三'))
```
运行结果:
```
用index方法查找元素"张三"位置是: 0
用count方法统计元素"张三"出现的次数是: 3
```

8.7.3 序列及通用操作

序列是Python中的基本数据结构。序列中的每个元素都会被分配一个索引，如果有 n 个元素，那么第一个索引是0，第二个索引是1，以此类推，最后一个索引为 $n-1$。另外，可以用负数来逆序表示元素的索引，最后一个索引是-1，倒数第二个索引是-2，以此类推，第一个索引是-n。

前面介绍的列表、元组以及字符串都是序列。这些序列都可以进行以下操作：切片、连接和复制、成员检查等。

1. 切片

序列可以通过切片来访问一定范围内的元素，语法格式如下：

```
序列名[start:end:stride]
```

以上操作中，start 表示开始索引，end 表示结束索引。其作用是，读取从索引 start 到索引 end-1 的所有元素，其中 stride 是读取元素时的步长，默认值为 1。

示例如下：

```
L1 = ['a','b','c','d','e','f','g']
T1 = ('a','b','c','d','e','f','g')
S1 = 'abcdefg'
print(L1[1:6:2])
print(T1[1:6])
print(S1[-5:-1])
```

运行结果：

```
['b','d','f']
('b','c','d','e','f')
cdef
```

在切片操作中，开始索引和结束索引都可以为空。下面介绍切片操作的几种用法。

（1）如果切片的结束索引 end 为空，那么获取从开始索引 start 到序列结束的元素。

（2）如果切片的开始索引 start 为空，那么获取从序列开始到索引 end-1 的元素。

（3）如果开始索引和结束索引都为空，那么获取整个序列。

（4）根据获取元素的顺序，如果开始索引位于结束索引之后，那么获取一个空序列。

（5）步长为负数表示逆序获取序列元素。

2. 连接和复制

（1）连接

在 Python 中，可以使用连接操作符 "+" 把多个序列合并在一起，并返回一个新的序列。

示例如下：

```
L1 = ['Adam','Lisa','Bart']
L2 = [1,2,3,4,5]
L3 = L1 + L2
print(L3)
```

运行结果：

```
['Adam','Lisa','Bart',1,2,3,4,5]
```

（2）复制

在 Python 中，使用操作符 "*" 可以把一个序列复制若干次，形成新的序列。

示例如下：

```
L1 = ['Adam','Lisa']
L2 = L1*2
print(L2)
```

运行结果：

```
['Adam','Lisa','Adam','Lisa']
```

3. 成员检查

Python 提供了两个成员运算符 in 和 not in，可用来判断一个元素是否在序列中。

如果用 in 运算符，在则返回 True，否则返回 False。

如果用 not in 运算符，不在则返回 True，否则返回 False。

示例如下：

```
T1 = ('张三','李四','王五')
L1 = ['Adam','Lisa','Bart']
S1 = 'abcdefg'
```

```
print('张三' in T1)
print('张三' not in L1)
print('Adam' in T1)
print('Adam' not in L1)
print('a' in S1)
print('a' not in S1)
```

运行结果：

```
True
True
False
False
True
False
```

4. 内置函数

Python 提供了一些支持序列的内置函数。

len()函数用于计算序列的长度，返回一个整数。

max()函数用来寻找序列中的最大元素。

min()函数用来寻找序列中的最小元素。

示例如下：

```
L1 = ['Adam', 'Lisa','Bart']
T1 = (22, 45, 12, 23, 60)
S1 = 'abcdefg'
print(len(L1))
print(len(S1))
print(max(T1))
print(min(L1))
print(max(S1))
```

运行结果：

```
3
7
60
Adam
g
```

8.7.4 字典

在 Python 中，字典使用键值对来存储数据。一个字典中无序地存储了若干个条目，每个条目都是一个键值对。每个键在字典中都是唯一的，每个键匹配一个值，可以使用键来获取与之相关联的值。

1. 字典的创建与赋值

（1）用花括号创建

Python 中字典可以使用花括号{}来创建，其中键和值以冒号隔开，一个键值对被称为一个条目，各个条目用逗号隔开。语法格式如下：

```
{key1:value1,key2:value2,…}
```

其中，key 是关键字，value 是值。如果花括号里面没有键值对，则表示创建一个空字典。在空字典中添加条目，语法格式如下：

```
dict[键]=值
```

（2）用函数创建

Python 中的字典可以用函数 dict()创建，有以下几种情况。

① 如果没有参数，则创建一个空字典。

② 如果参数是可迭代对象（如列表、元组），则可迭代对象必须成对出现，第一项是键，第二

项是值。

③ 如果提供了 key 参数，则把 key 参数和对应的值添加到字典中。等号左边必须为一个变量，右边必须为一个值，不可为变量。

▶注意:

字典中的键是唯一的，并且是不可变的，因此，列表不能作为字典的键，而元组可以作为字典的键。

2. 字典的基本操作

（1）访问和更新字典元素

在字典中可以使用 d[key] 的形式来查找 key 对应的 value，因此，也可以用该形式来访问和更新字典元素。

示例如下：

```
d1 = {"Adam":85, "Lisa":90, "Bart":75, "Paul":90}
print(d1['Lisa'])
d1['Lisa'] = 95
print(d1)
d1['Joan'] = 60
print(d1)
```

运行结果：

```
90
{'Adam':85, 'Lisa':95, 'Bart':75, 'Paul':90}
{'Adam':85, 'Lisa':95, 'Bart':75, 'Paul':90, 'Joan':60}
```

（2）遍历字典

通过 for 循环可以遍历字典中的键。

示例如下：

```
d1 = {"Adam":85, "Lisa":90, "Bart":75, "Paul":90}
for k in d1:
    print(k, d1[k])
```

运行结果：

```
Adam 85
Lisa 90
Bart 75
Paul 90
```

（3）删除字典元素

Python 中删除字典元素可以用 del 命令，用该命令还可以删除整个字典。

示例如下：

```
d1 = {"Adam":85, "Lisa":90, "Bart":75, "Paul":90}
del d1['Bart']
print(d1)
```

运行结果：

```
{'Adam': 85, 'Lisa': 90, 'Paul': 90}
```

3. 字典的相关方法

（1）dict.keys()方法

在 Python 中，该方法以列表形式返回字典的所有键。语法格式如下：

```
字典名.keys()
```

▶注意:

dict.keys()方法返回的并非真正的列表，如果想获得列表，则还需要调用 list()函数。

示例如下：

```
d1 = {"Adam":85, "Lisa":90, "Bart":75, "Paul":90}
print(d1.keys())
print(list(d1.keys()))
```

运行结果：

```
dict_keys(['Adam', 'Lisa', 'Bart', 'Paul'])
['Adam', 'Lisa', 'Bart', 'Paul']
```

（2）dict.values()方法

在 Python 中，该方法以列表形式返回字典的所有值。语法格式如下：

```
字典名.values()
```

示例如下：

```
d1 = {"Adam":85, "Lisa":90, "Bart":75, "Paul":90}
print(d1.values())
print(list(d1.values()))
```

运行结果：

```
dict_values([85, 90, 75, 90])
[85, 90, 75, 90]
```

（3）dict.items()方法

该方法返回字典的(键,值)元组的列表。语法格式如下：

```
字典名.items()
```

示例如下：

```
d1 = {"Adam":85, "Lisa":90, "Bart":75, "Paul":90}
print(d1.items())
print(list(d1.items()))
```

运行结果：

```
dict_items([('Adam', 85), ('Lisa', 90), ('Bart', 75), ('Paul', 90)])
[('Adam', 85), ('Lisa', 90), ('Bart', 75), ('Paul', 90)]
```

（4）dict.get()方法

该方法返回指定的键对应的值，如果键不存在，则返回默认值。语法格式如下：

```
value = get(key[,default])
```

其中，key 是指定的键，default 是键不存在时返回的默认值，如果没有设定默认值，则返回 None。

8.7.5 集合

集合是 Python 的一种数据结构，它与列表相似，可以用来存储多个数据元素，不同之处是，集合由不同的元素组成，并且元素的存放是无序的。需要注意的是，集合中的元素不能是列表、集合、字典等可变对象。

由于集合是无序组合，因此它没有索引和位置的概念，不能分片，集合中的元素可以动态增加或删除。集合用花括号（{}）表示，可以用赋值语句创建，例如：

```
>>>S = {425, "ZZULI", (10, "CS"), 424}
>>>S
{424, 425, (10, 'CS'), 'BIT'}
>>>T = {425, "ZZULI", (10, "CS"), 424, 425, "ZZULI"}
>>>T
{424, 425, (10, 'CS'), 'BIT'}
```

由于集合元素是无序的，因此集合的输出顺序与定义顺序可以不一致。由于集合元素独一无二，因此使用集合能够过滤掉重复元素。set()函数可以用于生成集合，例如：

```
>>>W = set('apple')
{'e', 'p', 'a', 'l'}
>>>V = set(("cat", "dog", "tiger", "human"))
{'cat', 'human', 'dog', 'tiger'}
```

集合的基本操作如表 8.7 所示。

表 8.7　集合的基本操作

操作	功能
S - T 或 S.difference(T)	返回一个新集合，包含在集合 S 中但不在集合 T 中的元素
S-=T 或 S.difference_update(T)	更新集合 S，包含在集合 S 中但不在集合 T 中的元素
S & T 或 S.intersection(T)	返回一个新集合，包含同时在集合 S 和 T 中的元素
S&=T 或 S.intersection_update(T)	更新集合 S，包含同时在集合 S 和 T 中的元素
S^T 或 S.symmetric_difference(T)	返回一个新集合，包含集合 S 和 T 中元素，但不包含同时在其中的元素
S=^T 或 S.symmetric_difference_update(T)	更新集合 S，包含集合 S 和 T 中元素，但不包含同时在其中的元素
S|T 或 S.union(T)	返回一个新集合，包含集合 S 和 T 中所有元素
S=|T 或 S.update(T)	更新集合 S，包含集合 S 和 T 中所有元素
S<=T 或 S.issubset(T)	如果 S 与 T 相同或 S 是 T 的子集，则返回 True，否则返回 False，可以用 S<T 判断 S 是否为 T 的真子集
S>=T 或 S.issuperset(T)	如果 S 与 T 相同或 S 是 T 的超集，则返回 True，否则返回 False，可以用 S>T 判断 S 是否为 T 的真超集

8.8　标准库和第三方库

Python 的"标准库"是指与 Python 核心捆绑在一起的，具有精确语法、标记、语义的一系列核心模块的集合。Python 程序员必须依靠它们来实现系统级功能，如文件 I/O。

Python 社区提供了大量的第三方库，使用方式与标准库类似。它们以 Python 编写，提供了日常编程中许多问题的标准解决方案。其中有些第三方库经过专门设计，通过将特定平台功能抽象化为平台中立的 API（Application Program Interface，应用程序接口）来加强 Python 程序的可移植性。第三方库的功能无所不包，覆盖科学计算、Web 开发、数据库接口、图形系统多个领域，并且大多成熟且稳定。

8.8.1　标准库

Python 拥有强大的标准库。Python 核心只包含数字、字符串、列表、字典、文件等，而由 Python 标准库提供文本处理、文件处理、网络通信等额外的功能。Python 标准库接口命名清晰、文档良好，很容易学习和使用。

表 8.8 列出了常用的 Python 标准库。

表 8.8　常用的 Python 标准库

应用方向	标准库	应用方向	标准库
文本	string：通用字符串操作 re：正则表达式操作 difflib：差异计算工具 textwrap：文本填充 unicodedata：Unicode 字符数据库 stringprep：互联网字符串准备工具 readline：GNU 按行读取接口 rlcompleter：GNU 按行读取的实现函数	数据类型	datetime：基于日期与时间工具 calendar：通用月份函数 collections：容器数据类型 collections.abc：容器虚基类 heapq：堆队列算法 bisect：数组二分算法 array：高效数值数组 types：内置类型的动态创建与命名 copy：浅复制与深复制 pprint：格式化输出 reprlib：交替 repr() 的实现

应用方向	标准库	应用方向	标准库
数学	numbers：数值的虚基类 math：数学函数 cmath：复数的数学函数 decimal：定点数与浮点数计算 fractions：有理数 random：生成伪随机数	文件与目录	zlib：兼容 gzip 的压缩 gzip：对 gzip 文件的支持 bz2：对 bzip2 压缩的支持 lzma：使用 LZMA 算法的压缩 zipfile：操作 zip 存档文件 tarfile：读写 tar 存档文件

这里只给出了部分标准库，有兴趣的读者可以在 Python 官网查阅其他标准库的介绍。

8.8.2 第三方库

Python 的第三方库使用 Python 或者 C 语言编写。Python 已成为一种强大的应用于各种语言与工具之间的"胶水语言"。

Python 的第三方库有网络爬虫、数据分析、文本处理、数据可视化、图形用户界面、机器学习、Web 开发、游戏开发等应用方向。

（1）网络爬虫方向

requests 是用 Python 语言基于 urllib 编写的第三方库，采用的是 Apache2 Licensed 开源协议的 HTTP 库。requests 比 urllib 更加方便，完全满足 HTTP 测试需求，多用于接口测试。

scrapy 是用纯 Python 语言实现的一个爬取网站数据、提取结构性数据的 Web 应用框架。scrapy 提供 URL 队列、异步多线程访问、定时访问、数据库集成等众多功能，具备产品级运行能力。

（2）数据分析方向

NumPy 是一个用 Python 语言实现的科学计算库，包括一个强大的 N 维数组对象 Array，比较成熟的函数库，用于整合 C/C++和 FORTRAN 代码的工具包，实用的线性代数、傅里叶变换和随机数生成函数。NumPy 提供了许多高级的数值编程工具，如矩阵数据类型、矢量处理，以及精密的运算库。

Pandas 是基于 NumPy 的一种工具，是为解决数据分析问题而创建的。Pandas 纳入了大量模块和一些标准的数据模型，提供了高效操作大型数据集所需的工具，包括时间序列和一维、二维数组等。

（3）文本处理方向

openpyxl 是一个处理 Excel 文件的 Python 第三方库，它支持读写 Excel 的 XLS、XLSX、XLSM、XLTM 等格式文件，并进一步能处理 Excel 文件中的工作表、表单和数据单元。

python-doc 是一个处理 Word 文件的 Python 第三方库，它支持读取、查询以及修改 DOC、DOCX 等格式文件，并能对 Word 中常见的样式进行编程设置，包括字符样式、段落样式、表格样式、页面样式等。

beautifulsoup4 也叫 beautifulsoup 或 bs4，是一个可以从 HTML 或 XML 文件中提取数据的 Python 第三方库。它能够通过转换器实现人们惯用的文档导航，以及查找、修改文档。beautifulsoup 配合 requests 使用，能大大提高爬虫效率。

（4）数据可视化方向

Matplotlib 是一个 Python 的二维绘图库，它以各种硬拷贝格式和跨平台的交互式环境生成出版质量级别的图形。通过 Matplotlib，开发者仅用几行代码便可以绘制直方图、功率谱、条形图、错误图、散点图等。

（5）图形用户界面方向

PyQt5 是 Qt5 应用框架的 Python 第三方库，它有超过 620 个类和近 6000 个函数与方法，是 Python 中最为成熟的商业级 GUI（Graphical User Interface，图形用户界面）第三方库，也是 Python 当前最好用的 GUI 第三方库。它可以在 Windows、Linux 和 Mac OS X 等操作系统上跨平台使用。

（6）机器学习方向

scikit-learn 是用 Python 语言实现的机器学习算法库，包含数据预处理、分类、回归、降维、模型选择、聚类等常用的机器学习算法。scikit-learn 是基于 NumPy、SciPy、Matplotlib 的。

TensorFlow 是一个开放源代码软件库，用于进行高性能数值计算。借助其灵活的架构，用户可以轻松地将计算工作部署到多种平台（CPU、GPU、TPU）和设备（桌面设备、服务器集群、移动设备、边缘设备等）。TensorFlow 为机器学习和深度学习提供强力支持，其灵活的数值计算核心广泛应用于科学领域。

8.8.3　安装第三方库

1．Python 第三方库的官方途径安装

Python 第三方库通常使用以下几种方法安装。

（1）在线安装

首先确保计算机连网。打开 cmd 窗口。在 cmd 窗口中输入命令"pip install 库名"。如图 8.9 所示，想要安装 requests 库，则打开 cmd 窗口，输入命令"pip install requests"。

图 8.9　在线安装第三方库

（2）下载资源包进行离线安装

打开 Python 官网，单击顶栏的"PyPI"，搜索需要下载的包名，选择下载的版本，选择 tar.gz 文件下载即可。下载好后将其解压得到的文件夹复制到 Python 安装目录的 Python 3.10.0\Lib\site-packages\包名文件夹里即可。打开 cmd 窗口，进入该目录，执行命令"python setup.py install"即可。

（3）下载包的模块进行离线安装

打开 Python 官网，单击顶栏的"PyPI"，搜索需要下载的包名，选择下载的版本，选择后缀为 whl 的文件下载即可。此方法不需要用到 Python 安装目录，直接在 cmd 窗口进入.whl 文件的下载目录，执行命令"pip install 包名.whl"即可。

在 Python 交互环境中用"import 包名"验证是否成功安装，不报错即安装成功。

2．Python 第三方库的国内镜像安装

由于 Python 官网服务器在国外，连接下载速度不稳定，因此，大多数情况下我们会选择国内镜像网站来提升安装第三方库的速度。

在使用在线方式安装第三方库时，可以使用"pip install 库名 -i 网址"命令来访问国内镜像网站。例如，安装 requests 库时，可以在 cmd 窗口中输入命令"pip install requests -i 网址"。

8.9 turtle 绘图

turtle（海龟）绘图很适合用来引导初学者学习编程，它最初来自 1967 年诞生的 Logo 编程语言。请想象绘图区有一只海龟，它位于画布的正中心位置，其在画布上的行走轨迹形成了图画。海龟的行走是由程序控制的，轨迹可以变换颜色、改变大小（宽度）等。

8.9.1 turtle 库概述

1．设置画布

设置画布的函数为

```
turtle.setup(width=0.5,height=0.75,startx=None,starty=None)
```

参数说明如下。

width、height：为整数时，表示像素；为小数时，表示占据屏幕的比例。

startx、starty：表示矩形窗口左上角的坐标，如果为空，则窗口位于屏幕中心。

turtle 库概述

画布的参数如图 8.10 所示。画布坐标系如图 8.11 所示。画笔（即 turtle）初始时位于画布坐标系的原点，画笔方向向右。

图 8.10　画布参数

图 8.11　画布坐标系

2．设置画笔函数

（1）turtle.pensize()：设置画笔的宽度。

（2）turtle.pencolor()：没有参数传入则返回当前画笔颜色，传入参数可设置画笔颜色，参数可以是字符串，如"green"和"red"，也可以是 RGB 元组。

（3）turtle.speed(speed)：设置画笔移动速度，速度范围是 0～10 的整数，数字越大速度越快。

画笔运动函数如表 8.9 所示。

表 8.9 画笔运动函数

函数	说明
turtle.forward(distance)	向当前画笔方向移动 distance 像素
turtle.backward(distance)	向当前画笔相反方向移动 distance 像素
turtle.right(degree)	顺时针移动 degree 度
turtle.left(degree)	逆时针移动 degree 度
turtle.pendown()	移动时绘制图形，默认绘制
turtle.goto(x,y)	将画笔移动到坐标为(x,y)的位置
turtle.penup()	提起画笔移动，不绘制图形，用于另起一个地方绘制
turtle.circle()	画圆，半径为正（负）表示圆心在画笔的左边（右边）

画笔控制函数如表 8.10 所示。

表 8.10 画笔控制函数

函数	说明
turtle.fillcolor(colorstring)	绘制图形的填充颜色
turtle.color(color1, color2)	同时设置 pencolor=color1, fillcolor=color2
turtle.filling()	返回当前是否在填充状态
turtle.begin_fill()	准备开始填充图形
turtle.end_fill()	填充完成
turtle.hideturtle()	隐藏画笔的 turtle 形状
turtle.showturtle()	显示画笔的 turtle 形状

8.9.2 turtle 库实例

【例 8-18】绘制一个橙色三角形。

程序如下：

```
import turtle
#设置填充颜色
turtle.fillcolor('orange')
#开始填充
turtle.begin_fill()
#========以下代码的功能是绘制需要填充的轮廓（一个三角形）========
turtle.width(3)
turtle.forward(200)
turtle.left(120)
turtle.forward(120)
turtle.home()
#结束填充
turtle.end_fill()
```

运行结果如图 8.12 所示。

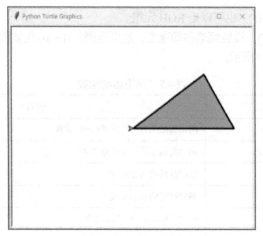

图 8.12 橙色三角形

【例 8-19】利用 turtle 绘制文字。

程序如下：

```
import turtle
#字体类型: normal、bold、italic
turtle.goto(-100,0)
turtle.pencolor('pink')
turtle.write('一起学习 Python',font=('宋体',40,'bold'))
```

运行结果如图 8.13 所示。

图 8.13 绘制文字

【例 8-20】利用 turtle 绘制 5 个不同颜色的同心圆。

程序如下：

```
import turtle
color = ['red','green','yellow','blue','black']
for i in range(5):
    turtle.color(color[i])
    turtle.penup()
    turtle.goto(0,-50*(i+1))      #从里面最小的一个圆的底部，逐次下移画笔
    turtle.pendown()
turtle.circle(50*(i+1))
```

运行结果如图 8.14 所示。

图 8.14　5 个不同颜色的同心圆

▶说明：
　　使用 turtle 画圆时要注意，画笔的位置并不是圆心位置。

习题 8

习题参考答案

1. 设计程序，输入任意正整数 n，计算输出 n! 。
2. 设计程序，输出 500 以内的所有素数。
3. 画一个等边六边形，并用颜色填充。
4. 画一个等边的 n 边形，并用颜色填充，其中的整数 n 通过键盘输入。

第9章 计算机新技术简介

随着计算机的快速发展以及人们对计算机新功能的需求增长，新技术、新理论也随之出现，技术的不断创新催生了新的业态，给人们的生活、工作带来了极大的便利。本章对大数据、人工智能、云计算、物联网、区块链及元宇宙等新技术进行简单介绍。有兴趣的读者若想进一步了解，可参阅相关书籍。

【知识要点】

- 大数据。
- 人工智能。
- 云计算。
- 物联网。
- 区块链。
- 元宇宙。

章首导读

9.1 大数据

9.1.1 大数据的概念

大数据（Big Data）又称巨量数据，指的是所涉及的数据量巨大到无法使用目前的主流软件工具在合理时间内获取、管理、处理。从数据的类别上看，大数据指的是无法使用传统流程及工具处理或分析的信息。但"大数据"这个概念远不止大量的数据和处理大量数据的技术，它涵盖了人们在大规模数据的基础上可以做的任何事情，而这些事情在小规模数据的基础上是无法实现的。大数据科学家约翰·劳瑟（John Rauser）提出了一个简单的定义：大数据就是任何超过了一台计算机处理能力的庞大数据量。麦肯锡全球研究院也给出了定义：大数据是一种规模大到在获取、存储、管理、分析方面大大超出了传统数据库软件工具能力范围的数据集合，具有海量的数据规模、快速的数据流转、多样的数据类型和价值密度低四大特征。总之，大数据是继云计算、物联网之后IT产业的又一种革命性的技术，对国家治理模式、企业决策、组织和业务流程以及个人生活方式等都将产生巨大的影响。我们正在从IT时代进入DT（Data Technology，数据技术）时代。

大数据的定义

9.1.2 大数据的特征

"大数据"不仅"大"，还具有很多其他的特征，可以用"5V"来概括。

（1）规模大（Volume）。大量自动或人工产生的数据通过互联网聚集到特定地点，形成了大数据之海。据预测，2025年全球每天产生的数据量将达到491EB。

（2）种类多（Variety）。大数据与传统数据相比，数据来源广、维度多、类型杂，在各种机器仪表自动产生数据的同时，人自身的行为也在不断创造数据，除了企业、组织内部的业务数据，还有外部的海量相关数据。

（3）速度快（Velocity）。随着现代感测、互联网、计算机技术的发展，数据生成、储存、分析、处理的速度远远超出人们的想象力，这是大数据区别于传统数据或小数据的一个显著特征。

（4）价值高（Value）。大数据有巨大的潜在价值，但同其爆发式增长相比，某一对象或模块的数据的价值密度较低，增加了挖掘其价值的难度和成本。合理运用大数据，以低成本创造高价值是大数据应用的一个挑战。

（5）真实性（Veracity）。数据的重要性就在于对决策的支持。数据的规模并不能决定其能否为决策提供帮助，数据的真实性和质量才是从中获得真知和思路的最重要因素，是做出成功决策的坚实基础，但互联网上充斥大量虚假信息，如何保证数据的真实可靠是一个充满挑战的问题。

9.1.3　大数据的关键技术

大数据的关键技术包括：大数据采集、大数据预处理、大数据存储及管理、大数据分析及挖掘、大数据展现和应用（如大数据检索、大数据可视化、大数据应用、大数据安全等）。

1．大数据采集

大数据采集指通过采集 RFID（Radio Frequency Identification，射频识别）数据、传感器数据、社交网络数据、移动互联网数据等方式获得各种类型的结构化、半结构化及非结构化的海量数据。由于可能有成千上万的用户同时进行并发访问和操作，因此必须采用专门针对大数据的采集方法，主要有以下 3 种。

（1）数据库采集：目前大多数企业采用传统的结构化关系数据库（如 MySQL 和 Oracle 等）来存储数据，通过使用结构化数据库间的 ETL（Extract-Transform-Load，抽取–转换–装载）工具，来实现与 HDFS、HBase 等主流 NoSQL 数据库之间的数据同步和集成。

（2）网络数据采集：借助网络爬虫或网站公开 API 从网站获取数据信息。通过这种途径可将非结构化数据、半结构化数据从网页中提取出来，并以结构化的方式将其存储为统一的本地数据文件。

（3）文件采集：可通过 Flume 等工具进行实时的文件采集和处理，也可通过 ELK（Elasticsearch、Logstash、Kibana 三大开源框架及其组合）对日志文件进行处理，实现基于模板配置的增量实时文件采集。

2．大数据预处理

采集的数据会有残缺、虚假、重复、过时等情况，因此必须对采集到的原始数据进行清洗、填补、平滑、合并、规格化以及检查一致性等操作，以将那些杂乱无章的数据转化为相对单一且便于处理的结构，为后期的数据分析奠定基础。数据预处理主要包括数据清洗、数据集成、数据转换以及数据规约 4 个部分。

（1）数据清洗。数据清洗主要包括遗漏数据处理、噪声数据处理、不一致数据处理。主要的清洗工具是 ETL 和 Potter's Wheel。

遗漏数据可用全局常量、属性均值、可能值填充或者直接忽略该数据等方法处理；噪声数据可用分箱（对原始数据进行分组，然后对每一组内的数据进行平滑处理）、聚类、计算机检查和人工检查相结合、回归等方法去除噪声；对于不一致数据，则要进行手动更正。

（2）数据集成。数据集成是指将多个数据源中的数据合并存放到一个数据存储库中。这一过程要着重解决 3 个问题：模式匹配、数据冗余、数据值冲突的检测与处理。

来自多个数据源的数据会因命名差异导致对应的实体名称不同，通常实体需要利用元数据来进行区分，以对来源不同的实体进行匹配。数据冗余可能来源于数据属性命名的不一致，在解决过程中可以利用皮尔逊相关系数来衡量数值属性，绝对值越大表明二者之间相关性越强。数据值冲突问题主要表现为来源不同的同一实体具有不同的数据值。

（3）数据转换。数据转换就是处理抽取上来的数据中存在的不一致问题。数据转换一般包括两类：第一类，数据名称及格式的统一，即数据粒度转换、商务规则计算，以及统一命名、数据格式、计量单位等；第二类，字段的组合、分割或计算。数据转换实际上还包含了数据清洗的工作，需要根据业务规则对异常数据进行清洗，以保证后续分析结果的准确性。

（4）数据规约。在尽可能保持数据原貌的前提下，最大限度地精简数据量，通过数据立方体聚集、维度规约、数据压缩、数值规约和概念分层等方法得到数据集的规约表示，既可使数据集变小，又有利于保证数据的完整性。

3. 大数据存储及管理

大数据存储及管理是指通过存储器把采集到的数据存储起来，建立相应的数据库，以方便用户管理和调用。目前典型的大数据存储技术有以下 3 种。

（1）基于大规模并行处理架构的新型数据库集群。该技术面向行业大数据，可支撑 PB 级别的结构化数据分析。它采用无共享（Shared Nothing）架构，通过列存储、粗粒度索引等大数据处理技术，结合大规模并行处理架构高效的分布式计算模式，实现对分析类大数据应用的支撑。其运行环境多为低成本 PC 服务器，但具有高性能和高扩展性的特点，在企业分析类应用领域获得了极其广泛的应用。

（2）基于 Hadoop 的分布式文件系统（Hadoop Distributed File System，HDFS）。HDFS 具有高容错性，并且可部署在低廉（Low-Cost）的硬件上。它提供高吞吐量（High Throughput）来访问应用程序的数据，适合那些有超大数据集（Large Data Set）的应用程序。利用 Hadoop 开源的优势，衍生出了 Hadoop 技术生态，HDFS 应用场景也会逐步扩大，目前最为典型的应用场景就是通过扩展和封装 Hadoop 来实现对互联网大数据存储、分析的支撑，其涉及几十种 NoSQL 数据库技术，实现了非结构化和半结构化数据处理、复杂的 ETL 流程、复杂的数据挖掘和计算模型。

（3）大数据一体机。它是专为大数据的分析处理而设计的软硬件结合的产品，由一组集成的服务器、存储设备、操作系统、数据库管理系统以及为数据查询、处理、分析而预先安装及优化的软件组成，具有良好的稳定性和纵向扩展性。

4. 大数据分析及挖掘

大数据分析及挖掘是指从一大批看似杂乱无章的数据中萃取、提炼潜在的、有用的信息和所研究对象的内在规律的过程。其技术包括可视化分析、数据挖掘算法、预测性分析、语义引擎以及数据质量与管理 5 个方面。

（1）可视化分析。可视化分析借助图形化手段，清晰有效地传达信息，常用于海量数据关联分析。由于大数据所涉及的信息比较分散、数据结构有可能不一致，因此需要借助于可视化数据分析平台对数据进行关联分析，并做出完整、简单、清晰、直观的分析图表。

（2）数据挖掘算法。大数据分析的理论核心就是数据挖掘算法。数据挖掘算法多种多样，常见的有 Logistic 回归、支持向量机、朴素贝叶斯、决策树、随机森林、K-means（K 均值聚类）、KNN（K 近邻）等。它们都能够深入数据内部，挖掘出数据的潜在价值，但不同的算法基于不同的数据类型和格式，呈现出数据所具备的不同特点。

（3）预测性分析。预测性分析是指结合多种高级分析功能，包括统计分析、预测建模、数据挖掘、文本分析、实体分析、优化、实时评分、机器学习等，对未来或其他不确定的事件进行预测。

它可帮助用户分析结构化和非结构化数据中的趋势、模式和关系，运用这些指标来洞察、预测将来的事件，并做出相应决策。

（4）语义引擎。语义技术可以将人们从烦琐的搜索条目中解放出来，让用户更快、更准确、更全面地获得所需信息，提高用户的互联网体验。语义引擎把已有的数据加上语义，即在现有结构化或非结构化的数据库上叠加一个语义层。

（5）数据质量与管理。它是指对数据从计划、获取、存储、共享、维护、应用到消亡的生命周期每个阶段里的各类数据质量问题进行识别、度量、监控、预警等，并通过改善和提高组织的管理水平使数据质量进一步提高。对大数据进行有效分析的前提是保证数据的质量，高质量的数据和有效的数据管理无论是在学术研究领域还是在商业应用领域都极其重要。

5. 大数据展现和应用

大数据技术能够将隐藏于海量数据中的信息和知识挖掘出来，为人类的社会经济活动提供依据，从而提高各个领域的运行效率，大大提高整个社会经济的集约化程度，如商业智能技术、政府决策技术、电信数据信息处理与挖掘技术、电网数据信息处理与挖掘技术、气象信息分析技术、环境监测技术、警务云应用系统（道路监控、视频监控、网络监控、智能交通、反电信诈骗、指挥调度等）、大规模基因序列分析比对技术、Web 信息挖掘技术、多媒体数据并行化处理技术、影视制作渲染技术、以及其他各种行业的云计算和海量数据处理应用技术等。在我国，大数据重点应用于以下三大领域：商业智能、政府决策、公共服务。

9.1.4　大数据的应用

大数据的关键并不在于"大"，而在于"有用"，大数据的应用是其创造价值的关键。大数据的应用涉及统计分析、机器学习、多学科融合、大规模应用开源技术等领域。随着大数据技术的飞速发展，大数据应用已经融入各行各业。通过对数量巨大、来源分散、格式多样的数据进行采集、存储和关联分析，人们可以发现新知识、创造新价值、提升新能力。

大数据的应用主要体现在"感知现在"和"预测未来"两个方面。例如，城市管理部门利用手机定位数据和交通数据来进行城市规划；商场根据需求和库存的情况实现实时定价；医疗行业利用可穿戴设备实时采集患者的生理数据，对患者的健康状况进行判断。

9.2　人工智能

9.2.1　人工智能的概念

人工智能（Artificial Intelligence，AI）是新一轮科技革命及产业革命重要的着力点，人工智能的发展对国家经济结构的转型升级有重要的意义。

"人工智能"一词最初是在 1956 年达特茅斯（Dartmouth）会议上提出的。从那以后，研究者们发展了众多理论，"人工智能"的概念也随之扩展。人工智能是一门极具挑战性的学科，我们对它的认识还在不断深入。目前人们普遍认为，人工智能是计算机科学的一个分支，它试图了解智能的实质，并生产出一种能以与人类智能相似的方式做出反应的智能机器。那什么是"智能"？这涉及意识（Consciousness）、自我（Self）、思维（Mind）（包括无意识的思维）等。人唯一认识的智能是人本身的智能，但是我们对自身智能的理解非常有限，对构成人的智能的必要元素也了解有限，因此要说清什么是"人工"制造的"智能"不是一件很容易的事。当前人工智能的研究不仅涉及对人的智能的研究，动物或人造系统的智能也普遍被认为是人工智能的研究范畴。人工智能开创者之一尼尔逊教授对"人工智能"下了这样一个定义：人工智能是关于知识的学科，研究怎样表示知识以及怎样获得知识并使用知识。美国麻省理工学院的温斯顿教授认为：人工智能研究的是如何使计算机去做过去只有人才能做的智能工作。这些定义反映了人工智能学科的基本思想和基本内容，即研究人类智能活动的规律，构造具有一定智能的人造系统，研究如何让计算机去完成以往只有人的智力才能胜任的工作，研究如何应用计算机的软硬件来模拟人类的某些智能行为。

总之，人工智能的主要目标是使机器能够胜任一些通常需要运用人类智能来完成的复杂工作，它是研究、开发用于模拟、延伸和扩展人的智能的理论、方法、技术及应用系统的一门新的技术科学。该领域涉及机器人、图像识别、机器学习、自然语言处理和专家系统等，因此，从事人工智能研究的人必须懂得计算机知识、心理学知识和哲学知识。可以设想，未来人工智能领域的科技产品，将会是人类智慧的"容器"。

近年来，我国的人工智能发展迅速，其正在成为推动科技创新和经济发展的重要引擎。2024年的政府工作报告中，不仅3次提到"人工智能"，更首次提出了开展"人工智能+"行动。报告提出，深化大数据、人工智能等研发应用，开展"人工智能+"行动，打造具有国际竞争力的数字产业集群。

"人工智能+"的提出，不仅顺应了全球人工智能发展的潮流，更顺应了我国产业升级的大势。中国信息通信研究院公布的数据显示，2023年我国人工智能核心产业规模达5784亿元，增速为13.9%，呈现出迅猛的发展态势和广阔的市场空间。

人工智能是引领未来的战略性技术，是新一轮科技革命和产业革命的核心驱动力，也是发展新质生产力的主要阵地。人工智能与实体经济融合，能够引领产业转型，孕育新产业、新模式、新业态；人工智能作为服务人们美好生活的工具，其应用有助于提升生活品质，满足人们的消费升级需求。

9.2.2　人工智能的研究内容

人工智能可以对人的意识、思维的信息处理过程进行模拟。人工智能不是人的智能，但能像人那样思考，也可能超过人的智能。人工智能学科研究的主要内容包括：知识表示、自动推理、搜索方法、机器学习、深度学习、知识处理系统、自然语言处理、知识图谱、机器视觉、智能机器人等。

（1）知识表示。这是人工智能的基本问题之一，推理和搜索都与表示方法密切相关。常用的知识表示方法有逻辑表示法、产生式表示法、语义网络表示法和框架表示法等。

（2）自动推理。问题求解中的自动推理是知识的使用过程，由于有多种知识表示方法，相应地也有多种推理方法。推理过程一般可分为演绎推理和非演绎推理。谓词逻辑是演绎推理的基础。结构化表示下的继承性能推理是非演绎性的。由于知识处理的需要，近年来出现了多种非演绎推理方法，如连接机制推理、类比推理、基于示例的推理、反绎推理和受限推理等。

（3）搜索方法。搜索是人工智能的一种问题求解方法，搜索策略决定着问题求解的一个推理步骤中知识被使用的优先关系，可分为无信息导引的盲目搜索和利用经验知识导引的启发式搜索。启发式知识常由启发式函数来表示，启发式知识利用得越充分，问题求解的搜索空间就越小。典型的启发式搜索方法有A*算法、AO*算法等。近年来，搜索方法研究开始注意那些具有百万节点的超大规模的搜索问题。

（4）机器学习。这是人工智能的另一重要课题，它是指在一定的知识表示下获取新知识的过程，按照学习机制的不同，主要有归纳学习、分析学习、连接机制学习和遗传学习等，涉及统计学、系统辨识、逼近理论、神经网络、优化理论、计算机科学、脑科学等诸多领域的交叉学科。机器学习研究计算机怎样模拟或实现人类的学习行为，以获取新的知识或技能，或者重新组织已有的知识结构使之不断改善，是人工智能技术的核心。随着大数据的发展，基于数据的机器学习成为现代智能技术中的重要方法之一，研究从观测数据（样本）出发寻找规律，利用这些规律对未来数据或无法观测的数据进行预测。

（5）深度学习。传统的机器学习要输入特征样本，而深度学习试图从海量的数据中自动提取特征。深度学习其实也是一种机器学习，这种方式需要输入海量的数据，让机器从中找到弱关联。这种方式比传统机器学习方式减少了大量人工整理样本的工作，识别准确率也提高了很多，让人工智能在语音识别、自然语言处理、图片识别等领域达到了可用的程度，是革命性的进步。深度学习实现方式源于多层神经网络，把特征表示和学习合二为一，其特点是放弃了可解释性，寻找关联性。

（6）知识处理系统。当知识库中的知识量较大而又有多种表示方法时，对知识的合理组织与管理是很重要的。推理机在问题求解中规定了使用知识的基本方法和策略，推理过程中为记录结果或通信，需要创建数据库或采用黑板机制。如果在知识库中存储的是某一领域（如医疗诊断）的专家知识，这样的知识系统称为专家系统。为适应复杂问题的求解需要，单一的专家系统向多主体的分布式人工智能系统发展，这时知识共享、主体间的协作、矛盾的出现和处理将是需要研究的关键问题。

（7）自然语言处理。自然语言处理是人工智能的一个重要方向，它研究能实现人与计算机之间用自然语言进行有效通信的各种理论和方法，涉及的领域较多，主要包括机器翻译、机器阅读理解和问答系统等。

（8）知识图谱。知识图谱本质上是结构化的语义知识库，是一种由节点和边组成的图数据结构，它以符号形式描述物理世界中的概念及其相互关系，其基本组成单位是"实体-关系-实体"三元组，以及与实体相关的"属性-值"对。不同实体通过关系相互联结，构成网状的知识结构。在知识图谱中，每个节点表示现实世界的"实体"，每条边为实体与实体之间的"关系"。通俗地讲，知识图谱就是把所有不同种类的信息连接在一起而得到的一个关系网络，提供了从"关系"的角度去分析问题的便利。

（9）机器视觉。视觉对人来说是自然而然的，但要构建一个与人的视觉系统相似的机器视觉系统是非常困难的。这些困难也正是机器视觉所研究的课题，其研究目标是让机器理解一个图像，即用像素（Pixel）描绘的景物，研究领域涉及图像处理、模式识别、景物分析、图像解释、光学信息处理、视频信号处理。

（10）智能机器人。它有相当发达的"大脑"，在"大脑"中起作用的是中央处理器。最主要的是，它可以按目的安排动作。智能机器人具备形形色色的内部信息传感器和外部信息传感器，如视觉、听觉、触觉、嗅觉等传感器。除具有传感器外，它还有效应器作用于周围环境。由此也可知，智能机器人至少要具备 3 个要素：感觉要素、反应要素和思考要素。智能机器人能够理解人类语言，用人类语言同操作者对话，能分析出现的情况，能调整自己的动作以达到操作者所提出的要求，还能拟定所希望执行的动作，并在信息不充分的情况下和环境迅速变化的条件下完成这些动作。

9.2.3　人工智能的应用

人工智能自诞生以来，其理论和技术日益成熟，应用领域也不断扩大。它作为科技创新的产物，在促进人类社会进步、经济建设和提升人们生活水平等方面起到越来越重要的作用。国内人工智能经过多年的发展，已经在安防、物流、交通、客服、家居、零售、教育、金融、医疗保健等领域实现了商用及规模效应。

1. 智能安防

安防是较早将人工智能成熟应用并落地的行业，为此，安防也被认为是人工智能的"第一着陆场"。人工智能在安防领域的快速落地，除了不需要过多的基础建设之外，也得益于全国范围内安防设备的普及以及政府部门大力发展公共安全领域项目工程。

人工智能在安防领域的应用主要是利用其视频结构化（视频数据的识别和提取）、生物识别（如指纹识别、人脸识别等）、物证特征识别（如 ETC 对车牌的识别等）三大技术优势。其改变了过去需要通过人工取证、被动监控的安防形态，视频数据的识别和提取分析，使人力查阅监控的时间大大缩短，而生物识别又大大提升了人物识别的精准性，极大提升了公共安全治理的效率。

2. 智能物流

智能物流通过智能交通系统和相关信息技术解决物流作业的实时信息采集，并在一个集成的环境下，对采集的信息进行分析和处理。通过在各个物流环节中的信息传输，智能物流为物流服务提供商及客户提供详尽的信息和咨询服务。智能物流系统包括物流运输机器人（无人机、无人驾驶快递汽车）、物流导航、控制、调度等组成部分。

3. 智能交通

智能交通是将人工智能、通信技术、传感技术、控制技术以及计算机技术等有效地集成运用于整个交通运输管理体系而建立起来的一种在大范围内全方位发挥作用的，实时、准确、高效、综合的运输和管理系统。

4. 智能客服

智能客服是在大规模知识处理基础上发展起来的一项面向行业的应用，适用于大规模知识处理、自然语言理解、知识管理、自动问答等领域。智能客服不仅为企业提供了细粒度知识管理，还为企业与海量用户之间的沟通建立了一种基于自然语言的快捷有效的技术手段，同时还能为企业提供精细化管理所需的统计分析信息。

5. 智能家居

智能家居是基于物联网技术，通过智能软硬件系统、云计算平台构成的完整的家居生态圈，用户可以远程控制设备，设备可以互连互通，并进行自我学习等，整体优化了家居环境的安全性、节能性、便捷性等。近年来，随着智能语音技术的发展，智能音箱成为一个爆发点。小米、天猫等企业纷纷推出智能音箱，不仅成功开拓了家居市场，也为未来更多的智能家居用品培养了用户习惯。

6. 智能零售

人工智能在零售领域的应用已经十分广泛，无人便利店、智慧供应链、客流统计、无人仓、无人车等都是热门方向。京东自主研发的无人仓采用大量智能物流机器人进行协同与配合，通过人工智能、深度学习、图像识别、大数据应用等技术，让机器人可以自主判断和行动，完成各种复杂的任务，在商品分拣、运输、出库等环节实现自动化。图普科技公司则将人工智能技术应用于客流统计，通过人脸识别实现客流统计功能，门店可以从性别、年龄、表情、新老顾客、滞留时长等维度建立到店用户画像，为调整运营策略提供数据基础，帮助门店运营从匹配真实到店客流的角度提升转换率。

7. 智能教育

在教育领域，通过图像识别，机器可以批改试卷、识题答题等；通过语音识别，机器可以纠正、改进学生发音；而人机交互可以实现在线答疑解惑等。人工智能可以评估学生并适应他们的需求，帮助他们按照自己的进度学习。人工智能和教育的结合在一定程度上可以改善教育行业师资分布不均衡等问题，从工具层面给师生提供更有效率的学习方式。

8．智能金融

在金融领域，银行用人工智能系统组织金融投资和管理财产。一些金融机构使用人工神经网络系统去发觉市场变化或不合规范的交易，一些银行使用协助客户服务系统帮助客户核对账目、办理手续等。人工智能还可以完成证券大数据分析、行业走势分析、投资风险预估等工作。

9．医疗保健

人工智能可以改善治疗效果和降低成本。人们正在应用机器学习做出更好更快的诊断。人工智能系统可以挖掘患者数据和其他可用数据源以形成假设，然后使用置信度评分模式呈现该假设。一些人工智能应用程序可以用于在线回答问题、帮助安排后续预约或帮助患者完成计费过程，以及提供基本医疗反馈。人工智能技术广泛应用在各个医疗细分领域，包括医疗影像、辅助诊断、药物研发、健康管理、疾病风险预测、医院管理、虚拟助理、医学研究平台等。人工智能可以替代人类从事较为复杂的工作，并且对于减少人员密切接触和病毒传播机会具有天然优势。

10．人形机器人

与人工智能技术深度关联的人形机器人是人工智能发展的重要载体，人形机器人产业正在成为科技竞争的新高地和经济发展的新引擎。随着"人工智能+"行动推动相关技术持续发展和成熟，人形机器人智能化程度不断提高，应用场景不断拓展。人形机器人是人工智能在物理空间的重要体现和关键装备，是实体通用人工智能系统的典型代表。它将成为引领产业数字化发展、智能化升级的新质生产力，有望持续催生新产业、新模式、新业态。

11．其他

人工智能在农业、大数据处理、通信、智能制造、服务等行业有也很好的应用。我国农业中的许多方面已经用到很多人工智能技术，如无人机喷洒农药、除草、农作物状态实时监控、物料采购、数据收集、灌溉、收获、销售等方面；通过应用人工智能设备，农牧业产量大大提高，减少了许多人工成本和时间成本。通过人工智能与大数据的结合，还可以实现天气查询、地图导航、资料查询、信息推广等。在信息推广时，推荐引擎会基于用户的行为、属性（用户浏览行为产生的数据），通过算法分析和处理，主动发现用户当前或潜在需求，并主动推送信息给用户。

9.2.4　大模型与生成式人工智能

大模型（Large Model）是人工智能领域中的一种重要模型，通常指的是使用海量参数和数据进行预训练的深度学习模型，可以在多个领域和任务中展现出强大的泛化能力和自监督学习能力。它是近年来热门的人工智能细分领域，被视为实现通用人工智能的重要研究方向，是引领新一代产业变革的核心力量之一。

生成式人工智能（Generative Artificial Intelligence，GAI）是大模型的应用之一，是人工智能从1.0 时代进入 2.0 时代的重要标志。从计算智能、感知智能再到认知智能的进阶发展来看，GAI 已经为人类社会打开了认知智能的大门。GAI 是一种利用人工智能生成各类数字内容的技术，基于人工智能的内容生成模式，通过机器学习和自然语言处理等算法，它能够自动生成各种类型的内容，如文本、图像、音频、视频等。

GAI 是建立在多模态之上的人工智能技术，即单个模型可以同时理解语言、图像、视频、音频等，并能够完成单模态模型无法完成的任务，如给视频添加文字描述、结合语义语境生成图片等。现阶段国内 GAI 多以单模型应用的形式出现，主要分为文本生成、图像生成、音频生成、视频生成，其中文本生成是其他内容生成的基础。

文本生成（Text Generation）：人工智能文本生成是使用人工智能算法和模型来生成模仿人类书写内容的文本，它在现有文本的大型数据集上训练机器学习模型，以生成在风格、语气和内容上与输入数据相似的新文本。

图像生成（Image Generation）：人工智能可用于生成非人类艺术家作品的图像。这种类型的图像被称为"人工智能图像"。人工智能图像可以是现实的或抽象的，也可以传达特定的主题或信息。

音频生成（Audio Generation）：GAI 的音频生成技术可以分为两类，分别是文本到语音合成和语音克隆。文本到语音合成需要输入文本并输出特定说话者的语音，主要用于机器人和语音播报任务。该技术已经相对成熟，语音质量已达到自然标准，未来将向更具情感的语音合成和小样本语音学习方向发展。语音克隆以给定的目标语音作为输入，然后将输入的其他语音或文本转换为目标说话人的语音。此类任务用于智能配音等场景。

视频生成（Video Generation）：GAI 已被用于生成预告片和宣传视频。其工作流程类似于图像生成，视频的每一帧都在帧级别进行处理，然后利用人工智能算法检测视频片段。GAI 生成引人入胜的宣传视频的能力是通过结合不同的人工智能算法实现的。凭借其先进的功能和日益普及，GAI 可能会继续革新视频内容的创建和营销方式。

倪光南院士提出，GAI 是当代的重大科技创新，将催生新产业、新模式、新动能，是发展新质生产力的核心要素。我们要以全球视野进行谋划和发展，争取在人工智能时代跻身世界前列，为实现科技强国梦做出更大贡献。

下面介绍几种主要的 GAI 应用。

1. OpenAI ChatGPT

在 GAI 具体的应用和产品中，ChatGPT 是比较有代表性的产品。ChatGPT（Chat Generative Pre-trained Transformer，聊天生成式预训练转换器）是由 OpenAI 公司开发的一种基于转换器的语言模型，于 2022 年 11 月发布，可以进行语言理解和生成，提供更接近人类和高效的沟通与表达方式。

ChatGPT 是人工智能技术驱动的自然语言处理工具，它能够基于在预训练阶段所见的模式和统计规律来生成回答，还能根据聊天的上下文进行互动，真正像人类一样聊天交流，甚至能完成撰写论文、邮件、脚本、文案、翻译文本代码等任务。ChatGPT 可以在各种情境下进行应用，如网络聊天、语音助理、自然语言处理等。通过不断学习和进化，ChatGPT 可以不断地提高自己的性能和准确度，让自己更贴近用户的需求和期望。

2. Google Bard 和 Gemini

Google Bard 是谷歌公司开发的一款功能强大的聊天机器人，于 2023 年 2 月发布，是建立在一个大语言模型基础上的 GAI 工具。它可以回答各种不同主题的问题或提供提示，也可以生成不同形式的基于文本的内容，如诗歌、代码、脚本、音乐作品、邮件，还可以总结文本并进行语言间的翻译。它可用于以创新的方式学习、创造和协作。

Gemini 是一款由 Google DeepMind（谷歌母公司 Alphabet 下设立的人工智能实验室）于 2023 年 12 月发布的人工智能模型，可同时识别文本、图像、音频、视频和代码 5 种类型的信息，还可以理解并生成主流编程语言（如 Python、Java、C++）的高质量代码，并拥有全面的安全性评估。首个版本为 Gemini 1.0，包括 3 个不同体量的模型：用于处理"高度复杂任务"的 Gemini Ultra、用于处理多个任务的 Gemini Nano 和用于处理"终端设备上的特定任务"的 Gemini Pro。

2024 年 2 月，谷歌宣布将旗下 AI 聊天机器人 Google Bard 正式更名为 Gemini（包括最强大的 Gemini Ultra、中间态的 Gemini Pro、最小且匹配端侧的 Gemini Nano），同时宣布推出新的订阅计划，允许用户访问其"最强大模型"Gemini Ultra 1.0，与竞争对手 OpenAI 的 GPT-4 直接竞争。

3．Microsoft Bing Chat 和 Copilot

必应聊天（Bing Chat）是一款由微软公司开发的人工智能聊天机器人，于 2023 年 2 月发布。必应聊天内部集成了 GPT-4，旨在通过自然语言处理和机器学习技术为用户提供智能、交互式的聊天体验。Bing Chat 可以回答各种问题，提供有关各种主题的信息，以及执行各种任务，如预订餐厅或购买电影票等。它还可以与用户进行对话，帮助用户解决问题、提供建议，甚至进行娱乐交流。

Copilot 是微软公司在 Windows 11 中加入的人工智能助手，该人工智能助手是一个集成在操作系统中的侧边栏工具，可以帮助用户完成各种任务。Copilot 依托于底层大语言模型，用户只需说几句话，做出指示，它就可以创建类似人类作品的文本和其他内容。2023 年 11 月，微软宣布 Bing Chat 及其企业版 Bing Chat for Enterprise 更名为 Copilot，为了统一 Copilot 体验，服务消费者和商业客户，使用公司账户登录 Bing 的用户可在 Copilot 使用中享受商业数据保护。

4．百度文心大模型 ERNIE

百度文心大模型 ERNIE 是由百度公司推出的大规模中文语言模型。"ERNIE"是"Enhanced Representation through Knowledge Integration"（通过知识融合增强表示）的缩写。该模型基于深度学习技术，使用了海量的中文文本数据进行训练，可以自动学习中文语言知识和语言规律，在各种自然语言处理任务中表现出色，如自然语言理解、机器翻译、文本分类、命名实体识别等。基于 Ernie 的产品有很多，其中文心一言作为对标 ChatGPT 的产品受到广泛关注。

文心一言（ERNIE Bot）是百度全新一代知识增强大语言模型，发布于 2023 年 3 月，是百度文心大模型家族的成员。其能够与人对话互动，回答问题，协助创作，高效便捷地帮助人们获取信息、知识和灵感。文心一言基于飞桨深度学习平台和文心知识增强大模型，从数以万亿计的数据中融合学习，得到预训练大模型，并持续从海量数据和大规模知识中融合学习，具备知识增强、检索增强和对话增强的技术特色。

5．华为盘古大模型

华为盘古大模型是华为公司旗下的人工智能大模型，是一种基于人工智能和高性能计算技术的多尺度、多物理场的仿真工具，能够模拟复杂的自然环境和工程系统，并提供科学决策支持和工程应用服务。它面向多个行业，提供专用大模型，并通过深度学习技术实现快速场景适配，加速了人工智能行业应用。华为盘古大模型系列不仅覆盖了自然语言处理、计算机视觉等领域的大模型，还包括了气象、矿山、药物分子等行业特定的大模型。

华为盘古大模型包括 NLP（Natural Language Processing，自然语言处理）大模型、CV（Computer Vision，计算机视觉）大模型、科学计算大模型。在国家自然科学基金委员会发布的 2023 年度"中国科学十大进展"中，作为科学计算大模型，华为盘古气象大模型位列第一，在某些气象要素的预报精度上超越了传统数值方法，且推理效率提高了上万倍。在 2023 年汛期，华为盘古气象大模型成功预测了玛娃、泰利、杜苏芮、苏拉等影响我国的强台风路径。华为盘古气象大模型符合国家重大战略需求，也解决了天气预报这个国际科学前沿问题。

目前，华为公司开发了一款直接对标 ChatGPT 的多模态千亿级大模型产品，名为"盘古 Chat"，主要面向政企端客户。

6．科大讯飞星火认知大模型

科大讯飞星火认知大模型是科大讯飞公司于 2023 年 5 月发布的大模型。科大讯飞星火认知大模型可以通过对海量文本、代码和知识的学习，拥有跨领域的知识和语言理解能力，能够基于自然对话方式理解和执行任务，从海量数据和大规模知识中持续进化，实现从提出问题、规划问题到解决问题的全流程闭环。其近期发布的 3.5 版本在语言理解、数学能力上已超过 GPT-4 Turbo，代码能力达到 GPT-4 Turbo 的 96%，多模态理解能力达到 GPT-4V 的 91%，再次将国产大模型推向新高度。该模型具有 7 大核心能力，即文本生成、语言理解、知识问答、逻辑推理、数学、代码、多模交互。

9.3 云计算

9.3.1 云计算的概念

随着互联网，特别是移动互联网的快速发展，计算由"端"走向"云"，最终将全部聚合到"云"中，成为纯"云"计算的时代。云计算（Cloud Computing）是继 20 世纪 80 年代大型计算机到客户机/服务器模式的大转变之后的又一次巨变，是一种把超级计算机的能力传播到整个互联网的计算方式。云计算的定义有很多种，现阶段广为人们所接受的是美国国家标准及技术协会（National Institute of Standards and Technology，NIST）给出的定义：云计算是一种按使用量付费的模式，这种模式提供可用的、便捷的、按需的网络访问，进入可配置的计算资源共享池（资源包括网络、服务器、存储、应用软件、服务），这些资源能够被快速提供，且只需投入很少的管理工作或与服务提供商进行很少的交互。

9.3.2 云计算的优势

云计算作为一个新兴的概念，体现了一种理念，目前各大厂商争相推出自己的云计算产品。这种计算模式的优势如下。

（1）基于使用的支付模式。在云计算模式下，最终用户根据使用了多少服务来付费。这为应用部署到云计算基础架构上降低了准入门槛，让大企业和小公司都可以使用相同的服务。

（2）扩展性和弹性。云计算环境具有大规模、无缝扩展的特点，能自如地应对使用量急剧增加的情况。大多数服务提供商在为云计算设计架构时，就已考虑到了使用量猛增的情况。

（3）厂商的大力支持。大多数厂商都致力于提供云计算的解决方案。例如，亚马逊公司推出了 EC2、S3、Simple DB 及其他服务；谷歌公司推出了 AppEngine、谷歌文件系统（Google File System，GFS）及数据存储（BigTable）等服务；微软公司也推出了 Azure 服务，用户可以在微软（或其合作伙伴）的基础架构中创建及部署应用程序。

（4）可靠性。云计算基础架构实际上可能比典型的企业基础架构更可靠。如果云计算服务成为核心业务，那么服务提供商就更有条件吸取教训，提供比任何特定企业应用程序高得多的可靠性。

（5）效率与成本。用户通过云计算构建应用，所需的时间更少、投入更低，计算会变得更简单。"云+端"让用户仅仅通过一个网络接入设备就可以获得各种各样的服务，包括计算能力、数据存储等。这使计算本身变得更加简单，一切都由云负责，用户无须知道关于云的任何东西。

9.3.3 云计算的服务类型

云计算的服务类型分为 3 个层次：基础设施即服务（Infrastructure as a Service，IaaS）、平台即服务（Platform as a Service，PaaS）和软件即服务（Software as a Service，SaaS）。这 3 个层次组成了云计算技术层面的整体架构，如图 9.1 所示。依托虚拟化、分布式存储、自动化的部署、分布式计算以及平台管理等技术，云计算实现了优秀的并行计算能力以及大规模的伸缩性和灵活性。

图 9.1　云计算的整体架构

（1）基础设施即服务（IaaS）：云计算的主要服务类别之一，是把数据中心、基础设施等硬件资源通过 Web 分配给用户的商业模式。它向用户提供虚拟化计算资源，如虚拟机、存储、网络和操作系统。

（2）平台即服务（PaaS）：云计算的一种服务类别，是指将软件研发平台作为一种服务，为开发人员提供通过互联网构建应用程序和服务的平台。它为开发、测试和管理应用程序提供了按需开发的环境。用户不用关心底层基础设施的管理，只需要将精力放在应用程序的部署和管理上面，以提高开发效率。

（3）软件即服务（SaaS）：云计算的一种服务类别，是一种通过 Internet 提供软件的模式，用户无须购买软件，而是向服务提供商租用基于 Web 的软件，来管理企业经营活动。使用 SaaS 时，用户不用关心服务的维护和底层基础设施的管理，只需要考虑怎样用好 SaaS 软件。

9.4　物联网

9.4.1　物联网的概念

物联网（Internet of Things，IoT）是新一代信息技术的重要组成部分。美国麻省理工学院的凯文·阿什顿（Kevin Ashton）教授在 1999 年首次提出了"物联网"的概念，它是依托射频识别技术的物流网络。随着技术和应用的发展，物联网的内涵已经发生了很大变化。

2005 年，国际电信联盟（International Telecommunications Union，ITU）在发布的互联网报告中对物联网做了如下定义：物联网是通过二维码识读设备、射频识别装置、红外感应器、全球定位系统和激光扫描器等信息传感设备，按约定的协议，把任何物品与互联网相连接，进行信息交换和通信，以实现智能化识别、定位、跟踪、监控和管理的一种网络。

简而言之，物联网就是"物物相连的互联网"。物联网通过各种信息传感设备，实时采集任何需要监控、连接、互动的物体或过程的各种信息，以实现物与物、物与人，以及所有的物品与网络的连接，便于对物体进行识别、管理和控制。"物联网"包括两层含义：其一，物联网的核心和基础仍然是互联网；其二，其用户端延伸和扩展到了任何物品与物品之间，进行信息交换和通信。物联网将智能感知、识别、无线通信、云计算和自动控制等技术与网络进行深度融合，被称为继计算机、互联网之后世界信息产业发展的第三次浪潮。

9.4.2 物联网的特征

与传统的互联网相比，物联网有以下 3 个鲜明的特征。

（1）更全面的感知。物联网利用各种类型的信息传感设备（如射频识别装置、二维码识读设备、无线传感器、红外感应器等），随时随地对物体信息进行感知、捕获、测量，以实现对物体信息的全面采集。

（2）更可靠的传递。物联网是一种建立在互联网上的泛在网络，通过各种有线和无线网络与互联网相融合，实时、准确地传递物体的信息。由于物联网上的传感器采集的信息数量庞大，形成了海量数据，为了保障数据传输的正确性和及时性，传输网络必须适应各种异构网络和协议。

（3）更智能的处理。物联网不仅仅提供了传感器的连接，其本身也具有智能信息处理的能力，能够对物体实施智能控制。物联网将传感器与智能信息处理相结合，利用云计算、模式识别等各种智能技术，从传感器提供的海量信息中分析、加工和挖掘出有意义的知识，以适应不同用户的不同需求，从而发现新的应用领域和应用模式。

9.4.3 物联网的体系结构

物联网的体系结构一般可分为感知层、网络层、应用层 3 个层次，如图 9.2 所示，其中，共性技术不属于物联网的某个特定层次，而是与物联网体系结构的 3 层都有关系。

图 9.2 物联网的体系结构

第一层是感知层，主要实现物体的信息采集、捕获和识别，即以信息传感设备为主，实现对"物"的识别与信息采集。感知层是物联网发展和应用的基础。

第二层是网络层，在物联网模型中它连接着感知层和应用层，具有强大的纽带作用，能够高效、可靠、及时、安全地传输上下层的数据。它包括现有的互联网、通信网、广电网以及各种接入网和专用网，实现对采集到的物体信息进行可靠传输。

第三层是应用层，通过对物联网信息资源进行开发和利用，实现适应各种业务需求的应用。

9.4.4 物联网的应用

物联网的应用非常广泛，遍及农业、交通、医疗、环境保护、公共安全、家居、消防、工业监测、环境监测、政府管理、照明管控、老人护理、个人健康、食品溯源和情报搜集等众多领域。

物联网的应用

物联网把新一代 IT 技术充分运用到了各行各业中，具体地说，就是把信息传感设备嵌入和装备到电网、铁路、桥梁、隧道、公路、供水系统、大坝、油气管道等各种物体中，然后将物联网与现有的互联网整合起来，实现人类社会与物理系统的整合。

物联网是下一个推动世界高速发展的"重要生产力"，是下一个万亿级的信息产业业务。物联网的推广已经上升到了国家战略高度，它将会成为推进经济发展的又一个驱动器，为产业开拓潜力无穷的发展机会。

9.5 区块链

区块链技术被认为是继蒸汽机、电力、互联网之后，又一代颠覆性的核心技术。如果说蒸汽机释放了人们的生产力，电力解决了人们基本的生活需求，互联网彻底改变了信息传递的方式，那么区块链作为构造信任的技术，将可能彻底改变整个人类社会价值传递的方式。

9.5.1 区块链的概念

从学术角度来看，区块链是分布式存储、点对点传输、共识机制、加密算法等计算机技术的新型应用模式。这里的共识机制就是区块链系统中实现在不同节点之间建立信任、获取权益的数学算法。从生活的角度去解释区块链，它就是一种去中心化的分布式账本数据库。这种分布式账本的好处就是，买家和卖家可直接交易，不需要任何中介。任何人都可以对这个账本进行核查，不存在一个单一的用户可以对它进行控制。区块链系统的参与者们会共同维持账本的更新：它只能按照严格的规则和共识来进行修改，这背后有非常精妙的设计。而且这种账本人人都有备份，哪怕你这份丢失了，也可以在其他地方找到，这样一来买卖双方的权益都不会受到影响。因此，区块链本质上是一个分布式的公共账本，这是一种去中心化的分布式记账手法，其工作原理是，A 和 B 之间要进行一笔交易，A 先发起请求——创建一个新的区块，这个区块会被广播给网络里的所有用户，所有用户验证同意后，该区块就会被添加到主链上，这条链上有永久和透明可查的交易记录，全球一本账，每个人都可以查看。在这个数据库中，交易记录不是由某个人或者某个中心化的主体来控制的，而是所有节点共同维护交易记录、共同记账，任何单一节点都无法篡改它。

9.5.2 区块链的分类

区块链分为以下几类。

（1）公有区块链：世界上任何个体或者团体都可以发送交易，且交易能够获得该区块链的有效确认，任何人都可以参与其共识过程。公有区块链是最早的区块链，也是应用最广泛的区块链。

（2）联盟区块链：由某个群体内部指定多个预选节点为记账节点，每个区块的生成由所有预选节点共同决定（预选节点参与共识过程），其他接入节点可以参与交易，但不过问记账过程（本质上还是托管记账，只是变成分布式记账，记账节点的多少、如何指定记账节点成为该区块链的主要风险点）。其他人可以通过该区块链开放的 API 进行限定查询。

（3）私有区块链：仅仅使用区块链的总账技术进行记账，可以是公司，也可以是个人，其独享该区块链的写入权限，私有区块链与其他的分布式存储方案没有太大区别。

9.5.3　区块链的特征

区块链具有以下特征。

（1）去中心化。区块链技术不依赖额外的第三方管理机构或硬件设施，没有中心管制，只有自成一体的区块链本身，通过分布式核算和存储，各个节点实现了信息的自我验证、传递和管理。去中心化是区块链最突出、最本质的特征。

（2）开放性。区块链技术基础是开源的，除了交易各方的私有信息被加密，区块链的数据对所有人开放，任何人都可以通过公开的接口查询区块链数据和开发相关应用，因此，整个系统信息高度透明。

（3）独立性。基于协商一致的规范和协议（如哈希算法等），整个区块链系统不依赖于第三方，所有节点都能够在系统内自动安全地验证、交换数据，不需要任何人为的干预。

（4）安全性。除非掌控 50%以上的数据节点，任何人都无法肆意操控、修改网络数据，这使区块链本身相对安全，避免了主观人为的数据变更。

（5）匿名性。除非有法律规范要求，单从技术上来讲，各区块节点的身份信息不需要公开或验证，信息传递可以匿名进行。

9.5.4　区块链的关键技术

区块链的关键技术如下。

1．分布式账本

分布式账本指的是交易记账由分布在不同地方的多个节点共同完成，而且每一个节点记录的都是完整的账目，因此，它们都可以参与监督交易合法性，同时也可以共同为其作证。跟传统的分布式存储有所不同，区块链的分布式存储的独特性主要体现在两个方面：一是区块链每个节点都按照链式结构存储完整的数据，而传统分布式存储一般是将数据按照一定的规则分成多份进行存储的；二是区块链每个节点的存储都是独立的、地位等同的，依靠共识机制保证存储的一致性，而传统分布式存储一般是由中心节点往其他备份节点同步数据。区块链中没有任何一个节点可以单独记账，从而避免了单一记账人被控制或者被贿赂而记假账的可能性。因为记账节点足够多，从理论上讲除非所有的节点都被破坏了，否则账本就不会丢失，从而保证了账本数据的安全性。

2．非对称加密

存储在区块链上的交易信息是公开的，但是账户身份信息是高度加密的，只有在数据拥有者授权的情况下才能访问到，从而保证了数据的安全和个人的隐私安全。

3．共识机制

共识机制就是所有记账节点之间怎么达成共识去认定一个记录的有效性，这既是认定的手段，也是防止篡改的手段。区块链提出了 4 种不同的共识机制，适用于不同的应用场景，在效率和安全性之间取得平衡。区块链的共识机制具备"少数服从多数"以及"人人平等"的特点。其中，"少数服从多数"并不完全指节点个数，也可以是计算能力、股权数或者计算机可以比较的其他特征量。"人人平等"是当节点满足条件时，所有节点都有权优先提出共识结果，直接被其他节点认同后成为最终共识结果。

4．智能合约

智能合约基于可信的不可篡改的数据，自动执行一些预先定义好的规则和条款。以保险为例，如果每个人的信息（包括医疗信息和风险发生的信息）都是真实可信的，那就很容易在一些标准化的保险产品中进行自动化理赔。在保险公司的日常业务中，虽然交易不像银行和证券行业那样频繁，但是对可信数据的依赖有增无减。因此，利用区块链技术，从数据管理的角度切入，能够有效地帮助保险公司提高风险管理能力。

9.5.5　区块链的应用

区块链主要应用于以下领域。

1．金融领域

区块链在国际汇兑、股权登记和证券交易等金融领域有潜在的巨大应用价值。将区块链技术应用在金融行业中，能够省去第三方中介环节，实现点对点的直接对接，从而在大大降低成本的同时，快速完成交易支付。

2．物联网和物流领域

通过区块链可以降低物流成本，追溯物品的生产和运送过程，并提高供应链管理的效率。该领域被认为是区块链一个很有前景的应用方向。

区块链通过节点连接的散状网络分层结构，能够在整个网络中实现信息的全面传递，并能够检验信息的准确程度。这种特性一定程度上提高了物联网交易的便利性和智能化。"区块链+大数据"的解决方案就利用了大数据的自动筛选过滤模式，在区块链中建立信用资源，可双重提高交易的安全性。区块链节点具有自由的进出能力，可独立地参与或离开区块链体系，不对整个区块链体系产生任何干扰。"区块链+大数据"的解决方案还利用了大数据的整合能力，使物联网基础用户的拓展更具有方向性，便于在智能物流的分散用户之间实现用户拓展。

3．公共服务领域

公共管理、能源、交通等领域都与民众的生产、生活息息相关，这些领域的中心化特质带来了一些问题，可以用区块链来改造。区块链提供的去中心化的完全分布式DNS服务通过网络中各个节点之间的点对点数据传输就能实现域名的查询和解析，可用于确保某个重要的基础设施的操作系统和固件没有被篡改，还可以监控软件的状态和完整性，发现不良的篡改，并确保所传输的数据没有经过篡改。

4．数字版权领域

通过区块链技术，人们可以对作品进行鉴权，证明文字、视频、音频等作品的存在，保证权属的真实、唯一性。作品在区块链上被确权后，后续交易都会被实时记录，以实现数字版权全生命周期管理，也可作为司法取证中的技术性保障。

5．保险领域

保险机构负责资金归集、投资、理赔，往往管理和运营成本较高。通过智能合约的应用，既无须投保人申请，也无须保险公司批准，只要触发理赔条件，保单即可自动理赔。

6．公益领域

区块链上存储的数据，高可靠且不可篡改，天然适合用在社会公益场景。公益流程中的相关信息，如捐赠项目、募集明细、资金流向、受助人反馈等，均可以存放于区块链上，并有条件地进行公示，方便社会监督。

9.6 元宇宙

元宇宙（Metaverse）一词由"Meta"（超越）和"Universe"（宇宙）组成，直译为"超越宇宙"，代表了平行于现实世界运行的虚拟空间。

9.6.1 元宇宙的概念

Metaverse 一词最早来源于尼尔·斯蒂芬森 1992 年的科幻小说《雪崩》，被用来描述一个基于虚拟现实的互联网世界。2022 年 9 月，全国科学技术名词审定委员会举行元宇宙及核心术语概念研讨会，与会专家、学者经过深入研讨，对"元宇宙"等 3 个核心概念的名称、释义形成共识——"元宇宙"英文对照名"Metaverse"，释义为"人类运用数字技术构建的，由现实世界映射或超越现实世界，可与现实世界交互的虚拟世界"。

元宇宙是指经由人体感知与人机交互设备（如头戴式虚拟现实或增强现实设备、手机、脑机接口或其他人体感知和交互设备），使用户通过专属数字身份互联，在其中实现社交、工作、娱乐、生产、消费等活动，并实现与现实社会交互、映射的数字虚拟空间和虚实融合社区，具备永续时空、虚实共生、沉浸交互、开放生态等特点。

9.6.2 元宇宙的特征

目前，元宇宙仍是一个不断演变、不断发展的概念，罗布乐思（Roblox，知名元宇宙平台）公司提出，与现实世界平行、反作用于现实世界、多种前沿技术综合是未来元宇宙的三大特征。

1．与现实世界平行

元宇宙是一个平行于现实世界，又独立于现实世界的虚拟空间，是映射现实世界的在线虚拟世界，是趋于真实的数字虚拟空间。

2．反作用于现实世界

元宇宙提供了一种全新的虚拟现实中的感官体验，可对人们的生活、生产方式产生重大影响，进而对现实世界进行重塑。它对传统行业（农业、工业、服务业）进行的重塑涉及各行各业的资本重组与盈利，有望创造更多的就业机会。

以服务业为例，元宇宙对服务业的重塑可以使其具有个性化、协同化、分享化等特征。例如，用户以数字分身进入数字孪生景区进行沉浸式体验，平台分析场景数据，有针对性地了解用户最真实的需求，制定个性化旅游方案供用户选择。同时，用户可以作为内容生产者分享旅游攻略、游玩体验来丰富景区数字场景，并产生收益。

3．多种前沿技术综合

元宇宙通过增强现实、虚拟现实和混合现实等多种前沿技术使用户体验到元宇宙无处不在的沉浸式体验，且把互联网的平面式体验提升至三维、四维，甚至更高的维度。

9.6.3 元宇宙的关键技术

作为一种多项数字技术的综合集成应用，元宇宙场景从概念到真正落地需要实现两个技术突破：第一个是扩展现实、数字孪生、区块链、人工智能等单项技术的突破，从不同维度实现立体视觉、深度沉浸、数字分身等元宇宙应用的基础功能；第二个是多项数字技术的综合应用突破，通过多技术的叠加兼容、交互融合，凝聚形成技术合力推动元宇宙稳定有序发展。下面对部分技术加以说明。

1．扩展现实技术

扩展现实（Extended Reality，XR）技术通过计算机将真实与虚拟相结合，打造一个可人机交互的虚拟环境，这也是增强现实、虚拟现实、混合现实等多种技术的统称。XR 为体验者带来虚拟世界与现实世界之间无缝转换的"沉浸感"。

2．数字孪生

数字孪生（Digital Twin）充分利用物理模型、传感器更新、运行历史等数据，集成多学科、多物理量、多尺度、多概率的仿真过程，在虚拟空间中完成映射，从而反映与之相对应的现实装备的全生命周期过程。数字孪生是一种超越现实的概念，可以被视为一个或多个重要的、彼此依赖的装备系统的数字映射系统。

9.6.4　元宇宙的应用

元宇宙本身不是新技术，而是一大批现有技术（包括 5G、云计算、人工智能、虚拟现实、区块链、物联网、人机交互等技术）的集合。在这个虚拟的世界里，人们利用科技手段进行链接和创造，与现实世界相互映射，打造新型社会关系。元宇宙是人们对现实世界的虚拟化、数字化。如今这项技术已经被广泛地运用到工业、农业、教育、文旅、商业、能源、金融、医学等诸多领域。

1．工业元宇宙

以 XR、数字孪生为代表的新型信息通信技术，在建立与现实工业经济深度融合的工业生态过程中，通过高新技术实现人、机、物、系统的无缝对接，将数字技术和现实工作有机结合在一起，从而促进现实工作效率提升，然后重新构建覆盖工业全产业链、全价值链的全新制造体系，把工业产业数字化、智能化发展到了一个全新阶段。人们利用这项全新的技术把现实工业流程先在虚拟空间中进行全面模拟，大大提高了现实工业的生产效率。

元宇宙技术逐渐形成一个"数字化版本"的工业模式，这就是工业元宇宙。

2．农业元宇宙

把元宇宙应用到农业中涉及各种农业生产操作，例如，将农作物、牲畜、农业设备、天气、灌溉记录、微生物和其他涉农条件作为变量，通过元宇宙技术的介入，打造无人大田、无人果园、无人温室，实现农业精准预测及环境资源最优配置管理，开展现代化农业生产，结果一定会超过预期。元宇宙在农业中的应用，让我们看到了农业数字化的美好前景。

3．教育元宇宙

教育元宇宙采用"VR+直播"形式，展示各种博物馆、展览馆、科技馆，借助 VR/AR 终端，学生获得沉浸式体验。教育元宇宙也可以在教学过程中使用虚拟仿真技术，让学生凭借视觉、听觉、触觉、嗅觉等感官通道，开展自主探究学习和小组合作学习，与教学环境、教学场景、教学资源真实互动。应该说，元宇宙技术进入教育领域，一定会给教育带来颠覆性的改变。学习环境、时间环境的虚拟，有利于培养学生的想象力、交互能力和跨界学习能力，尤其是沉浸式体验学习，将迅速提高学生的网络社交能力和创造能力。教育元宇宙一定会让校园充满创造力和生机。

4．文旅元宇宙

在一个全时在线、互联互通、应用互操作的统一三维时空内，人们可以建设面向文旅行业的元宇宙数字资源、数字资产、公共服务和运营标准支撑体系，通过统一入口，以平台化和市场化的方式提供资源管理与价值变现服务，助力文旅行业数字化转型，加快实现高质量发展。

5．商业元宇宙

从元宇宙打造的虚拟空间出现至今，我们的商业活动已经开始改变。伴随技术的不断提升，一些新模式出现，例如，文化产品的数字化藏品销售，购物的沉浸式体验。应该说，元宇宙技术的介入带来了很多商机，也构建了新业态、新场景、新模式。

6．能源元宇宙

能源元宇宙基于一个不断进化的系统，这个系统可以实时开放共享、超时空生态融合，以满足人们对能源的使用需求。随着现实能源世界的智能化、数字化、网络化，现实能源世界与虚拟能源世界充分映射和交互。能源流、信息流、业务流和价值流"四流合一"是能源元宇宙必须考虑的要素。

7．金融元宇宙

金融元宇宙可以从广义和狭义两个方面去理解：狭义的金融元宇宙，其重要的特征是金融服务于元宇宙经济，助力元宇宙经济体系的清算和支付活动；广义的金融元宇宙，是一种新兴的金融模式和金融业态，并与元宇宙世界的金融实现交互操作。这个金融体系的运行必须有新型的信任机制、智能合约、金融市场、规则体系支撑，然后通过数据、信用、货币与元宇宙互联互通。不管是广义还是狭义，金融元宇宙都涉及金融服务、银行服务、保险服务、证券服务。

8．医学元宇宙

医学元宇宙就是使用 VR、AR 等技术和相关硬件设备，利用医疗物联网的平台，融合全息构建、全息仿真、虚实融合、虚实互联等智能技术，在虚拟世界中对疾病进行治疗。医学元宇宙将在保健、体检、疾病诊治、康复、慢性病管理、居家看护、紧急医疗救助、门诊和会诊场景中发挥积极的作用。

习题 9

1. 大数据的概念是什么？它有什么作用？
2. 云计算的概念是什么？
3. 物联网的定义是什么？它有什么特征？它主要应用在哪些方面？
4. 人工智能有哪些主要的研究领域？
5. 区块链有哪些特征？
6. 元宇宙的概念是什么？

习题参考答案